浙江省重点教材建设项目
机械工程实践教学系列教材

机械设计基础实验教程

主　编　竺志超
副主编　叶　纲
主　审　吴昌林

科学出版社
北　京

内 容 简 介

本书是根据专业培养总目标，在机械设计基础系列课程实验教学改革和实践的基础上编写的，以面向机械工程设计为主线，重点阐述学生在现代机电产品开发设计过程中必须掌握的机械设计基础相关实验的基本原理、基本技能与实验方法，培养学生综合应用学科知识的能力和创新能力，帮助学生巩固和加深所学的理论知识。本书按实验独立设课的需要编写，主要内容包括四大模块：①工程图表达实验；②原理和结构分析实验；③运动学、动力学参数测定和性能测试实验；④创新性、研究性实验。全书共计 24 个实验项目，按 3 个层次分类，项目之间相对独立，各高校可按各自的实际情况选用。

本书可作为普通高等院校机械类相关专业的实验教材，也可供教师、一般工程技术人员和科研人员参考。

图书在版编目(CIP)数据

机械设计基础实验教程/竺志超主编. —北京：科学出版社，2012
(浙江省重点教材建设项目・机械工程实践教学系列教材)
ISBN 978-7-03-033070-3

Ⅰ.①机… Ⅱ.①竺… Ⅲ.①机械设计-实验-高等学校-教材 Ⅳ.①TH122-33

中国版本图书馆 CIP 数据核字(2011)第 266702 号

责任编辑：毛　莹 / 责任校对：赵桂芬
责任印制：张　伟 / 封面设计：迷底书装

科 学 出 版 社 出版
北京东黄城根北街 16 号
邮政编码：100717
http://www.sciencep.com
北京盛通数码印刷有限公司 印刷
科学出版社发行　各地新华书店经销
*
2012 年 2 月第　一　版　开本：720×1000　1/16
2023 年 2 月第九次印刷　印张：13 1/2
字数：276 000
定价：49.00 元
(如有印装质量问题，我社负责调换)

序

工程创新意识和工程实践能力是现代工程师必备的素质和能力。在中国面临产业转型升级、由制造业大国向制造业强国发展的当下，尤其需要加强未来工程师——工科大学生的创新精神和实践能力培养，因此深化高校人才培养中的实践教学改革已迫在眉睫。

但是，实践教学是当今中国大学教学改革中最难的领域之一。在教育理念上，我国高校精英教育时期的大学科学教育价值取向仍有广泛而深刻的影响，学术指挥棒过多地吸引了师生的精力和注意力。从实践教学本身分析，其改革不仅具有内在的系统性，还需要与人才培养模式和专业培养计划的改革相呼应，牵一发而动全身使之难度较大。另一个瓶颈则是目前高校的学生规模越来越大，企业内在的管理要求越来越高，在校生下企业实践显得越来越困难。

目前，国内已有许多高校在工科专业的课程体系和实践教学等方面进行改革，浙江高校也开展了有益的探索并取得了一定的成效。为了总结凝练工程实践教学改革的成果，引导和服务更多高校开展机械工程实践教学改革，进一步提高本科生的创新与实践能力，浙江省高等学校机械工程教学指导委员会在“浙江省重点教材建设项目”的资助下，组织编写了这套《机械工程实践教学系列教材》。

本套教材包括工程训练、实验教学、项目教学和设计竞赛四个方面。教材的编写倡导“以学生为中心、教师为主导”的教学模式，把传统的依附于理论的、分散的、被动的、相对封闭的实践教学模式转变为学生自主为主、相对集成和开放的实践教学模式，融创新精神培养于其中。在认知型工程实践教学的基础上，给予学生更大的自主思维空间，相当比例的实践项目让学生自主选题、自主设计方案、自主完成项目，激发学生投入工程实践和创新活动的兴趣，从中掌握基本的工程实践与创新方法，在相对真实的工程实践环境中培养解决工程实际问题的能力。

本套教材凝聚了作者的大量心血和改革勇气，同时也是一项探索性的工作，需要不断改进与完善。能够促进机械类专业本科学生的实践教学改革，便是我们出版本套教材的最大愿望。

浙江省高等学校机械工程教学指导委员会主任

盛颂恩

前　言

“机械设计基础实验”是机械类专业必修的实验课程，目前许多高校已独立设课，出版的教材也不少。但是，从教学实际效果分析，教材的改革还需进一步深化。为此，在浙江省机械工程教学指导委员会的指导下，浙江理工大学机械基础实验教学示范中心联合中国计量学院、杭州电子科技大学、浙江科技学院、嘉兴学院和浙江农林大学等高校（排名不分先后）中教学经验丰富的老师合作编写了本书。

本书覆盖了机械制图、机械原理和机械设计三门技术基础课的实验，以面向机械工程设计为主线，重点阐述学生在机电产品开发过程中必须掌握的机械设计基础相关实验的基本原理、基本技能与实验方法，构建了三个模块组成的实验内容体系，即工程图表达实验模块，原理和结构分析实验模块，运动学、动力学参数测定和性能测试实验模块。此外，为培养学生综合应用学科知识的能力和创新能力，本书内容体系进行了适当拓展，将三门课程的相关实验内容与新技术、创新技法交融，构成第四个模块，即创新性、研究性实验模块。全书共计有 24 个实验项目，按 3 个层次分类，项目之间相对独立，便于不同学校、不同层次要求的学生根据实际情况选用。

本书融入了相关高校机械设计基础实验教学改革和高校实验教学示范中心建设的成果（主要是传统实验改造和创新实验开设），体现了“实验中创新，实践中完善”的实验教学理念，体现了培养学生工程意识、工程实践和创新能力，以及寻找、分析、解决工程问题能力的教学目标。本书主要具有以下特点：①实验项目具有工程性和先进性，许多传统实验项目体现出“改造一新”的特色，如在实验过程及实验报告撰写中融入学生的自学、探索、应用、动手、编程等要素，有利于提高学生的学习兴趣并培养学习能力，避免以往传统实验“电钮一按，数据一抄，报告一交”的教学模式的弊端；②遵循教学设计的基本原则，实验项目具有层次性、独立性和可选性（包括仪器设备可选），便于因材施教、因校施教，便于开放选修管理，满足学生个性化培养的需要；③重视理论指导实践，对一些实验前必须理解的或实验中所需的知识点专门提出要求，以取得好的实验效果；④不少实验项目，尤其是提高型实验项目选自有关高校实验教学改革的成果，结合实验仪器设备的开发，具有明显的特色和辐射作用，具有示范性和引领性；⑤缩减篇幅，省略了有关一般性的机械基础实验的基本知识、常用实验仪器的使用、实验数据处理等内容。

全书共 6 章。第 1 章及 5.1 节由竺志超编写，第 2 章由段福斌编写，3.1 节由郭世行编写，3.2 节、3.4 节、3.5 节、4.2 节部分、4.6 节由叶纲编写，3.3 节、4.1 节由祝洲杰编写，3.6 节、3.7 节分别由赵相君、张培培编写，4.2 节部分、4.3 节、4.7 节、4.8 节部分由胡培钧编写，4.4 节、4.5 节由高梁凤编写，4.8 节部分、4.9 节、5.2 节部分由冯晓宁编写，5.2 节部分、5.3 节由唐浙东编写，5.4 节、5.5 节分别由陈元斌、姚凤编写，第 6 章由史维玉编写。全书第 1～5 章由竺志超修改定稿，第 6 章由叶纲修改定稿。竺志超担任本书主编，叶纲担任副主编。华中科技大学吴昌林教授对本书进行了认真细致的审阅，提出了很多宝贵的意见与建议，在此表示衷心的感谢。书中采用了大量的前人成果，部分已在参考文献中列出，但限于篇幅未全部列出，在此对原作者表示感谢。在编写过程中，得到了浙江省机械工程教学指导委员会和相关高校同行，以及浙江理工大学的支持，对此表示由衷的感谢。本书的出版得到 2010 年浙江省重点教材建设项目和浙江理工大学出版基金的资助。在出版过程中，科学出版社的领导和编辑给予了大力支持，并付出了辛勤的劳动，在此致以诚挚的谢意。

为满足实际使用要求，并节省本书篇幅，有关实验报告内容和规范格式可以登录 http://jxlab.zstu.edu.cn 下载索取。

由于作者水平有限，编写和教学经验不足，书中难免存在疏漏与不足之处，恳请广大读者批评指正。

竺志超

2011 年夏于杭州下沙

目　录

第1章　绪　　论

1.1　学生工程实践能力、创新能力培养与实验课程任务

竞争是市场经济制度的基础，竞争无处不在。但竞争的法宝是创新，一个单位需要靠创新、靠点子、靠思路来增加核心竞争力。作为国家创新体系的重要组成部分，高校应该在人才战略的高度来认识创新型人才的培养，为建设创新型国家，大批培养我国经济、科学技术和社会发展急需的有开拓进取精神的创新型人才。

对于工程创新性人才培养，工程实践能力无疑是基础。学生的工程创新能力，应该是创新思维能力和创新实践能力的总和，一个是“想”，一个是“做”。凡是能想出新点子、创造出新事物、发现新路子的思维，都属于创新思维，它是创新实践和创造力发挥的前提。创新实践则是通过创新思维得出的创新方案或思路，在现实中的实施，以获得创新结果物化的活动，其最终使创造力得以展示。而工程创新活动本身就是实践，没有实践，好的想法就无法转换成现实。只会“想”，不会“做”，工程创新思维就无法变成工程现实，从事工程活动所追求的建构新的存在物，就无法突破。可见，工程实践能力是创新能力的重要组成部分。为此，需要将工程创新所需实践能力看成高校工科人才培养的关键之一，在教学各相关环节进一步强化实践，保证学生在理论知识面广度和深度上的获得与工程创新能力的提高在工程实践中达到协调发展。

实验室是创新性人才培养的重要基地，实验、实践则是人才培养的重要环节，实验、实践教学是工科学生综合能力培养的重要途径。学生的知识、理论和技能需通过实验和实践来理解、掌握和训练，学生发现问题、分析问题和解决问题能力，创新能力，以及科学精神、协同能力等创新意识需要在实验、实践中培养，这是工科高校开设实验课的主要任务。另一方面，实验室是发现、发明和工程创新的摇篮。大量的发现、发明来自于实验室的试验、实验活动；如设在麻省理工学院的林肯实验室、加州理工学院的喷气推进实验室、加州大学的劳伦斯伯克利实验室等因此出了很多诺贝尔奖获得者。由此可见，实验室也是衡量学校办学实力和人才培养质量的标志。在新形势下，我们要积极利用先进的实验资源平台，重视实验教学环节，满足教育部实验、实践教学占培养计划学时25％以上的规定，主动在创新性人才培养中发挥理论教学不可替代的作用。

但是，我国普通高校由于长期受应试教育的影响，普遍存在着“重课堂教学、轻实验环节”的现象，如实验教学零散于理论课程中教学双方不重视，还有实验创新教育认识不够，以及教学工程背景弱化、教学内容与工程需求脱节、学生难以学以致用等诸多问题。我国培养的工科大学生与欧美等教育发达国家学生相比，其应试能力具

有很大优势，但缺乏创新思维和技能，不善于利用现有条件和创造条件等，尤其在动手能力与创新能力等方面明显处于劣势。这些问题造成一些学生缺少最基础的工程能力，如毕业设计时学生实验设计无从下手，基础知识不会综合应用；就业时反映出学生的工程实践经验缺乏，脱离实际不受欢迎。因此，严重影响了高等工程教育培养品质，也严重影响了学生创新能力的开发，阻碍了国家科技实力的发展提高。所以，工程创新教育的改革，加强实验、实践教学已是刻不容缓。目前许多高校实验单独设课，就是解决问题的有效途径之一。

机械设计基础实验在机械类专业培养中有举足轻重的地位，课程的任务不仅培养学生系统地掌握机械设计基础领域的实验原理、方法手段和实验技能，包括机械功能和结构表达与综合分析，一般运动参数、动力学参数，以及机械性能参数测试，而且使学生具备将来独立进行工程实验研究的能力，包括实验方案设计、仪器设备选用和系统搭接，实验过程操作，实验数据分析处理以及实验方面创新活动。机械设计基础实验对后续的机械制造基础、专业课实践环节以及毕业设计都有极为重要的影响和积极作用。

1.2 本课程实验教学内容体系及特点

本实验教程覆盖机械制图、机械原理和机械设计三门技术基础课的实验。对于机械类专业学生而言，这三门是设计系列的专业核心课程，不仅理论课学时多，并且很多高校已将实验从传统的依附于理论课而变革为独立设课。实验课时大大增加，实验目标和要求进一步提升，实验方法和手段也进一步更新。

结构决定功能。为了达到机械类专业培养教育目标，更好地满足学生全面发展和个性化要求，需要根据机械设计基础课程体系，通过深化改革，科学地、系统地构建实验教学模块结构及内容体系。

首先，从课程涵盖的内容考虑，三门课程教学的主要目标是培养机械设计工程师需要掌握的领域基本知识、基本方法和基本技能，包括工程图的表达、机械原理方案设计、机械结构方案设计、机械运动学分析与设计和动力学分析与设计 5 个模块。作为相关的实验课程，根据专业培养总目标，以面向机械工程设计为主线，主要是培养学生在机电产品开发设计过程中必须掌握的机械设计基础相关实验的基本原理、基本技能与实验方法，所以构建的实验内容体系由 3 个模块组成，分别是工程图表达实验模块，原理和结构分析实验模块，运动、动力学参数测定和机械性能测试实验模块。其次，为促进学科知识综合应用和创新能力培养，内容体系适当拓展，将三门课程的相关实验内容与新技术、创新技法交融，构成第四个模块：创新性、研究性实验模块。

从实验教学层次划分，构建多层次的实验教学体系，主要划分为两大类：一是基本型实验；二是提高型实验。基本型实验包括基础性实验模块（包括验证、认知实验）和设计性、综合性实验模块两类，而提高型实验主要包括创新性实验和研究性实验。

所以,针对机械类专业学生的大工程教育趋势和特点,我们从认知性和验证性实验,到设计性和综合性实验,再到创新性和研究性实验,建立了三个层次的实验教学新体系,可以满足机械类专业人才的工程实践能力和创新能力的培养要求。

对于具体实验项目选编,一是考虑教学改革的需要,有的教学内容需从纯理论教学转为实验、实践教学,有的理论教学内容还需要通过实验教学深化理解和巩固;二是结合相关高校的实验教学实际情况,本教材精选了共 24 个相对独立的实验项目。其中基础性实验 9 个,设计综合性实验 9 个,创新研究性实验 6 个,能够满足机械类专业学生的机械设计基础实验教学需要。具体教学内容和教学参考学时分配如表 1.2.1 所示,实施时可以根据需要选择。

表 1.2.1　模块化实验项目

模块名称		实验项目名称	参考学时/周	类　型
基本型实验	工程图表达实验	齿轮泵测绘	1	基础性
		三维软件认知实验	2	认知性
	原理和结构分析实验	机构运动简图测绘和分析	2	基础性
		渐开线圆柱齿轮的范成原理实验	2	验证性
		渐开线直齿圆柱齿轮参数的测定	2	基础性
		轴系结构分析实验	2	综合性
		减速器的拆装及结构分析	2	认知性、验证性
		汽车发动机拆装及结构分析	0.5	综合性
		汽车变速器拆装及结构分析	0.5	综合性
	运动学、动力学参数测定和性能测试实验	机构运动参数测定	2	基础性
		回转构件的动平衡(硬支承动平衡机、轮胎动平衡机、智能动平衡机)实验	2	综合性
		机组运转及飞轮调节	2	综合性
		螺栓连接特性实验(单螺栓、螺栓组)	2	验证
		链及单万向节传动实验	2	综合性
		带传动特性实验(V 带、平皮带)	2	综合性
		封闭式功率流齿轮传动效率测定	2	综合性
		液体动压径向轴承实验(台式、立式)	2	验证性
		机械传动综合实验	2	设计性
提高型实验	创新性、研究性实验	典型机械设备认知与方案创新实验	4	综合性、创新性
		机构运动方案创意设计模拟实验	8	设计性、创新性
		机械传动(含机构)方案设计与综合测试实验	8	设计性、创新性
		机械手程序控制及应用	4	研究性
		凸轮轮廓测量及反求	8	综合性、研究性
		慧鱼创意设计实践	16	创新性

必须指出,所列创新性、研究性实验项目仅是参考专题,各校实施过程中可以从科学研究、生产实践和实验室建设等项目中提炼出来新专题,也可以鼓励学生自主选择实验课题。

上述所建实验教学内容体系所包括的实验项目，系统地考虑了与理论课内容体系的呼应，强调了基本与拓展、传统与现代、创新与继承、课内与课外的结合，并具有以下特点：

(1) 实验项目具有工程性和先进性，许多传统实验项目体现出“改造一新”的特色，如在实验过程及实验报告撰写中融入学生的自学、探索、应用、动手、编程、改变实验条件、查找资料等要素，有利于提高学生的学习兴趣并培养学习能力。

(2) 遵循教学设计的基本原则，实验项目具有层次性、独立性和可选性(包括仪器设备可选)，便于因材施教、因校施教，便于开放选修管理，满足学生个性化培养的需要。

(3) 不少实验项目，尤其是提高型实验项目选自有关高校实验教学改革的成果，结合实验仪器设备的开发，具有明显的特色和示范辐射作用，具有引领性。

(4) 重视理论指导实践，对一些实验前必须理解的或实验中需结合的知识点专门提出要求，以求好的实验效果。

(5) 打破常规的按理论来建立的实验内容体系，改以机械工程设计为主线，并将设计性、综合性实验归入基本型实验，有利于“学以致用”目标的实现。

1.3 本课程实验教学目标和方法、手段

实验教学是培养高素质、创新应用型人才的重要手段。正如前面所说，目前实验教学问题不少，需要针对性地开展实验教学改革，除实验教学内容体系外，尤其对实验教学的方法和手段的改革更应重视。改革的关键是明确实验教学目标和具体目的，根据实验项目结合学生特点探索有效的实施途径，这是提高实验教学质量的有力保证。

机械设计基础实验课程总的教学目标是通过4个模块的基本型实验和提高型实验，使学生针对机械设计基础领域掌握必要的实验原理、技术和方法，同时经过专门的实验训练，积累必要的实验经验，以便今后能够独立开展这方面的实验研究。

基础性实验教学目标是使学生掌握基本的实验测量技术、实验方法和实验技能，为以后进行更复杂的实验打下基础。通过验证、演示和基本操作等手段，要求学生根据实验指导书的要求，在教师指导下，按照既定的方法和仪器条件完成全部实验过程。但实验过程中，不应过分强调验证基础理论知识，而是以培养基本能力为主，适当地渐进安排设计性和研究性的内容，在巩固和加深课堂教学基本理论知识、培养学生基本实验能力的同时，开拓学生思路，提高学生机械基础方面的分析和设计能力。

综合性、设计性实验教学目标的重点是培养学生的综合设计能力和实践能力，同时积极鼓励学生在综合和设计过程中发挥创新潜力。综合性实验的目的在于通过实验内容、方法、手段的综合，培养学生进行比较复杂的综合实验的能力，培养学生综合分析问题的素养。在实验过程中侧重综合应用，要求学生拓展知识面，综合运用所学

的知识和不同的实验方法手段，站在一定的高度，以充分体现对学生知识、能力、素质的综合锻炼和训练培养。设计性实验的目的在于通过学生对实验的自主设计，体现学生的学习主动性、对实验内容的探索性，培养学生综合应用知识解决问题的能力。在实验过程中，要求学生根据设定的实验目的(实验任务与要求)、给定的实验条件，自行设计实验方案、选择实验方法、选用实验器材、拟定实验程序，自主完成实验任务并对实验结果进行分析处理，从而全面提高学生的素质和创新能力。

创新性、研究性实验教学目标的重点是培养提高学生机械基础工程实践能力、研究能力和创新能力。创新性、研究性实验是具有研究性和探索性的大型实验，其特点是实验内容的自主性、实验结果的未知性、实验方法与手段的探索性。在实验过程中，要求学生通过查阅资料、设计实验方案、组织实验实施、撰写总结报告等全过程，获取新的知识和经验，得到全面组织实验的锻炼。同时，学生重点通过对实验的探索，加强自身的研究性学习，培养创造性思维能力、创新实验能力、科技开发能力和科技研究能力，从而提高从事科学研究、工程实践和科学实验的素质和能力。

为实现实验教学目标，提高实验教学质量，必须坚持先进的实验教学理念："实验中创新，实践中完善"，需要在过程中重视创新教育，完善能力培养；"不同实验不同实施"，需要针对不同教学目标的实验项目，采用不同的教学方法和教学手段。首先，作为专业培养中不可替代的重要环节，在教师主导上要体现"'五用'并行教学法"，使作为学习主体的学生在教学过程中"用耳、用脑、用眼、用手、用嘴"，充分发挥学生的能动性。其次，尽管独立设课，但需要充分理解本课程是以理论为基础的实践性课程，应注意两者的教学协调和结合，重视理论指导，要把握以下原则：学生做好实验预习，打好实验基础。对于拓展性的内容，教师要首先做好理论知识铺垫，以免学生因理论基础不足失去实验兴趣。另外，教师要积极鼓励学生创新，在实验中培养创新意识，加强创新技法的应用，培养学生的创新能力。

在具体教学方法和手段上，要求如下：

(1) 教学方法采用"项目驱动"，教师要有重点地加以引导。将实验项目作为一个课题来处理，让学生积极参与讨论，引导学生积极思考，提出实验的新想法，引导评价其可行性。同时在过程中提倡自主学习、研究性学习方法。

(2) 实验手段要符合工程背景，尽可能依托工业级实验设备和实验仪器，以及实际零部件，进行机械设计性能指标的考量，加深学生在实际应用上的认识。

(3) 采用多媒体辅助手段，特别是对目前暂无实验条件的先进实验技术或因各种因素限制而无法让学生亲身体验，但又对开阔学生视野、拓展知识面极有帮助的某些实验内容，可结合使用多媒体、录像等手段实施，以拓展学生的视野，激发学生的专业学习兴趣。

(4) 重视比较方法。教师在引导学生关注共性测试技术的同时要强调具体实验对象和方法的特殊性，进行比较和评价；引导学生关注理论分析和计算与实验结果的差异，并查找原因。这能够加深学生印象，有助于学生工程实践能力的提升。

(5) 教学过程要引导学生深入把握实验原理，强化动手环节和数据分析处理环节，一改以往传统实验“电钮一按，数据一抄，报告一交”了事的教学模式。同时，要注重培养学生的表达能力，包括口头表达和书面表达能力，要求学生按照实验的内容和要求及时完成实验报告。

(6) 实行开放性实验教学。要分层次指导，因材施教，满足学生的个性化需求，充分发挥学生的学习自主性。对于钻劲足的学生，应积极引导他们参与开放性的提高型实验。

1.4 如何学好本课程

对于机械类大学生来说，实验室是非常重要的学习场所，不仅课堂学到的理论知识需要通过实践活动消化吸收(理解)和掌握(会用)，而且工程创新活动需要借助实验平台的支撑，并且在实践中培养创新意识，锻炼创新能力。本书覆盖的三门课程是机械类学生的核心课程，学生要掌握相关的实验实践方面的能力，必须提高对本实验课程的认识，理解工程实验的内涵及其重要性。为有效地实现实验教学目标，学生应该坚持“五用”原则，即在实验过程中“用耳、用脑、用眼、用手、用嘴”，要学会用耳倾听，用脑思考，用眼观察，用手体验，用嘴表达。

本课程是在理论基础之上的实践性环节，学生首先必须做好实验准备，了解实验须知，聚精会神地倾听指导教师的理论知识铺垫，弄清实验原理，注意观察实验过程具体细节，同时多思考，多提问，多讨论，多与组内学生沟通，多与指导教师沟通。

作为实践能力提高的前提，在实验中学生必须多动手，亲力而为。在实验小组内，学生不能袖手旁观，“亲口尝试才能知道梨的滋味”，亲自动手才能取得第一手资料，不仅能提高自己的动手能力，而且能巩固和加深所学知识。

同时学生要锻炼自己的表达能力。在实验中要多提问，多回答，提高口头表达能力。实验后，要根据实验报告中设计的内容要点，书面描述相关的内容。通过撰写报告，一方面提高书面表达能力；一方面加深对实验和结果的理解。

此外，对于每一实验后的若干思考题，应在实验中或课后完成。对于应用拓展性的思考题，要积极开动脑筋，或在同学之间开展讨论，或请指导教师给与指导。

参考文献

奚鹰. 2005. 机械基础实验教程. 武汉：武汉理工大学出版社

竺志超，王勇，祝州杰. 2011. 依托国家级实验教学示范中心，强化学生机械设计创新能力培养. 装备制造技术，(11)：168～170

第2章　工程图表达实验

零部件测绘是工程技术人员的一种基本技能，随着三维造型技术的成熟和普及应用，其已成为工程技术人员所必须具备的基本技能之一。它们都是机械工程师设计和交流的重要工具，所以，机械类专业学生必须在这些方面经过规范的工程化训练。

2.1　齿轮泵测绘

2.1.1　实验目的与要求

实验通过测绘齿轮泵零部件，使学生基本掌握：

(1) 机械零部件测绘工具的使用方法和测绘步骤。

(2) 零件图的绘图技能，包括常用零件视图表达方案的合理选择、完整的尺寸标注、技术要求的标注和编写，以及标题栏等的规范标注。

(3) 装配图的绘图技能，包括机器和部件视图表达方案的合理选择、必要的尺寸标注、技术要求的合理编写，以及标题栏、明细栏、零件序号等的规范标注。

通过实验，学生对设计绘图的系统性能够得到加强，观察能力、分析能力和测绘能力以及对绘图技能的综合应用能力可以得到很好的锻炼；同时也接触到较典型机械零件结构和工作原理，以及工程领域的专业基础知识。因此，实验要求：

(1) 测绘齿轮泵装配体的全部专用零件，绘出全部零件草图。画零件草图时要目测比例，徒手作图，标注全部尺寸。

(2) 绘制两个主要零件(泵体、主动齿轮轴)的正式零件图，图幅A3。正式零件图要标注完整尺寸、表面粗糙度、尺寸公差和形位公差等技术要求。

(3) 根据零件草图画出齿轮泵装配图，比例1∶1，图幅A2。装配图要标注必要的尺寸，编制零件序号并填写技术要求、标题栏、明细栏。

2.1.2　实验设备与工具

齿轮泵及活动扳手、直尺、游标卡尺、卡钳、丁字尺、图板、三角板、圆规、绘图铅笔、橡皮等常用测绘工具。

2.1.3　实验内容与步骤

(1) 了解齿轮泵的用途、使用性能和工作原理。

如图2.1.1所示，齿轮泵是液压传动和润滑系统中常用的一种安装在油路中的供油装置。

实验所测绘的齿轮泵结构组成如图 2.1.2 所示，由泵体 5，泵盖 8，主动齿轮轴 4，从动齿轮轴 9，填料压盖 1 等 14 种零件组成。

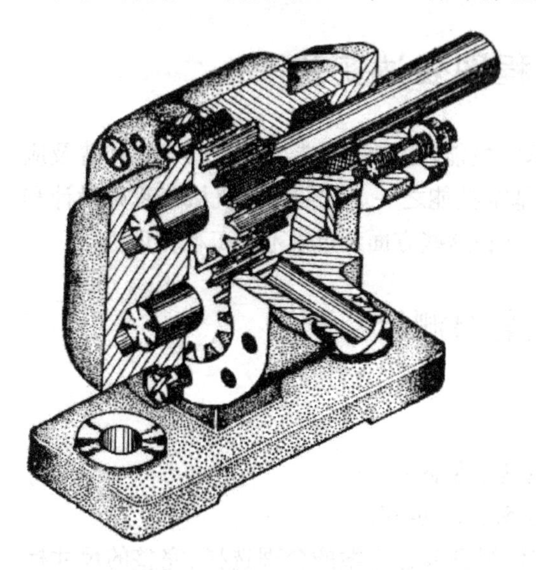

图 2.1.1　齿轮泵结构示意图

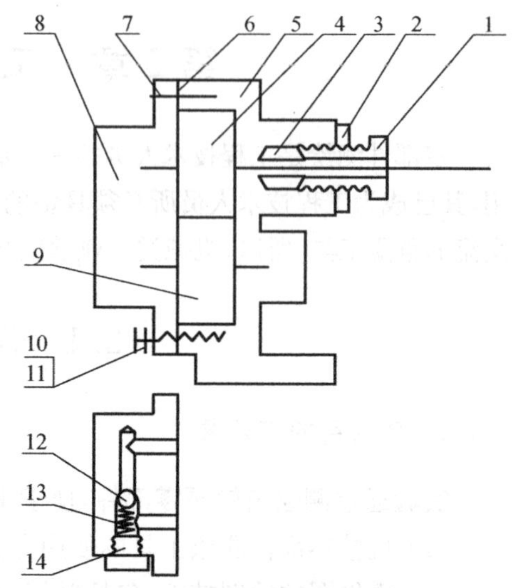

图 2.1.2　齿轮泵装配示意图

1-填料压盖；2-锁紧螺母；3-填料；4-主动齿轮轴；
5-泵体；6-垫片；7-销；8-泵盖；9-从动齿轮轴；
10-螺栓；11-垫圈；12-钢球；13-弹簧；14-调整螺钉

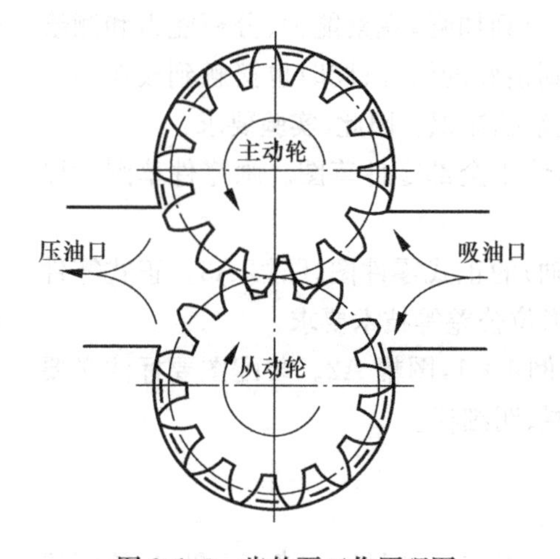

图 2.1.3　齿轮泵工作原理图

其主要装配关系为：泵体 5 和泵盖 8 之间用 6 个螺栓 10 连接，并用两个圆柱销 7 定位，泵体和泵盖之间有垫片 6 起调节间隙和密封作用。主动齿轮轴 4 和从动齿轮轴 9 两端分别由泵体 5 和泵盖 8 支承。主动齿轮轴 4 在泵体 5 支承处装有填料 3，通过填料压盖 1 压紧，防止油沿轴渗出，起密封作用。填料压盖 1 的位置由锁紧螺母 2 来锁紧。

齿轮泵工作原理如图 2.1.3 所示，外界动力通过键连接传给主动齿轮轴 4，使之逆时针转动，轴上主动齿轮旋转啮合带动从动齿轮轴 9 顺时针旋转。因齿轮啮合区右边的压力降低，油池中的油在大气压力下，从进油口进入泵腔内并随着齿轮的转动，齿槽中的油不断沿箭头方向被轮齿带到左边，形成高压油从出油口送到输油系统。当齿轮连续转动时，就实现了齿轮泵对油加压和输油的功能。

齿轮泵安全装置限压原理：如果出口处油压超过油泵的规定压力，则装在泵盖 8 内的钢球 12(见图 2.1.2)被顶开，一部分油通过泵盖上的两个油孔(分别连接泵体进出油口)，油从泵体出口流回到泵体进口，输出油压保持稳定。

(2) 拆卸齿轮泵，了解拆卸、装配方法和尺寸及技术要求。

(3) 弄清各零件的功用、作用面形状，零件之间的相对位置，以及装配关系和连接固定方式；了解分析各零件的结构、材料等。

(4) 测量各标准件的规格尺寸，查出其规定标记。

(5) 测绘专用零件，徒手画出零件草图。

根据零件功用分析零件结构特征，选择视图表达方案与布局，目测比例，徒手画出零件草图，然后测量和标注尺寸。测绘中对零件的缺陷应予以纠正。测量尺寸时要注意各零件间有装配关系的尺寸，使之协调一致。零件尺寸的常用测量方法如表 2.1.1 所示。

表 2.1.1　常见尺寸测量方法

项　目	例图说明
线性尺寸	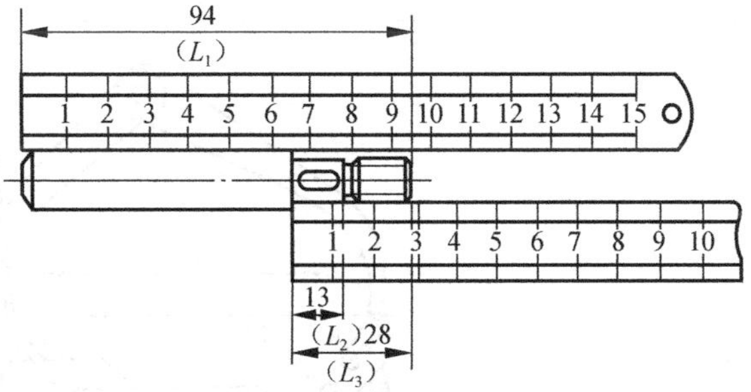 94 (L_1)；13；(L_2)28；(L_3) 线性尺寸可以用直尺直接测量读数，如图中的长度 L_1(94)、L_2(13)和 L_3(28)
螺纹的螺距	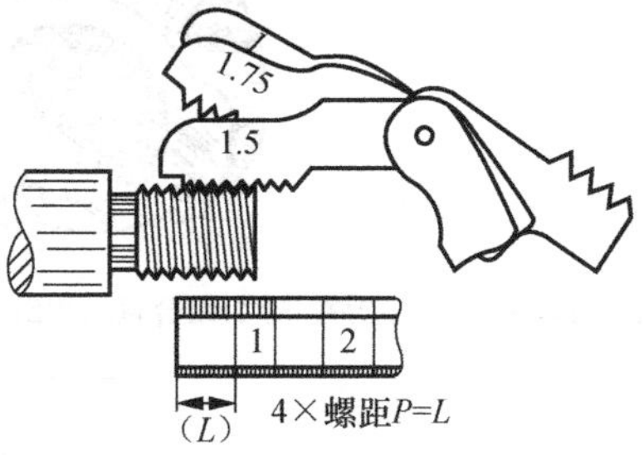 1.75；1.5；(L)　4×螺距$P=L$ 螺纹的螺距可以用螺纹规或直尺测得，如图中螺距 $P=1.5$
齿轮的模数	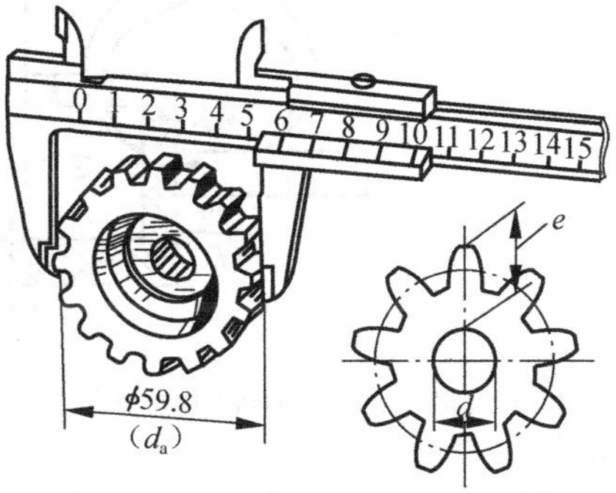 ϕ59.8 (d_a)；e；d 对于标准齿轮，其轮齿的模数可以先用游标卡尺测得 d_a，再计算得到模数 $m=d_a/(z+2)$。奇数齿的齿顶圆直径 $d_a=2e+d$，请参阅右下角的附图

续表

项　目	例图说明
直径尺寸	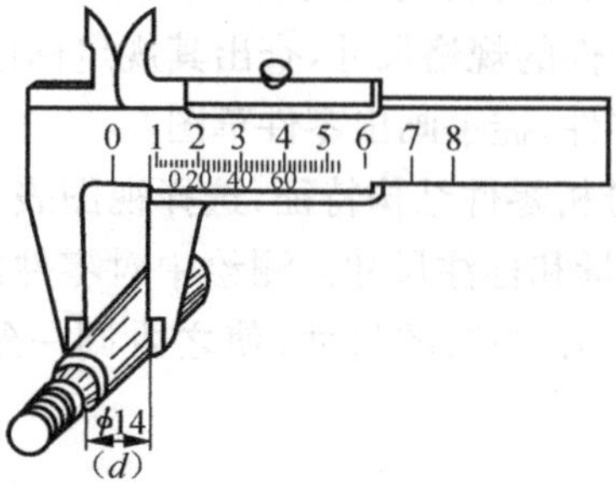 直径尺寸可以用游标卡尺直接测量读数，如图中的直径 $d(\phi 14)$
孔间距	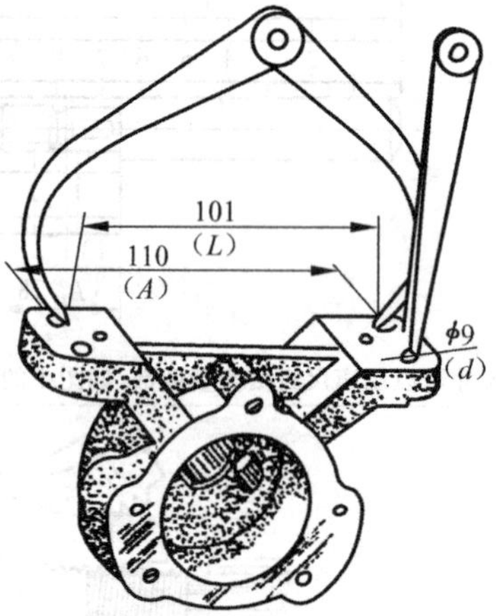 孔间距可以用卡钳(或游标卡尺)结合直尺测出，如图中两孔中心距 $A=L+d$
壁厚尺寸	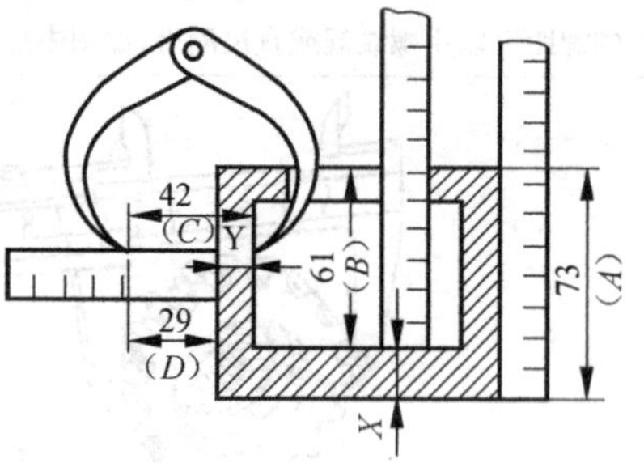 壁厚尺寸可以用直尺测量，如图中底壁厚度 $X=A-B$；或用卡钳和直尺测量，如图中侧壁厚度 $Y=C-D$

续表

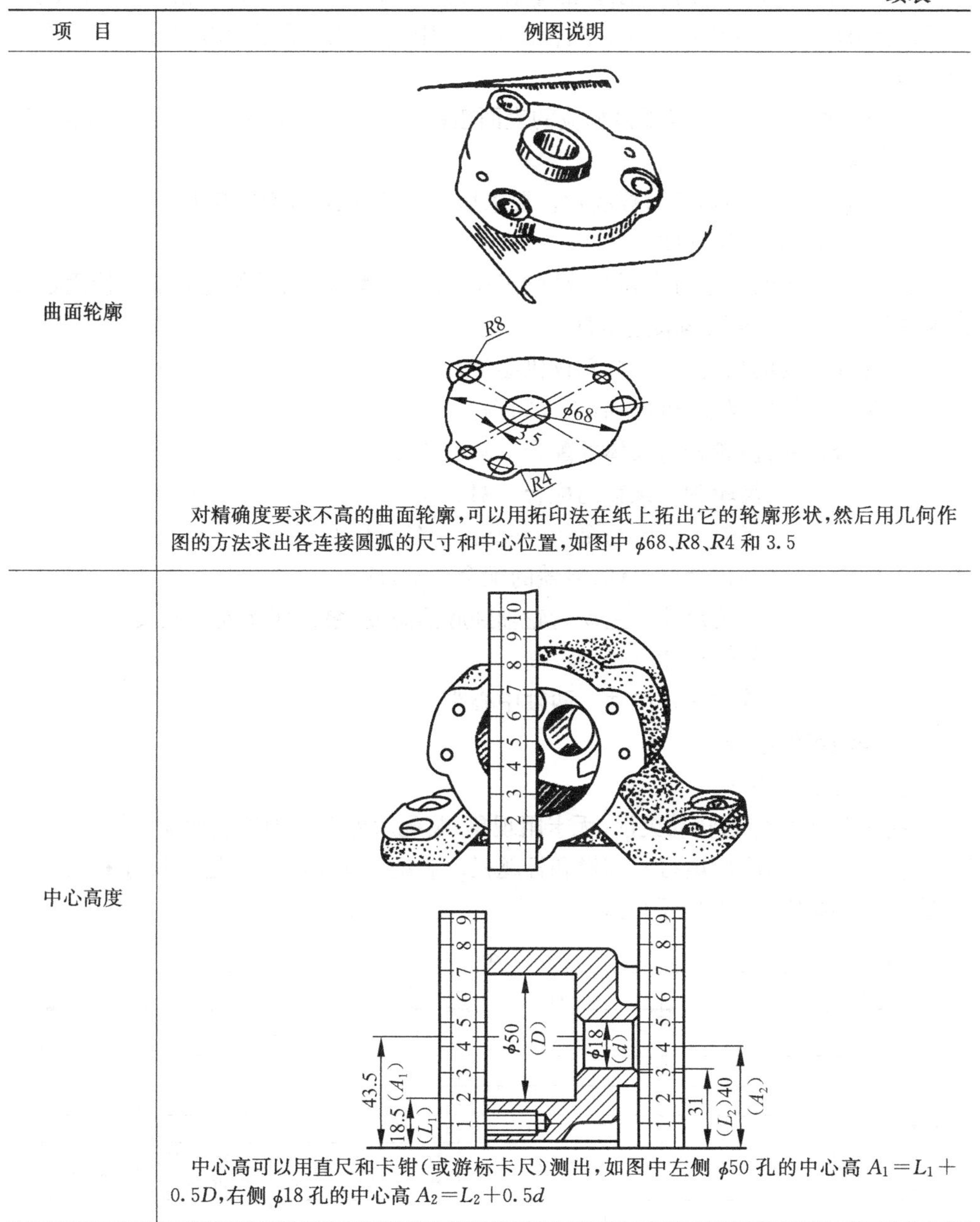

项　目	例图说明
曲面轮廓	对精确度要求不高的曲面轮廓，可以用拓印法在纸上拓出它的轮廓形状，然后用几何作图的方法求出各连接圆弧的尺寸和中心位置，如图中 $\phi68$、$R8$、$R4$ 和 3.5
中心高度	中心高可以用直尺和卡钳（或游标卡尺）测出，如图中左侧 $\phi50$ 孔的中心高 $A_1=L_1+0.5D$，右侧 $\phi18$ 孔的中心高 $A_2=L_2+0.5d$

（6）绘制正式零件图。

① 合理布局，绘制视图。必要时可对草图表达方案作合理修正，注意布局合理，视图表达正确。

② 标注完整的尺寸。注意尺寸标注的正确、完整、清晰、合理。

③ 标注和编写技术要求。尺寸公差根据配合要求以及实际测量尺寸选定后标注。零件的表面粗糙度应根据零件表面的作用及其他实际情况确定，一般为：静止接

触面 Ra 上限值 12.5，泵盖和泵体的结合密封面 Ra 上限值 3.2，无相对运动的配合面 Ra 上限值 3.2，有相对运动的配合面 Ra 上限值 1.6。适当考虑部分要素的形位公差设计。

为增加直观感受，可以提供相应的表面粗糙度比较样块及配合量规，供学生比较和动手体验。

④ 在检查、加深后，填写标题栏。要求填写规范，图面整洁、美观。

(7) 绘制齿轮泵装配图。

① 选择适当的表达方案，将部件的工作原理、装配关系、零件之间的连接固定方式和重要零件的主要结构表达清楚。

② 标注必要的尺寸(以下样例仅供参考)。

齿轮泵性能尺寸：进出油口　$R_c1/4$。

配合尺寸：齿轮轴与泵体的配合　ϕ18H7/f6。

齿轮轴与泵盖的配合　ϕ18H7/f6。

齿轮齿顶圆与泵体的配合　ϕ48H7/f6。

圆柱销与泵体、泵盖的配合　ϕ5H7/m6。

安装尺寸　主动齿轮轴到底面高度，泵体底座安装孔尺寸。

外形尺寸　长、宽、高。

其他重要尺寸　两轴中心距。

③ 编制零件序号。

④ 填写技术要求。

例如：装配后应当转动灵活，无卡阻现象；装配后外部未加工表面涂淡绿漆。

⑤ 在检查、加深后填写明细栏和标题栏。装配图明细栏和标题栏尺寸和内容参考图 2.1.4 和表 2.1.2 所示格式。

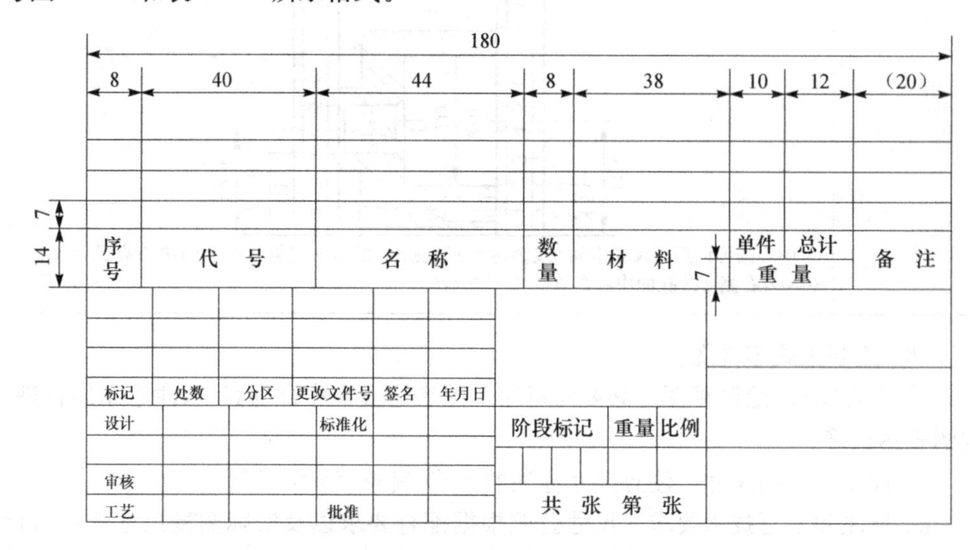

图 2.1.4　明细栏和标题栏尺寸

表 2.1.2　明细栏内容参考(标准件规格仅供参考)

序　号	代　号	名　称	数　量	材　料	备　注
1	(学生自编)	填料压盖	1	Q235-A	
2	(学生自编)	锁紧螺母	1	Q235-A	
3	(学生自编)	填料	1	石棉绳	
4	(学生自编)	主动齿轮轴	1	45	$m=3,z=14$
5	(学生自编)	泵体	1	HT200	
6	(学生自编)	垫片	1	工业用纸	
7	GB/T 119.2—2000	销　5m6×16	2	35	
8	(学生自编)	泵盖	1	HT200	
9	(学生自编)	从动齿轮轴	1	45	$m=3,z=14$
10	GB/T 5782—2000	螺栓　M6×18	6		
11	GB 97.1—1985	垫圈　6-140HV	6		
12	(学生自编)	钢球	1	45	
13	(学生自编)	弹簧	1	65Mn	
14	(学生自编)	调整螺钉	1	35	

注:① 此表的零件序号是根据图 2.1.2 齿轮泵示意图编制的,学生可以自行编制零件序号。
② 齿轮泵的代号统一为“CB”。专用零件的代号即为 CB—01,CB—02 等。

2.1.4　注意事项

(1) 拆卸齿轮泵时,注意各零件的连接关系和齿轮泵工作原理,掌握正确的拆装顺序。

(2) 对所拆卸的零件,要根据其结构功用进行正确分类,区分出标准件、常用件和专用零件。

(3) 测绘中正确分析零件的形状结构,对零件常见工艺结构和零件的局部缺陷在绘图时应予以合理表达和纠正。

(4) 测量尺寸时要注意各零件间有装配关系的尺寸,使之协调一致。

(5) 重点:绘制零件图和装配图时,要反复斟酌视图的表达方案,尽可能表达清晰、合理;尺寸标注和技术要求做到标注合理、书写规范;标题栏和明细栏填写规范。

(6) 难点:测绘是常用的基本技能,在绘制草图时要做到工程化,即尽量考虑设计、加工基准,完整、正确标注尺寸和技术要求。

(7) 绘制正式图时,选择正确的绘图铅笔,并尽量先画底图、后加深,加深图线掌握一定的顺序,如从上到下、从左至右、先曲后直等,同种图线要均匀一致,图面整洁、美观。

2.1.5　思考题

查资料说明在实际应用中齿轮泵有哪些类型?有哪些优缺点?

2.2　三维软件认知实验

2.2.1　实验目的与要求

本实验通过采用目前主流的三维设计软件构造三维实体模型,使学生能够:

(1) 了解三维设计的基本流程。

(2) 了解基于三维模型创建工程图的方法，以及二维设计和三维设计的区别，体验三维设计的优势。

(3) 自主学习三维设计技术，用于典型机械产品设计。

通过本实验，学生对设计的工程化体验得到加强，以便进一步建立设计质量、设计效率等概念；同时，作为设计人员的能力得到很好的锻炼，为后续专业设计能力的培养和训练奠定必要的技术基础。

2.2.2 实验设备与工具

(1) 基于 Windows 系统的计算机。

(2) 三维数字化设计软件(如 SolidWorks)。

2.2.3 实验内容与原理

1. 三维数字化设计概述

二维数字设计基于传统的绘图模式，按部就班，设计人员的能力不能得到充分的发挥，设计结果表达缺乏形象化，设计交流只局限在专业人士之间，并且容易产生差错。在修改过程中，由于文件之间没有关联，必须修改每一张涉及的图纸，过程烦琐，且易造成遗漏。图形几何外形没有关联，修改工作量大，工作效率很低。产品所有信息都来自二维图纸，软件没有任何分析的功能，干涉等差错无法检查，只有在产品制造出来后才能发现，不能向加工提供完备的信息，设计质量很难保障。

三维数字设计直观，借助干涉检查、运动仿真、分析等工具，能极大刺激设计人员的创造性。并且设计的产品整体和内部一目了然，可以减少交流差错，极大提高工作效率。产品零部件之间采用主模型关联，只要一处修改，所有涉及的领域会自动修改，保证修改完整、彻底，大大提高设计的效率和可靠性。二维设计没有协同设计的概念，三维设计以项目为中心，实现二三维的关联设计以及多人的协同设计。从概念设计到产品的详细设计，均可以在三维环境下得到真正的体现。而零件以直观的三维模型为基础，所有设计都经过分析验证，做到设计的零缺陷，可以极大提高设计质量。

本实验中学生需要利用三维设计软件，进行简单实体建模，并基于三维模型创建工程图。重点是以此作为一个开端，引导学生在课余时间自主学习三维设计软件，掌握实际应用技能。

2. 常用三维数字化设计软件

CAD 软件通常起源于工程应用，一般最初都是一些大型企业为了自身产品设计需要而研制的，以后逐渐发展为独立的信息系统公司，软件逐步商品化。例如，UG NX 软件最初由美国麦道(MD)公司开发，CATIA 由法国达索(Dassualt)飞机公司开发，I-DEAS软件由美国航空及宇航局(NASA)支持，CADAM由美国洛克希德(Lochheed)公司支持。这些软件经过近40年的不断融合与发展，逐渐形成了以下几个主流软件。

1) CATIA

CATIA是法国达索系统公司CAD/CAM/CAE一体化软件，居世界CAD/CAM/CAE领域的领导地位，因其强大的曲面设计功能在飞机、汽车、轮船等行业享有很高的声誉。目前，CATIA广泛应用于航空航天、汽车制造、造船、机械制造、电子/电器、消费品行业，几乎涵盖了所有的制造业产品。

2) UG NX

UG NX起源于美国麦道航空公司，目前属于西门子公司，是世界知名的CAD/CAM/CAE一体化软件，曲面设计功能亦非常强大。UG NX软件广泛应用于航空航天、汽车、机械及模具、消费品、高科技电子等领域的产品设计、分析及制造，被认为是业界最具有代表性的数控软件和模具设计软件。

3) Pro/ENGINEER

Pro/ENGINEER(简称Pro/E)是美国Parametric Technology Crop(PTC)公司的产品。Pro/E以其参数化、基于特征、全相关等概念闻名于CAD界，操作较简单，功能丰富。Pro/E广泛应用于机械及模具、消费品、高科技电子等领域。

4) SolidWorks

SolidWorks软件属于法国达索系统公司，是世界上第一个基于Windows开发的三维CAD系统。因其功能强大、易学易用和技术创建三大特点，已经成为领先的、主流的三维CAD解决方案。在教育界、中小型工业企业应用非常广泛。

5) Solid Edge

Solid Edge软件归属于德国西门子公司，基于Windows平台开发，其ST版本采用业界独有的同步建模技术，是三维设计技术的巨大突破，可以有效地解决不同三维软件之间的数据共享问题，设计效率可以提高百倍。

以上软件采用的内核都是ProSolid，所以建模的思路与步骤非常接近，都是采用搭积木和卸积木的建模方式，能够以尺寸作为参数驱动几何模型，采用单一的数据库支持，使零件图、装配图、工程图相互关联，做到一处修改，其余随之修改。

3. 三维设计的基本思路

三维设计(实体建模)就像搭积木一样，先搭后减。建模前，先根据设计的要求，把实体分解，尽可能分解为一个个简单的单元(常称为特征)。建模的时候，再把这些特征像搭积木一样搭上去。如果是有孔或需要去除材料的地方，就把它抽象为从模型上卸掉一个积木。如图2.2.1所示的实体模型，可以把它分解为4个基本特征：底座，圆凸台，圆孔，抽壳。

本实验要求选用一款三维软件，练习基本操作，再按实验要求建立一个三维数字化实体模型，并基于三维模型创建工程图。

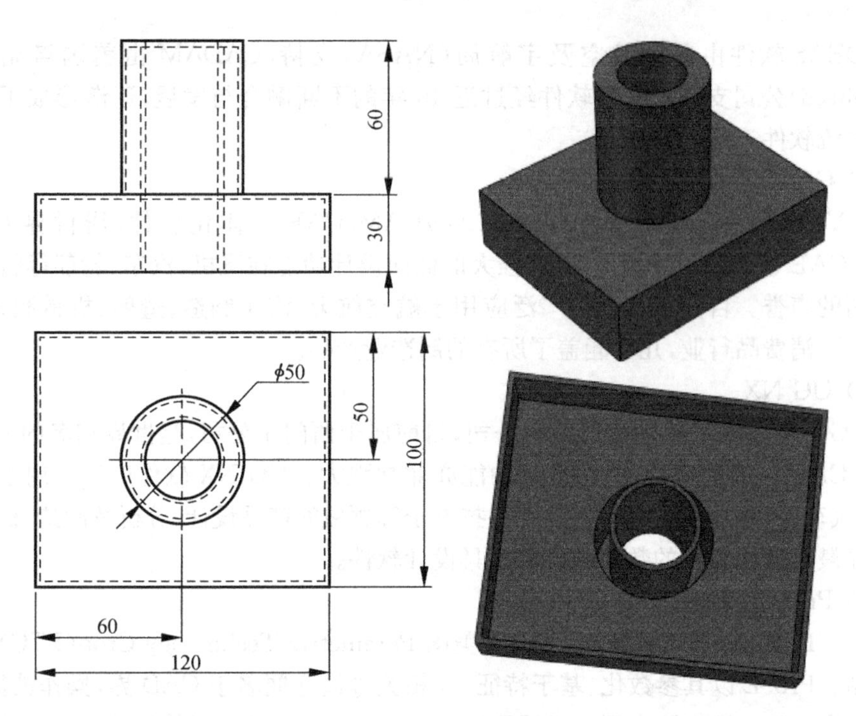

图 2.2.1　实体模型结构

2.2.4　实验步骤与注意事项

以 SolidWorks 软件为例，先介绍软件功能，然后分析图 2.2.1 所示零件的结构，在此基础上指导学生按以下步骤进行实例的三维建模。

1. 设定新零件文档

单击“标准”工具栏上的“新建”，在弹出的“新建 SolidWorks 文档”对话框中双击“零件”，然后单击“标准”工具栏上的“保存”，在弹出的“另存为”对话框中的“文件名”文本框中键入“合盖”作为文件名称，单击“保存”。

注意：绘图过程中，每完成一部分工作，就应按快捷键 Ctrl＋S 保存文件。

2. 生成基体特征

1）调用“拉伸凸台/基体”工具

单击“特征”选项卡上的“拉伸凸台/基体”。

绘图窗口出现前视、上视及右视基准面，且指针更改为。当指针移到基准面上时，基准面的边框会高亮显示。

2）指定基体草图的放置面

选择前视基准面。选择前视基准面后，前视基准面将正对屏幕，同时在前视基准面上打开一张草图。

3) 草绘一个矩形

单击“草图”选项卡上的“矩形”，然后将指针移到草图原点处（当指针变为时，表示指针正位于原点上）。单击“原点”并将指针往右上角拖动，指针处将显示矩形的当前尺寸（见图 2.2.2），单击即可绘制一个矩形（不要求矩形尺寸为 120×100）；按 Enter 键释放“矩形”工具。

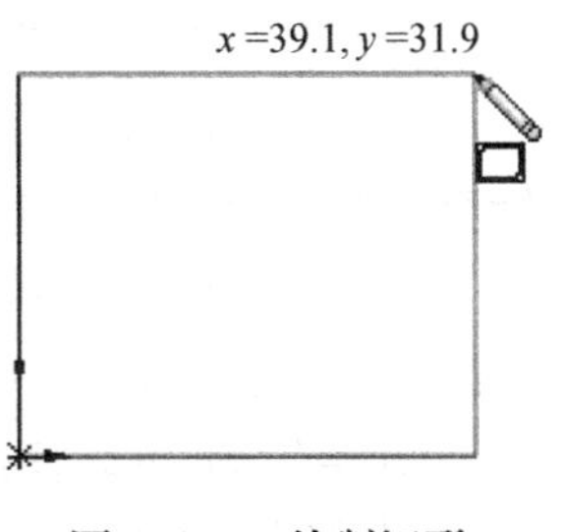

图 2.2.2　绘制矩形

4) 标注矩形尺寸

单击“草图”选项卡上的“智能尺寸”，选择矩形的顶边线；在线条上方单击即可放置尺寸，并弹出“修改”对话框；将值设置为 120，然后单击；草图将调整大小以反映出 120mm 尺寸；单击“视图”工具条中的“整屏显示全图”，以便在图形区域显示整个矩形。

重复以上步骤，将矩形的高度设定为 100mm。

5) 拉伸成形

单击“退出草图”，“凸台-拉伸 PropertyManager”出现在左窗格中，草图视图变为上下二等角轴测，并有拉伸预览模型出现在图形区域中（见图 2.2.3(a)）；在如图 2.2.3(b)所示的“凸台-拉伸 PropertyManager”设置相关参数后单击，即可创建新特征“凸台-拉伸 1”（出现在 FeatureManager 设计树中和图形区域），如图 2.2.3(c)所示。

注意：按 Z 可缩小画面或按 Shift＋Z 可放大画面。

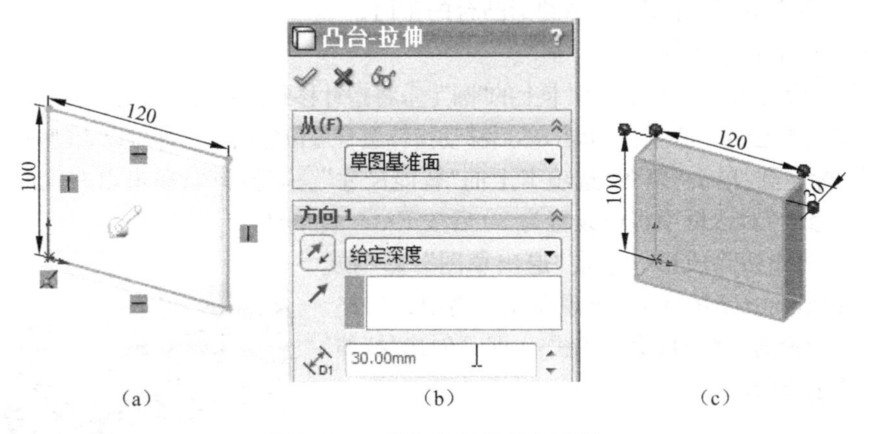

(a)　　(b)　　(c)

图 2.2.3　凸台-拉伸性能管理器

3. 添加一个凸台特征

(1) 调用“圆凸台特征创建”工具：单击“特征”选项卡上的“拉伸凸台/基体”。

(2) 指定圆凸台草图放置面：单击模型的正面，然后单击“视图”工具栏上的“正视于”使放置面正对屏幕。

(3) 草绘并标注圆。

① 草绘圆：单击“草图”选项卡上的“圆”；在面上靠近中心位置处单击，移动指针至合适位置后单击即可以绘制一个圆。

② 标注圆：单击“草图”选项卡上的“智能尺寸”，选择圆；单击以放置尺寸；在弹出的“修改”对话框中将值设置为 50 后按 Enter 键确认。

③ 定位圆：继续使用“智能尺寸”，选取面的顶边线，选取圆，然后单击以放置尺寸；在弹出的“修改”对话框中将值设置为 50 后按 Enter 键确认；继续使用“智能尺寸”，选取面的左边线，选取圆，然后单击以放置尺寸；在弹出的“修改”对话框中将值设置为 60 后按 Enter 键确认。

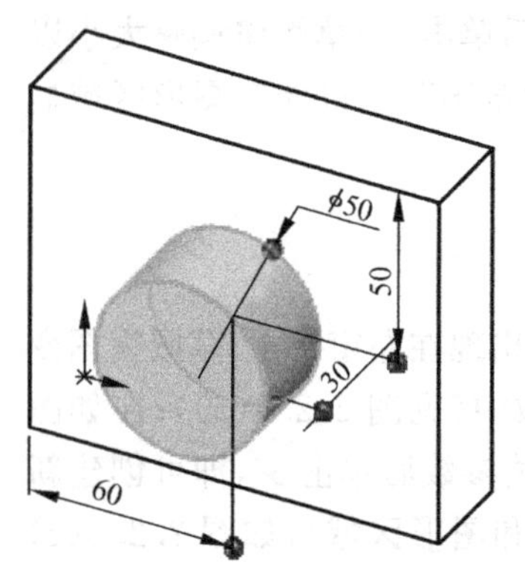

图 2.2.4 草图视图

(4) 拉伸成形。单击“退出草图”，“凸台-拉伸 PropertyManager”出现在左窗格中；单击“视图”工具栏上的“上下二等角轴测”，使草图视图变为“上下二等角轴测”(见图 2.2.4)；在 PropertyManager 窗口中，将“终止条件”设置为“给定深度”，“深度”设置为 30，单击即可创建“凸台-拉伸 2”(出现在 FeatureManager 设计树和图形区域中)。

4. 生成一个切除特征

(1) 调用“拉伸切除”工具：单击“特征”选项卡上的“拉伸切除”。

(2) 指定草图放置面：选择圆形凸台的正面。

(3) 草绘并标注圆。

① 草绘圆：单击“草图”选项卡上的“圆”；将指针移到凸台的中心(指针更改以表示圆的中心与凸台的中心重合)单击，然后移动指针至合适位置后单击即可以绘制一个圆。

② 标注圆：单击“草图”选项卡上的“智能尺寸”，选择圆；单击以放置尺寸；在弹出的“修改”对话框中将值设置为 30 后按 Enter 键确认。

(4) 拉伸切除成形。单击“退出草图”，“拉伸-切除 PropertyManager”出现在左窗格中；将“终止条件”设置为“完全贯穿”，单击即可创建“拉伸切除 1”(见图 2.2.5)。

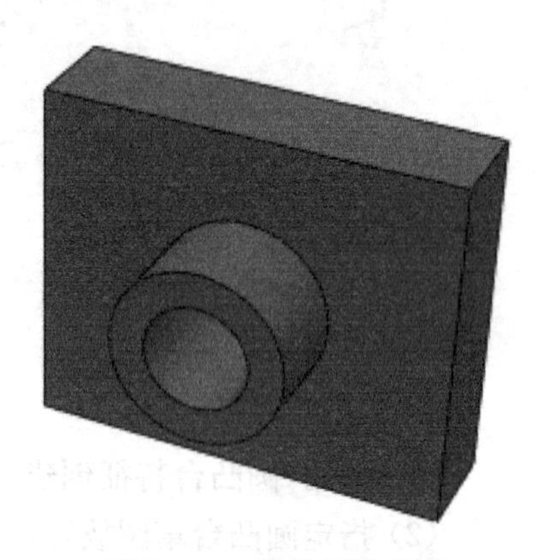
图 2.2.5 拉伸切除成形

5. 添加一个抽壳特征

单击“视图”工具栏上的“旋转视图”，拖动指针即可旋转零件，直到看到背面为止。按 Enter 键释放“旋转视图”工具。

单击“特征”选项卡的“抽壳”；在 PropertyManager 窗口中将“厚度”设为 2；选取背面；单

击✓即可移除所选面并形成薄壁零件(见图 2.2.6)。

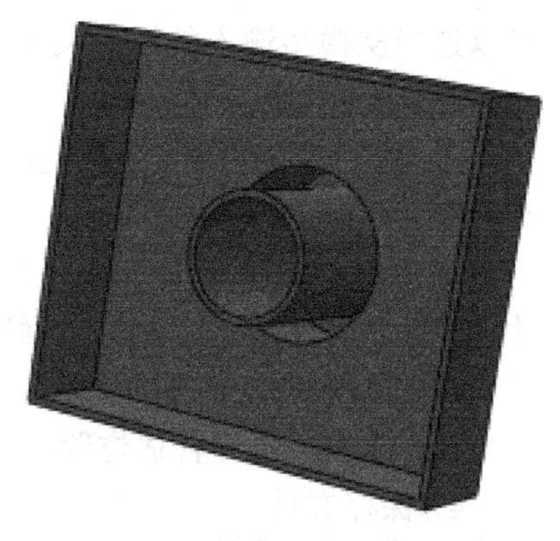

图 2.2.6 抽壳形成的薄壁零件

6. 编辑特征

单击“视图”工具栏上的“上下二等角轴测”;在 FeatureManager 设计树内双击“凸台-拉伸2”,图形区域中显示特征的尺寸(见图 2.2.7(a));双击尺寸 30,在“修改”对话框中,将数值设为 50,然后单击✓;单击“标准”工具栏“重建模型”以新的尺寸重新生成模型(见图 2.2.7(b))。

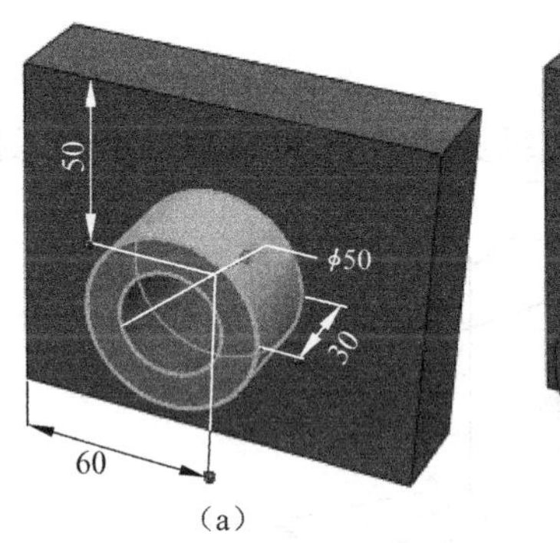

(a)

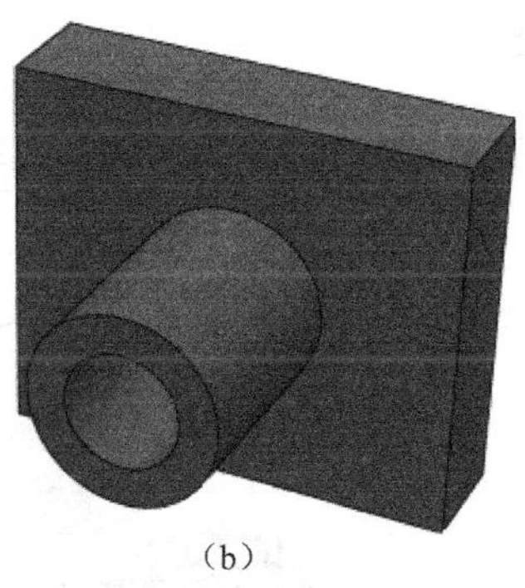

(b)

图 2.2.7 新的尺寸重新生成的模型

7. 基于三维模型创建工程图

1) 打开工程图模板

单击“标准”工具栏上“新建”;在弹出的“新建 SolidWorks 文档”对话框中单击“高级”;然后选择对话框“模板”选项卡中的 gb_a4p;单击“确定”,即可基于 gb_a4p 创建一张工程图,并出现在图形区域中,同时“模型视图 PropertyManager”出现在窗体左侧。

2) 插入零件模型的标准视图

(1) 单击“模型视图 PropertyManager”中“浏览”,选择之前创建的“盒盖 . SLDPRT”;

(2) 在“模型视图 PropertyManager 方向”下单击“标准视图”下的“ * 下视”,然后选择“预览”以便在图形区域中显示预览;在“选项”下选择“自动开始投影视图”以便放置正交模型视图时自动显示“投影视图”;在“显示样式”下,单击“隐藏线可见”。

(3) 将指针移到图形区域,指针形状变为,并显示“盒盖 . SLDPRT”下视图的预览;单击放置下视图(自动命名为“工程图视图 1”);向下移动指针,单击以放置“工程图视图 2”。

(4) 单击✓。

3) 标注尺寸

(1) 单击“注解”选项卡上的“模型项目”,出现“模型项目 PropertyManager”;

可以选择从模型输入的标注尺寸、注解以及参考几何体类型。

(2) 设置参数

① 源/目标:在源下选择"整个模型"以输入所有模型尺寸,选取将项目输入到所有视图。

② 尺寸:单击"为工程图标注"以只插入那些在零件中为工程图所标注的尺寸,选择"消除重复"以只插入独特模型项目。

(3) 单击✓。

(4) 拖动尺寸到合适位置。

4) 保存文件

按快捷键 Ctrl+S,将工程图文件保存为"盒盖",默认的扩展名为". slddrw"。

2.2.5 思考题

根据尺寸要求,绘制图 2.2.8 所示三维实体模型,并按照标准出工程图。

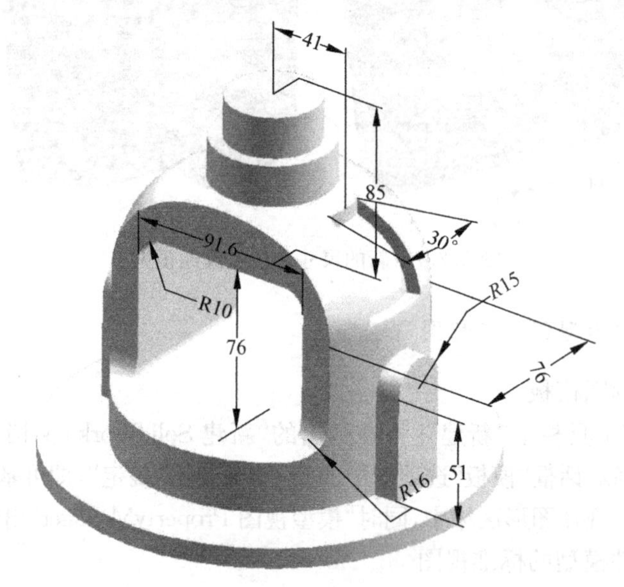

图 2.2.8 实体模型

参 考 文 献

谭建荣等. 2006. 图学基础教程. 北京:高等教育出版社

王兰美. 2004. 机械制图. 北京:高等教育出版社

吴鸣飞等. 2010. UG NX 三维造型设计教程与实例精讲. 北京:机械工业出版社

詹迪维. 2010. SolidWorks 快速入门教程 2009 中文版. 北京:机械工业出版社

张剑澄等. 2009. Solid Edge 同步建模技术快速入门. 北京:清华大学出版社

赵秋玲等. 2007. Pro/E Wildfire3.0 机械设计实例教程. 北京:电子工业出版社

第3章　原理和结构分析实验

机械的原理和结构分析是机构运动、动力分析及机构设计与创新的基础。机械的原理和结构分析实验有利于学生巩固和应用所学的机构组成原理、机构结构分类、机构运动可动性与确定性判断等相关理论知识，同时对合理地进行机构设计与创新也有着重要的指导作用。

3.1　机构运动简图测绘和分析

3.1.1　实验目的与要求

针对在现有机械分析或新机械设计时，需按比例绘制机构运动简图以便进行机构运动和动力分析。工程上常用比例不严格的机构示意图定性地表达各构件之间的运动和力的传递关系，开展机构运动简图测绘和分析实验，目的是：

(1) 通过对若干机械模型和实物的测绘，掌握机构运动简图的测绘方法。

(2) 掌握机构自由度的计算方法，理解机构自由度的概念。

(3) 加深对机构组成及其结构分析的理解。

通过实验，训练学生抽象地表达机构结构的能力，并积累一定的实际经验，为工程设计和创新打好基础。

3.1.2　实验设备与工具

(1) 典型机械实物及模型：缝纫机等实物机械、牛头刨等各类机械模型、各种泵类机械模型、各种组合机构模型、机械原理教学陈列柜等。

(2) 铅笔、三角尺、圆规、橡皮、草稿纸等。

3.1.3　实验内容与原理

1. 典型机械实物及模型的机构运动简图测绘

由于机构的运动仅与其构件数目，运动副数目、类型及其相对位置有关，因此，绘制机构运动简图时，可以不考虑构件的形状和运动副的具体构造，只需选择视图，采用国家标准 GB/T 4460—1984(机构运动简图符号)规定的运动副、机构构件符号代表实际的运动副与构件(表 3.1.1 是其中的常用机构构件和运动副符号)，再选择适当的长度比例尺表示各运动副的相对位置，可以简明地表达一部复杂机器的机构运动特征与传动原理。在此基础上，可以做机构的结构分析，还可以用图解法求证机构上构件或考察点的力、运动轨迹、位移、速度和加速度等。机构运动简图测绘示例如

图 3.1.1 所示。

表 3.1.1　常用机构构件、运动副符号

	两运动构件形成的运动副		两构件之一为机架所形成的运动副	
转动副				
移动副				
构件	二副元素构件	三副元素构件	多副元素构件	
凸轮及其他机构	凸轮机构	棘轮机构	带传动	
齿轮机构	外齿轮	内齿轮	圆锥齿轮	蜗杆蜗轮

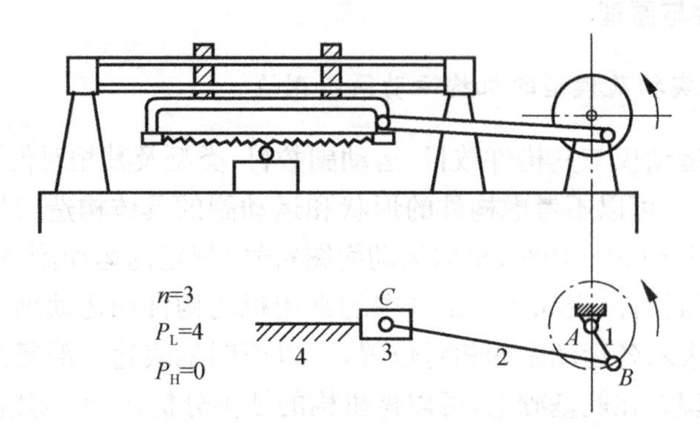

图 3.1.1　锯床机构结构示意图和运动简图

2. 机构组合和演化分析

在工程应用中，为了实现复杂的运动，往往采用由一些基本机构组合而成的复杂机构，即组合机构；有时还通过演化手段，得到符合要求的新机构，以便满足运动需要、结构需要，或增加强度、刚度等。实验中增加这方面内容，虽有不少难度，但可以训练学生工程设计和创新中的思维能力。

图 3.1.2 和图 3.1.3 为机构演化启示Ⅰ和机构演化启示Ⅱ。

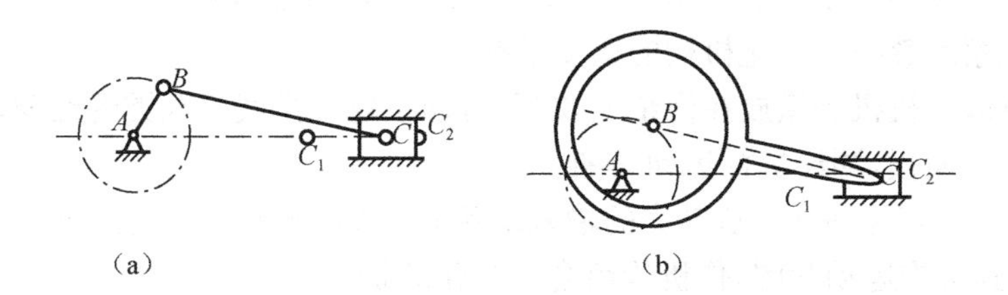

图 3.1.2　曲柄滑块机构演化为偏心轮机构

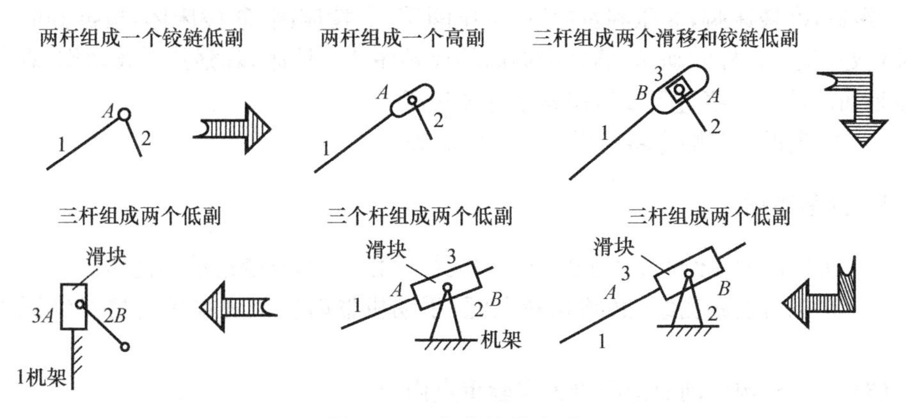

图 3.1.3　机构演化启示

3.1.4　实验过程

1. 基本机构运动简图测绘和分析

(1) 慢慢手动选中的机械，并仔细观察机构的运动，先找出运动构件的转动中心和移动方位，由此找出所有的机架端。再从机架端出发逐一分清各个运动单元，从而确定组成机构的构件数目及其运动副的类型。

(2) 自定合适的比例尺，选定投影方向，绘制机构运动简图，用数字 1、2、3…分别标注各构件，用字母 A、B、C…分别标注各运动副，用箭头表示机构的主动构件。

(3) 计算机构自由度数。

2. 机构组合及演化分析

在完成基本机构运动简图测绘的基础上，可以选择一些更复杂的机构组合进行测绘和分析。例如缝纫机机头，较为综合地应用了许多知识，如其中曲柄摇杆机构、偏心轮机构、空间凸轮机构等，并通过这些机构实现了所需的运动。实验中，分析运动应从动力输入构件开始，按传递顺序分析其运动过程，再区分它们中的各个机构，并绘出其草图，指出组合或演化方法。

缝纫机机头测绘和分析实验步骤(其他机构可参照进行)：

(1) 观察示教板上演化机构的运动情况。

(2) 将缝纫机机头横放在泡垫上，右手转动手轮观察底部轴类的运动。

(3) 拆卸面板，测绘机构运动简图。

用螺丝刀卸下面板体，从动力的输入端手轮开始，顺着运动的传递，逐个观察分析，并测绘其机构运动简图，作机构组合和演化分析。

(4) 拆卸梭床，作缝纫动作分析。

转动手轮使针杆上升到最高位置，取下梭心套，旋出梭床螺钉，将卸下的 6 个零件：①螺钉，②梭床脚，③压圈簧螺钉，④压圈簧，⑤梭床圈，⑥梭床体，按拆卸顺序依次排列好，观察针杆的动作，然后按拆卸的反顺序装好梭床，观察其引线动作；观察摆动梭是如何使上线绕过下线做完整个缝纫过程。

(5) 按先拆后装顺序将所拆零件装回原处。

3.1.5 注意事项

(1) 机构简图测绘时，必须做到不增减杆件数目，不改变运动副性质。

(2) 在机器上做测绘，必须切断电源；手动机器时应该观察周边情况保证人身安全。

(3) 基本机构运动简图测绘为实验重点内容。

3.1.6 思考题

(1) 机构运动简图应准确反映实际机构中的哪些项目？

(2) 机构自由度的计算对测绘机构运动简图有何帮助？机构具有确定运动的条件是什么？

(3) 通过机构运动简图能否对所测绘的机构进行改进设计？能否由此进一步创意新的机构？

3.2 渐开线圆柱齿轮的范成原理实验

3.2.1 实验目的

渐开线齿轮的范成原理实验是模拟齿轮范成法加工的过程，借助齿轮范成仪，以绘图纸作为轮坯、铅笔作为刀具，能清楚地观察齿廓形成的过程，能清楚地演示刀具变位对变位齿形的变化及齿轮各参数的影响。

通过齿轮范成原理的实验，可以达到以下目的：

(1) 掌握范成法制造渐开线齿轮的基本原理，正确理解实际加工方法。

(2) 了解齿轮产生根切现象的原因和避免根切的方法。

(3) 正确认识标准齿轮和变位齿轮的异同点。

3.2.2　实验设备与工具

(1) 线传动齿轮范成实验仪(见图 3.2.1)。

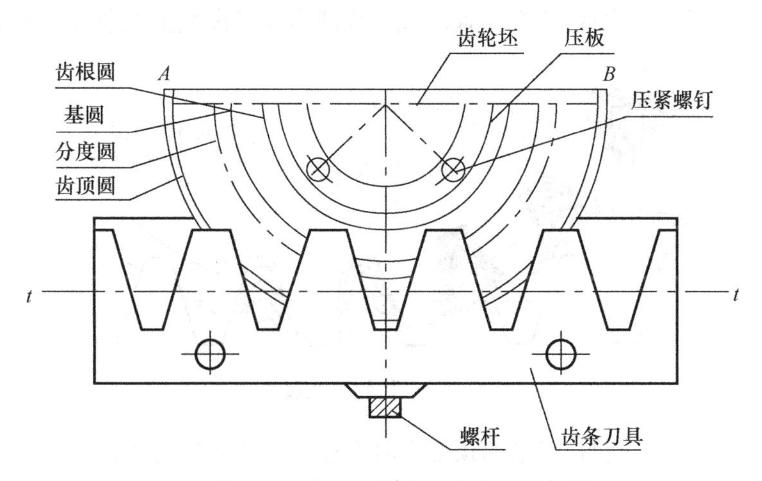

$m=20\text{mm};z=10;\alpha=20^\circ;h_a^*=1.0;c^*=0.25$

图 3.2.1　线传动齿轮范成实验仪

(2) 齿条传动齿轮范成实验仪(见图 3.2.2)。

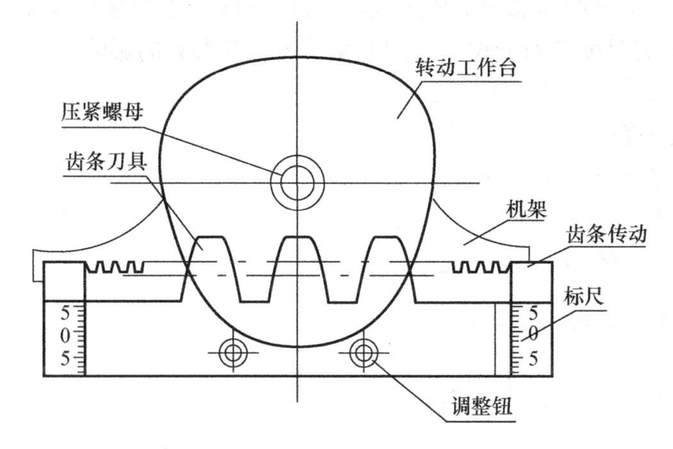

$m=20\text{mm},z=8;m=8\text{mm},z=20;m=8\text{mm},z=34$

$\alpha=20^\circ;h_a^*=1.0;c^*=0.25$

图 3.2.2　齿条传动齿轮范成实验仪

(3) 绘图纸、圆规、三角尺、剪刀、铅笔等。

3.2.3 实验内容与原理

范成法是利用齿廓啮合基本定律来切制齿廓的，一对齿轮(或齿轮齿条)互相啮合时，其共轭齿廓互为包络线。加工时，其中一齿轮(或齿条)为刀具，另一轮为轮坯，两者做相对运动，同时刀具还沿轮坯的轴向做切削运动，最后轮坯上被加工出来的齿廓就是刀具在各个位置的包络线，其过程与无齿侧间隙啮合传动类似。

图 3.2.3 是用齿条刀具切制齿坯齿廓的范成原理图。齿条刀具的中线(分度线)与齿坯的分度圆相切，齿条移动，齿坯转动(保持一定速比)，齿条直线齿廓相对齿坯每一瞬间占有不同的位置，所有位置的包络线即形成了齿坯上的渐开线齿廓。

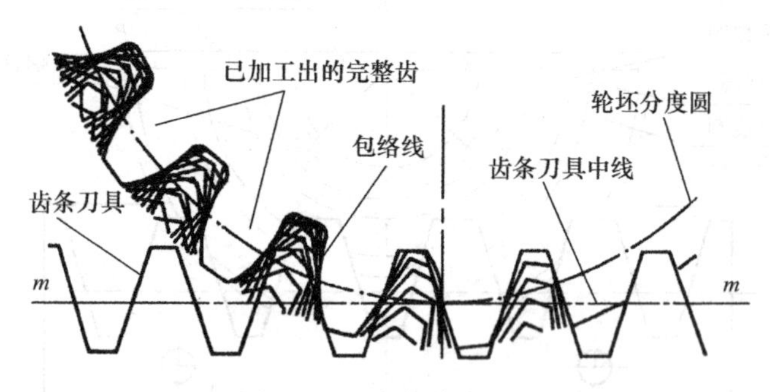

图 3.2.3 齿轮范成过程

用范成法加工齿轮时，刀具的顶部有时会过多地切入轮齿的根部，将齿根的渐开线部分切去一部分，产生根切现象。齿轮的根切会降低抗弯强度，引起重合度下降，降低承载能力等。因此，应力求避免根切，采用齿轮变位就是有效的方法之一。

实验采用齿轮范成仪，模拟用齿条刀具切制齿坯的齿廓。实验过程中，利用齿轮范成仪可以演示渐开线齿廓的形成过程，显现渐开线产生的根切现象和避免根切方法的效果，演示刀具变位对变位齿形的变化及齿轮各参数的影响。

实验中有关计算公式如下。

(1) 分度圆直径：$d=mz$。

(2) 基圆直径：$d_b=mz\cos\alpha$。

(3) 齿顶圆直径：$d_a=m(z+2+2x)$。

(4) 齿根圆直径：$d_f=m(z-2.5+2x)$。

(5) 最小变位系数：$x_{min}=\dfrac{17-z}{17}$。

(6) 最小变位量：$\Delta x=\dfrac{17-z}{17}m$。

3.2.4 实验过程

首先，观看实际齿轮的加工过程录像或多媒体，搞清楚加工的工艺运动及参数，然后进行齿轮范成实验。实验先做标准齿轮的范成，再做变位齿轮的范成，过程如下。

1. 线传动范成仪实验方法和步骤(参考图3.2.1)

(1) 用绘图纸，预先剪出两张半圆毛坯纸(一张用于标准齿轮，另一张用于变位齿轮)，并画出齿顶圆、分度圆、齿根圆、基圆。

(2) 到实验室后，再根据齿轮范成仪实际尺寸，临时剪出两个压紧半圆环孔。

(3) 将半圆毛坯纸与工作台中心对准，用螺钉压紧毛坯纸。

(4) 旋转螺杆(或旋转螺杆改变齿轮的变位系数)，移动齿条刀具，使齿条刀具顶线与齿根圆相切。

(5) 自左端向右移动齿条刀具，每隔3～5mm，在毛坯纸上画出齿条刀具的轮廓线，注意画线时不要漏线条。

2. 齿条传动齿轮范成仪实验方法和步骤(参考图3.2.2)

(1) 用绘图纸，预先剪出两张毛坯圆(一张用于标准齿轮，另一张用于变位齿轮)，并画出齿顶圆、分度圆、齿根圆、基圆。

(2) 在毛坯圆中心剪出40.05mm直径的圆孔。

(3) 将毛坯直接装入工作台中心，用螺母压紧。

(4) 选定相应的齿条刀具。

(5) 借助齿轮范成仪两边的标尺，加工标准齿轮，将齿条刀具指针与标尺的0对齐(或确定变位系数后，将齿条刀具指针调到相应的位置，加工变位齿轮)。

(6) 自左端向右移动齿条刀具，每隔3～5mm，在毛坯纸上画出齿条刀具的轮廓线，注意画线时不要漏线条。

3.2.5 注意事项

(1) 尽管为验证性实验，但是实验过程必须与齿轮的实际范成加工过程联系起来进行，如加工工艺参数与实验参数的关系，强化学生对知识的理解与实际应用是本实验的重点。

(2) 必须强调加工标准齿轮与加工变位齿轮时的共同点和区别点。

(3) 注意齿条刀具与齿条的区别。

(4) 有条件时结合插齿机或滚齿机加工演示和讲解。

3.2.6 思考题

(1) 比较标准齿轮与正变位齿轮的齿形有什么不同，并分析其原因。

(2) 影响根切的因素有哪些？在加工齿轮时如何避免根切现象？

(3) 与仿形法比较，范成法加工有什么特点？

3.3 渐开线直齿圆柱齿轮参数的测定

3.3.1 实验目的与要求

通过渐开线直齿圆柱齿轮参数测定实验，加强学生动手能力，并达到以下目的：

(1) 掌握应用简单量具测定渐开线直齿圆柱齿轮几何参数的方法。

(2) 进一步熟悉齿轮各尺寸和参数的关系。

(3) 巩固对渐开线性质的理解。

3.3.2 实验设备与工具

(1) 渐开线直齿圆柱齿轮，分别为标准齿轮、正变位齿轮、负变位齿轮，齿数各为奇数、偶数。

(2) 工具：游标卡尺、公法线千分尺。

(3) 渐开线函数表及计算器(自备)。

3.3.3 实验内容与原理

单个渐开线直齿圆柱齿轮的主要待测参数有：齿数 z、模数 m、分度圆压力角 α、齿顶高系数 h_a^*、顶隙系数 c^* 和变位系数 x。本实验使用游标卡尺和公法线千分尺测量，然后通过计算来确定齿轮的基本参数。

1. 确定齿轮的齿数 z

齿数 z 从被测齿轮上直接数齿数读出。

2. 确定模数 m、分度圆压力角 α

在图 3.3.1 中，根据渐开线的基本性质可知，所跨齿廓之间公法线长度 W 等于所对应的基圆上的弧线长。根据这一性质，用公法线千分尺跨过 n 个齿，测得齿廓间公法线长度为 W'_n，然后再跨过 $n+1$(或 $n-1$)个齿测得其长度为 W'_{n+1}(或 W'_{n-1})。为了使游标卡尺的两个量足与齿廓的渐开线部分相切，应根据被测齿轮的齿数 z 参照表 3.3.1 决定跨测齿数 n 值。在测量时需注意，卡尺不要倾斜，卡尺脚面与被测面的接触要平顺。

表 3.3.1 跨测齿数值(α=20°)

z	12～18	19～27	28～36	37～45
n	2	3	4	5
z	46～54	55～63	64～72	73～81
n	6	7	8	9

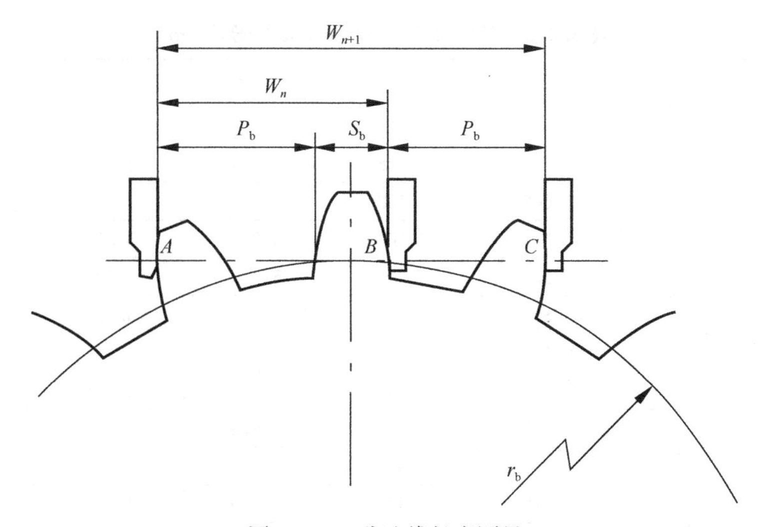

图 3.3.1　公法线长度测量

根据图 3.3.1 所示的关系，有

$$W_n = (n-1)P_b + S_b$$

$$W_{n+1} = nP_b + S_b$$

所以利用测试结果得

$$P_b = W'_{n+1} - W'_n = \pi m\cos\alpha$$

由此，可以通过公式测算得到齿轮的模数 m 和压力角 α（因为 m 和 α 是标准值）。在本次实验中，参照表 3.3.2，即可找出对应的模数（或径节）与分度圆压力角。

3. 测定齿顶圆直径 d_a 和齿根圆直径 d_f 及计算全齿高 h

当齿数为偶数时，d_a 和 d_f 可用游标卡尺直接测量，如图 3.3.2 所示。

当齿数为奇数时，直接测量得不到 d_a 和 d_f 的真实值，须采用间接测量的方法。如图 3.3.3 所示，先量出齿轮安装孔径 D，再分别量出孔壁到某一齿顶的距离 H_1 和孔壁到某一齿根的距离 H_2，则 d_a 和 d_f 可按下式求出。

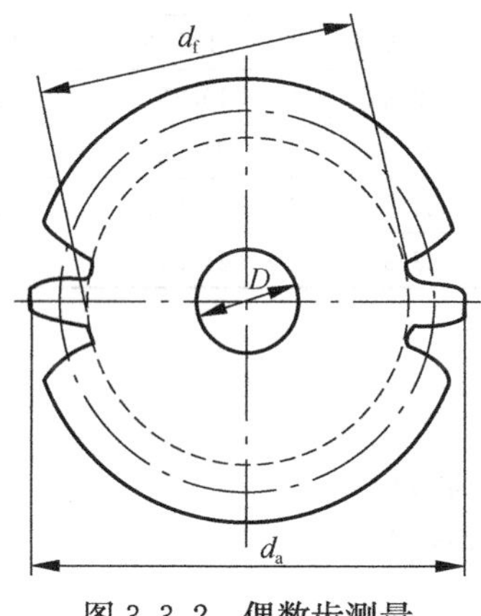

图 3.3.2　偶数齿测量

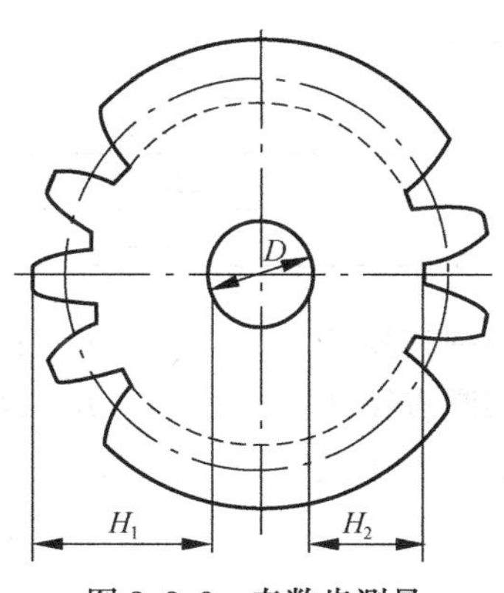

图 3.3.3　奇数齿测量

表 3.3.2 基圆周节 $P_b=\pi m\cos\alpha$ 的数值/mm

模数 m	径节 D_p	$P_b=\pi m\cos\alpha$				
		$\alpha=22.5°$	$\alpha=20°$	$\alpha=17.5°$	$\alpha=15°$	$\alpha=14.5°$
1.5		4.354	4.428	4.494	4.552	4.562
	16	6.609	4.688	4.758	4.819	4.830
1.75		5.079	5.166	5.243	5.310	5.323
	14	5.265	5.355	5.435	5.505	5.517
2		5.805	5.904	5.992	6.069	6.083
	12	6.144	6.250	6.343	6.424	6.439
2.25		6.530	6.642	6.741	6.828	6.843
	11	6.702	6.816	6.918	7.007	7.023
2.5		7.256	7.380	7.490	7.586	7.604
	10	7.372	7.498	7.610	7.708	7.725
2.75		7.982	8.118	8.239	8.345	8.364
	9	8.191	8.331	8.455	8.563	8.583
3		8.707	8.856	8.989	9.104	9.125
	8	9.215	9.373	9.513	9.635	9.657
3.25		9.433	9.594	9.738	9.862	9.885
3.5		10.159	10.332	10.487	10.621	10.645
	7	10.533	10.713	10.873	11.012	11.038
3.75		10.884	11.070	11.236	11.379	11.406
4		11.610	11.809	11.986	12.138	12.166
	6	12.286	12.496	12.683	12.845	12.875
4.5		13.061	13.285	13.483	13.655	13.687
5		14.512	14.761	14.981	15.173	15.208
	5	14.744	15.000	15.221	15.415	15.415
5.5		15.963	16.237	16.479	16.690	16.728
	4.5	16.381	16.662	16.910	17.127	17.166
6		17.415	17.713	17.977	18.207	18.249
	4	18.431	18.746	19.026	19.219	19.314
6.5		18.866	19.189	19.475	19.724	19.770
7		20.317	20.665	20.973	21.242	21.291
	3.5	21.063	21.424	21.743	22.022	22.072
8		23.220	23.617	23.969	24.276	24.332

齿顶圆直径 d_a： $d_a=D+2H_1$

齿根圆直径 d_f： $d_f=D+2H_2$

计算全齿高 h： $h=H_1-H_2$ （奇数时）

$h=(d_a-d_f)/2$ （偶数时）

4. 确定变位系数 x

在实验所测的齿轮中，有多个变位齿轮。与标准齿轮相比，变位齿轮的齿厚发生了变化，所以它的公法线长度与标准齿轮的公法线长度也就不相等。两者之差就是公法线长度增量，其值等于 $2xm\sin\alpha$。

因此，若实测得齿轮的公法线长度 W'_n，查得标准齿轮的理论公法线长度为 W_n（可由标准齿轮的公法线长度计算公式计算所得），则变位系数为

$$x = \frac{W'_n - W_n}{2m\sin\alpha}$$

5. 确定齿顶高系数 h_a^* 和顶隙系数 c^*

根据实测得到的齿根圆直径，可得齿根高的测定值为

$$h_f = \frac{mz - d_f}{2}$$

又齿根高的计算公式为

$$h_f = m(h_a^* + c^* - x)$$

并且由于 h_f、m、x 已知，上式中 $h_a^* + c^*$ 虽然为未知值，但对于不同齿制的 h_a^* 和 c^* 均为标准值，如对于正常齿：$h_a^* = 1$、$c^* = 0.25$；对于矮齿：$h_a^* = 0.8$、$c^* = 0.3$。因此用两组标准值代入计算，最接近的一组 h_a^*、c^* 即为所求的齿顶高系数和顶隙系数。

3.3.4 实验过程

(1) 数出齿轮的齿数 z。

(2) 查表决定跨齿数 n。

(3) 测量公法线长度 W_n、齿根圆直径 d_f 等，每个尺寸应重复多次测量，取其平均值作为测量数据。

(4) 通过查表确定 m、α。

(5) 通过公式计算被测齿轮的参数 x、h_a^*、c^* 等。

3.3.5 注意事项

(1) 为减少测量误差，同一数值在不同位置上测量 3 次，然后取其算术平均值。

(2) 重点把握测量参数与渐开线齿形的关系，帮助学生深入理解渐开线齿廓的特点。

3.3.6 思考题

(1) 用卡尺测量齿轮时应注意什么问题？

(2) 齿轮的哪些误差会影响到测量精度？

(3) 跨测齿数值与被测齿轮的哪些参数有关?

(4) 公法线长度测量在齿轮实际加工中有什么作用?

3.4 轴系结构分析实验

3.4.1 实验目的与要求

任何回转机械都具有轴系结构,因而轴系结构设计是机器设计中最丰富、最需具有创新意识的内容之一,轴系性能的优劣直接决定了机器的性能与使用寿命。通过轴系结构分析实验,使学生提高对轴系应用的认识,同时积累一些案例经验,掌握一些设计与应用规律,主要达到以下目的:

(1) 熟悉和掌握轴的结构与其设计。

(2) 熟悉轴上零件常用的定位与固定方法。

(3) 熟悉和掌握轴系结构设计的要求与常用轴系结构的基本形式。

3.4.2 实验设备与工具

(1) 模块化轴段,用其可组装成不同结构形状的阶梯轴。

(2) 轴上零件:齿轮、蜗杆、带轮、联轴器、轴承、轴承座、端盖、套杯、套筒、圆螺母、轴端挡板、止动垫圈、轴用弹性挡圈、孔用弹性挡圈、螺钉、螺母等。

(3) 工具:活络扳手、游标卡尺、胀钳等。

3.4.3 实验内容与原理

由于轴承的类型很多,轴上零件的定位与固定方式多样,所以具体轴系的种类很多。概括起来主要有:①两端单向固定结构;②一端双向固定、一端游动结构;③两端游动结构(一般用于人字齿轮传动中的一根轴系结构设计)。如何根据轴的回转转速、轴上零件的受力情况,决定轴承的类型,再根据机器的工作环境决定轴系的总体结构及轴上零件的轴向、周向的定位与固定等,是机械设计的重要环节。只有熟悉了常见的轴系结构,在此基础上才能设计出正确的轴系结构。

轴系结构实验主要进行轴的结构设计。轴的结构设计主要取决于以下因素:①轴在机器中的安装位置及形式;②轴上安装零件的类型、尺寸、数量以及和轴连接的方式;③载荷的性质、大小、方向及分布情况;④轴的加工工艺等。由于影响轴的结构的因素较多,设计时必须具体情况具体分析,但轴的结构都应满足:①轴和轴上零件要有准确的工作位置;②轴上的零件应便于装拆和调整相对位置;③轴具有良好的制造工艺性等。

在设计时,首先要拟定轴上零件的装配方案,这是轴的结构设计的前提,也决定着轴的基本形式。其次是确定轴上零件的轴向、周向定位方式,常用的轴向定位方式有轴肩、套筒、轴端挡圈、轴承端盖、圆螺母等;常用的周向定位方式有键、花键、销、紧定螺钉及过盈配合等，应合理选用。最后确定各轴段的直径和长度。在确定直径时，有配合要求的轴段应尽量采用标准直径，确定长度时尽可能使结构紧凑，同时轴的结构形式应便于加工和装配轴上零件。

本实验按给定的实验设计方案设计轴系结构草图，利用设备中提供的模块化轴段、轴上零件（齿轮、蜗杆、带轮、联轴器、轴承、轴承座、端盖、套杯、套筒、圆螺母、轴端挡板、止动垫圈、轴用弹性挡圈、孔用弹性挡圈、螺钉、螺母等），结合在“机械设计”或“机械设计基础”等课程中学到的相关知识，在理解上述实验原理的基础上，用活络扳手、游标卡尺、胀钳等工具，进行轴系结构搭接组装，并在过程中对不合理的结构进行修改。

轴系结构示例可参考图 3.4.1～图 3.4.4。

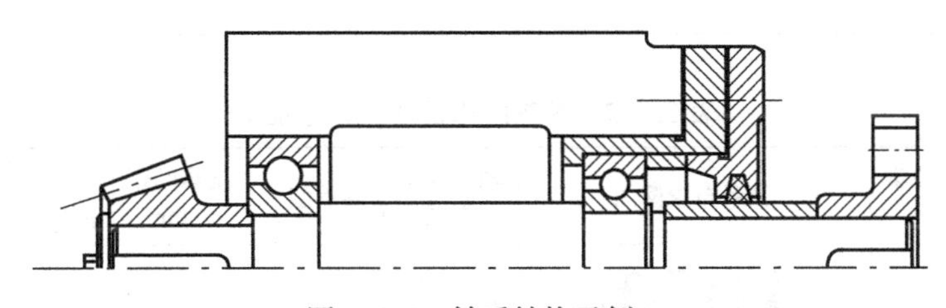

图 3.4.1　轴系结构示例 1

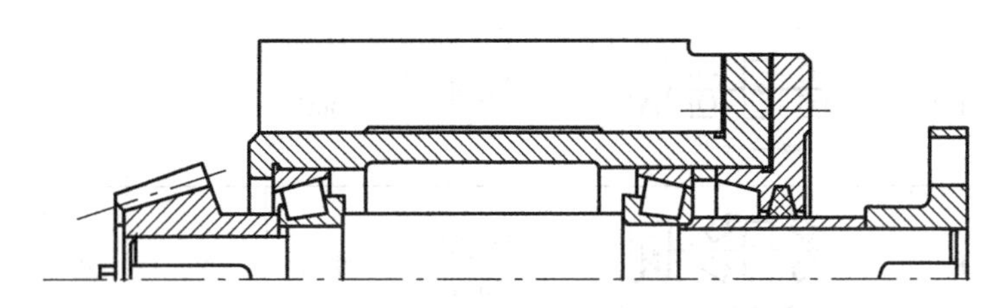

图 3.4.2　轴系结构示例 2

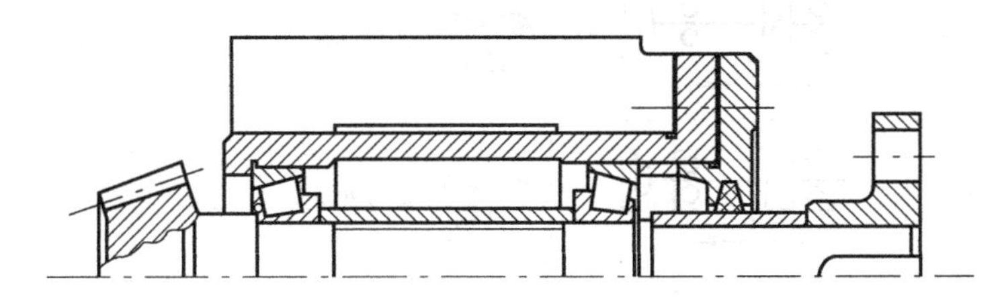

图 3.4.3　轴系结构示例 3

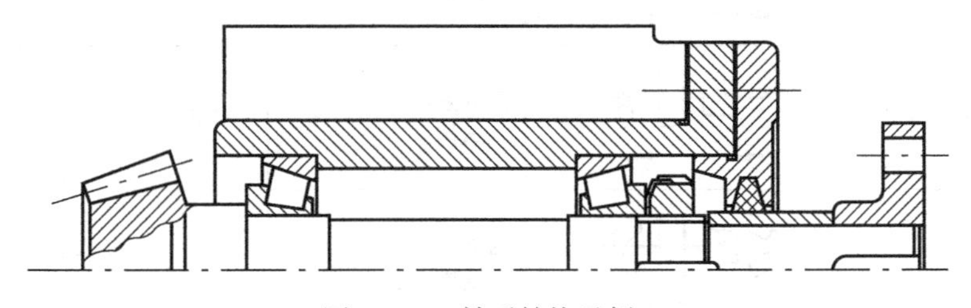

图 3.4.4　轴系结构示例 4

传动件结构及相关尺寸可参考表 3.4.1,轴系结构设计实验方案可参考表 3.4.2～表 3.4.4。

表 3.4.1　传动件结构及相关尺寸

齿　轮			带　轮		联轴器		
A	*B*	*C*	*A*	*B*	*A*	*B*	*C*
ϕ34, 50	ϕ34, 45	ϕ34, 42	ϕ20, 28	ϕ24.5, 1:10, 28	ϕ22, 38	ϕ27.7, 1:10, 38	ϕ22, 1:10, 38

表 3.4.2　轴系结构设计实验方案 1

方案类型	序号	方案号	轴系布置简图	轴承固定方式	轴承型号	支承间距 l/mm	传动件		
							齿轮	带轮	联轴器
单级齿轮减速器输入轴	01	1-1	l	两端固定结构	6206	95	*A*	*A*	
	02	1-2	l	两端固定结构	7206C	95	*A*	*B*	
	03	1-3	l	两端固定结构	30206	95	*A*	*B*	
二级齿轮减速器输入器	04	2-1	l	两端固定结构	6206	145	*B*		*A*
	05	2-2	l	两端固定结构	7206C	145	*B*		*B*
	06	2-3	l	两端固定结构	30206	145	*B*		*C*
二级齿轮减速器中间器	07	4-1	l	两端固定结构	6206	135	*B*、*C*		
	08	4-2	l	两端固定结构	30206	135	*B*、*C*		

表 3.4.3　轴系结构设计实验方案 2

方案类型	序号	方案	轴系布置简图	轴承固定方式	轴承型号	支承间距 l/mm	传动件
蜗杆减速器输入轴	09	3-1	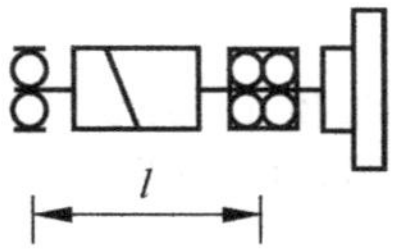 l	一端固定 一端游动	7206C 6306	168	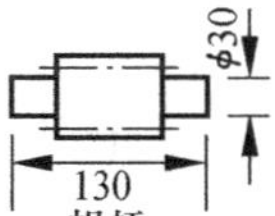 $\phi 30$ 130 蜗杆
	10	3-2	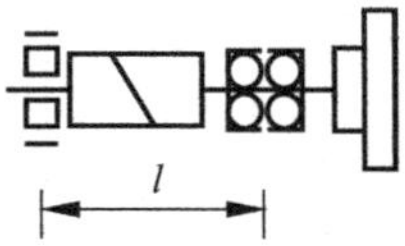 l	一端固定 一端游动	7206 N306	168	同上
	11	3-3	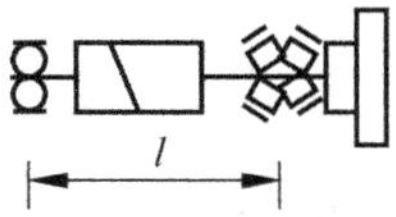 l	一端固定 一端游动	30206 6306	168	同上
	12	3-4	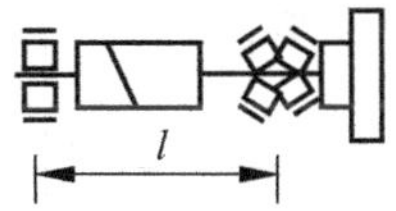 l	一端固定 一端游动	30206 N306	168	同上
	13	3-5	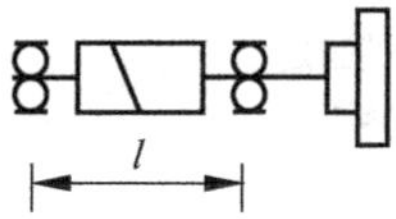 l	一端固定 一端游动	6206	168	同上
	14	3-6	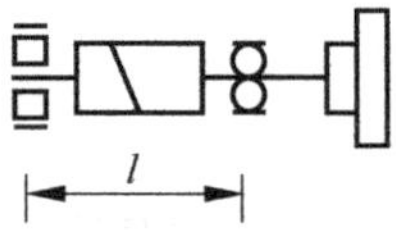 l	一端固定 一端游动	6206 N206	168	同上

表 3.4.4　轴系结构设计实验方案 3

方案类型	序号	方案	轴系布置简图	轴承固定方式	轴承型号	支承间距 l/mm	传动件
圆锥减速器输入轴	15	5-1	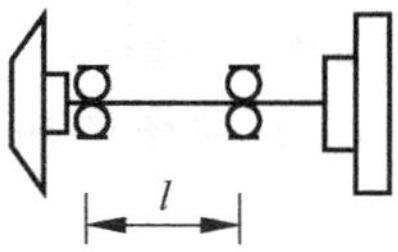 l	一端固定 一端游动	6205	157	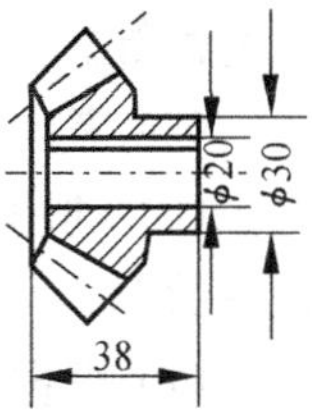 $\phi 20$ $\phi 30$ 38
	16	5-2	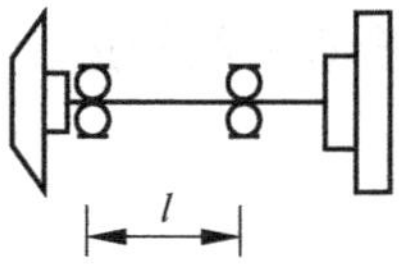 l	一端固定 一端游动	6305	157	同上

续表

方案类型	序号	方案	轴系布置简图	轴承固定方式	轴承型号	支承间距 l/mm	传动件
圆锥减速器输入轴	17	5-3	l	一端固定 一端游动	6205 6305	157	同上
	18	5-4	l	一端固定 一端游动	30205	157	同上
	19	5-5	l	一端固定 一端游动	30305	157	同上
	20	5-6	l	一端固定 一端游动	30305	157	同上

3.4.4 实验过程

(1) 从轴系结构设计实验方案表中选择设计实验方案号。

(2) 根据实验方案规定的设计条件,确定需要哪些轴上零件。

(3) 绘出轴系结构设计装配草图,并应使设计结构满足轴承组合设计的基本要求,即采用何种轴系基本结构。

(4) 考虑轴上零件的固定、装拆、轴承游隙的调整、轴承的润滑、密封、轴的结构工艺性等。

(5) 考虑滚动轴承与轴、滚动轴承与轴承座的配合选择。

(6) 利用模块化轴段组装阶梯轴,该轴应与装配草图中轴的结构尺寸一致或接近一致。

(7) 根据轴系结构设计装配草图,按装配工艺要求顺序地装到轴上,完成轴系结构设计。

(8) 检查轴系结构设计是否合理,并对不合理的结构进行修改。合理的轴系结构应满足下述要求:

① 轴上零件装拆方便,轴的加工工艺性良好;

② 轴上零件的轴向固定及周向固定可靠;

③ 一般滚动轴承与轴过盈配合、轴承与轴承座孔间隙配合；

④ 滚动轴承的游隙调整方便；

⑤ 圆锥齿轮传动中，其中一圆锥齿轮的轴系设计要求圆锥齿轮的轴向位置可以调整。

(9) 测绘各零件的实际结构尺寸(对机座不测绘、对轴承座只测量其轴向宽度)。

(10) 将零件放回箱内，排列整齐，工具放回原处。

3.4.5 注意事项

(1) 滚动轴承与轴、与轴承座的配合选择应该重点关注。

(2) 整体轴系的定位与固定也应该重点关注。

(3) 在实验报告上，按 1∶1 比例绘出测绘轴系的设计装配图，图中应标出：

① 各段轴的直径和长度；

② 滚动轴承与轴的配合、滚动轴承与轴承座的配合、齿轮(或带轮)与轴的配合；

③ 轴及轴上各零件的序号。

3.4.6 思考题

(1) 轴系结构一般采用什么形式？如工作轴的温度变化很大，则轴系结构一般采用什么形式？人字齿轮传动的其中一根轴应采用什么轴系结构形式？

(2) 齿轮、带轮在轴上一般采用哪些方式进行轴向固定？

(3) 滚动轴承一般采用什么润滑方式进行润滑？

(4) 轴上的两个键槽或多个键槽为什么常常设计成在一条直线上？

3.5 减速器拆装及结构分析

3.5.1 实验目的与要求

齿轮减速器、蜗杆减速器的种类繁多，但其基本结构有很多相似之处。通过减速器的拆装及结构分析实验，帮助学生了解减速器的具体结构、主要零件安装工艺与作用，懂得减速器的选用，主要达到下列目的：

(1) 熟悉减速器的基本结构，了解常用减速器的性能特点及选用。

(2) 了解减速器各组成零件的结构及功用，并分析其结构工艺性。

(3) 了解减速器中零件的装配关系及安装、调整过程。

(4) 学习减速器的基本参数测定方法。

3.5.2 实验设备与工具

(1) 单级圆柱齿轮减速器。

(2) 展开式二级圆柱齿轮减速器。

(3) 圆锥齿轮—圆柱齿轮减速器。

(4) 蜗杆减速器。

(5) 游标卡尺、钢皮尺、扳手、卡尺等。

3.5.3 实验内容与原理

为了提高电动机的效率，原动机提供的回转速度一般比工作机械所需的转速高，因此，齿轮减速器、蜗杆减速器在机器设备中被广泛采用。机械类或近机类专业的学生有必要熟悉减速器的结构与设计，了解减速器安装工艺，以及减速器的选用。

1. 减速器的组成、特点和选用

减速器的基本结构是由传动零件(齿轮、蜗杆蜗轮等)、轴和轴承、箱体、润滑和密封装置以及减速器附件等组成，图 3.5.1 为展开式二级圆柱齿轮减速器的组成及结构示意图。

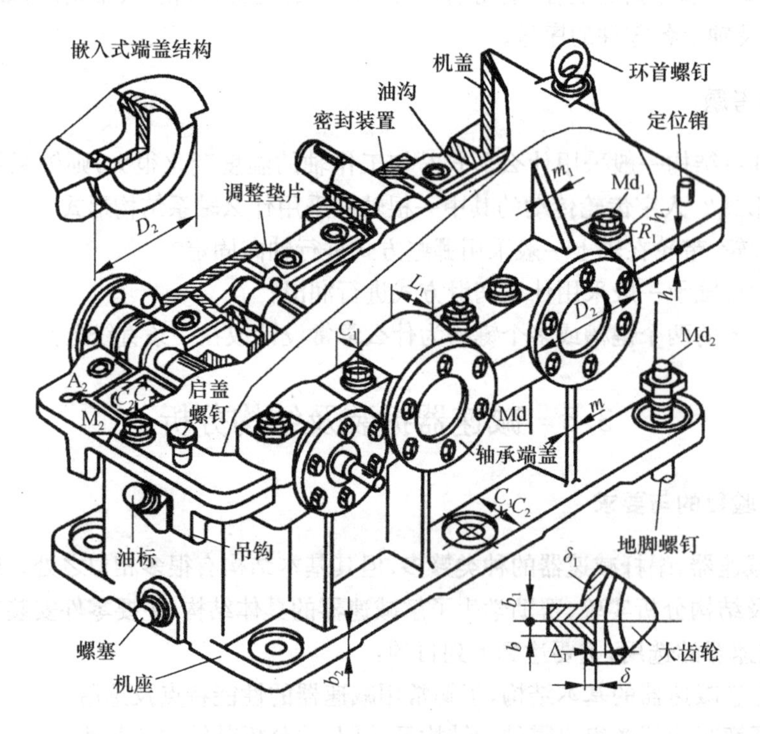

图 3.5.1 减速器组成及结构

(1) 箱体是支承和固定减速器零件、保证传动件啮合精度的重要机件，其重量约占减速器总重量的一半，对减速器的性能、尺寸、重量和成本均有很大影响。箱体的具体结构与减速器传动件、轴系和轴承部件以及润滑密封等密切相关，同时还应综合考虑其使用要求、强度刚度要求及铸造、机械加工和装拆工艺等多方面因素。

(2) 为使轴和轴上零件在机器中有正确的位置，防止轴系轴向窜动和正常传递轴向力，轴系应轴向固定。同时为防止轴受热伸长，轴系轴向游隙应可调整。

（3）减速器中传动件和轴承在工作时都需要良好的润滑。传动件通常采用浸油润滑，浸油深度与传动速度有关；轴承的润滑方式通常有飞溅润滑、刮油润滑、浸油润滑。轴承室外侧密封形式有皮碗式密封、毡圈式密封、间隙式密封、离心式密封、迷宫式密封、联合式密封等；轴承室内侧密封形式有封油环、挡油环等。

（4）减速器附件主要有轴承盖、调整垫片、油标、排油孔螺塞、检查孔盖板、通孔气、起吊装置、定位销、起盖螺钉等。

（5）齿轮减速器的特点是效率及可靠性高，工作寿命长，但受外廓尺寸及制造成本的限制，其传动比不能太大。蜗杆减速器的特点是在外廓尺寸不大的情况下，可以获得大的传动比，且工作平稳，噪声较小，但效率较低。

（6）减速器选用主要考虑因素：减速器目前由专业生产厂家制造，一般根据减速器类型、中心距（安装尺寸）、传动比、传递功率等要求选用。

2. 各种常用形式减速器的结构和特点

（1）单级圆柱齿轮减速器，为了避免外廓尺寸过大，其最大传动比一般为 $i_{max}=5\sim8$，当 $i>8$ 时，就应采用两级的圆柱齿轮减速器。

（2）展开式二级圆柱齿轮减速器，是两级减速器中最简单、应用最广泛的一种。它的齿轮相对于支承位置不对称，当轴产生弯扭变形时，载荷在齿宽上分布不均匀，因此轴应设计得具有较大的刚度，并使齿轮远离输入或输出端。

（3）分流式两级圆柱齿轮减速器，有高速级分流和低速级分流两种，两者中以高速级分流时性能较好。分流式减速器的外伸轴位置可由任意一边伸出，便于进行机器的总体配置。分流级的齿轮均做成斜齿，一边右斜，一边左斜，以抵消轴向力。其中的一根轴能做稍许轴向游动，以免卡死齿轮。

（4）同轴式两级圆柱齿轮减速器，由于两级齿轮的中心距必须一致，所以高速级齿轮的承载能力难以充分利用，而且位于减速器中间部分的轴承润滑比较困难。此外，减速器的输入输出端位于同一轴线的两端，给传动装置的总体配置带来一些限制。

（5）单级圆锥齿轮减速器，用于需要输入轴与输出轴成 90°相交的传动中，传动比 $i=1\sim5$。当传动比较大时应采用两级或三级的圆锥齿轮—圆柱齿轮减速器。由于大尺寸的圆锥齿轮较难精确制造，因而圆锥齿轮总是作为高速级，以减小其尺寸。

（6）蜗杆减速器，根据蜗杆位置可分为上置式、下置式、侧置式。在蜗杆圆周速度较小时，常采用下置式；当圆周速度较大时，为了减少搅油损耗，可采用上置式。

3. 实验内容

选择一种或两种减速器进行拆装，分析常用减速器的结构与安装，并测量一些基本参数。

3.5.4 实验过程

(1) 选定要求拆装的减速器，结合挂图等，先了解减速器的使用场合、作用及其主要特点。

(2) 观察减速器的外貌，用手来回推动减速器的输入输出轴，体验轴向窜动；再用扳手旋开箱盖上的有关螺钉，打开减速器箱盖，详细分析减速箱的各部分结构与安装。

① 箱体结构：窥视孔，透气孔，油面指示器，放油塞；轴承座的加强筋的位置及结构；定位销孔的位置；螺钉凸台位置(并注意扳手空间是否合理)；吊耳活吊钩的形式；铸造工艺特点(如分型面、底面及壁厚等)以及减速器箱体的加工方法。

② 轴及轴系零件的结构：分析传动零件所受的径向力和轴向力向机体基础传递的过程，分析轴上零件的轴向结构和轴向定位的方法，分析由于轴的热胀冷缩时轴承预紧力的调整方法。

③ 润滑与密封结构：分析齿轮与轴承的调整方法；油槽位置、形状及加工方法；加油方式、放油塞，油面指示器的位置和结构。

④ 分析传动零件的结构及其材料，毛坯种类。

(3) 利用钢皮尺、卡尺等简单工具，测量减速器各主要部分参数与尺寸。

① 测出各齿轮的齿数，求出各级分传动比及总传动比。

② 测出中心距，并根据公式计算出齿轮的模数和斜齿轮螺旋角的大小。

a. 齿轮中心距测量与计算方法有以下几种，可采用以下一种或几种方法。

• 在齿轮实际安装位置，测量两个齿轮齿顶圆之间的距离；

• 在齿轮无侧隙啮合的情况下，测量两个齿轮齿顶圆之间的距离；

• 在齿轮实际安装位置，测量两个齿轮轴间外尺寸和两个齿轮轴直径，再减去两个齿轮轴的半径；

• 在齿轮无侧隙啮合的情况下，测量两个齿轮轴间外尺寸和两个齿轮轴直径，再减去两个齿轮轴的半径；

• 在齿轮实际安装位置，测量两个滚动轴承间外尺寸和两个滚动轴承外径，再减去两个滚动轴承外径的一半；

• 在齿轮无侧隙啮合的情况下，测量两个滚动轴承间外尺寸和两个滚动轴承外径，再减去两个滚动轴承外径的一半；

• 利用以下公式

$$d_{a1} + d_{a2} = \frac{m_n}{\cos\beta}(z_1 + z_2) + 4m_n \tag{1}$$

$$a = \frac{m_n}{2\cos\beta}(z_1 + z_2) \tag{2}$$

$$d_{a1} = \frac{m_n}{\cos\beta}z_1 + 2m_n \tag{3}$$

$$d_{a2} = \frac{m_n}{\cos\beta}z_2 + 2m_n \tag{4}$$

• 考虑到齿轮模数 m_n 是标准值，可参照表 3.5.1 标准模数系列（注意：斜齿轮的法面模数 m_n 是标准值，端面模数 $m_t=m_n/\cos\beta$），中心距 a 一般为系列整数，查《机械设计手册》，最终确定齿轮的模数、斜齿轮螺旋角、中心距等。

表 3.5.1 标准模数系列

第一系列	1 1.25 1.5 2 2.5 3 4 5 6 8 10 12 16 20 25 32 40 50
第二系列	1.75 2.25 2.75 (3.25) 3.5 (3.75) 4.5 5.5 (6.5) 7 9 (11) 14 18 22 28 36

注：本表适用于渐开线圆柱齿轮，对斜齿轮是指法向模数。

b. 齿轮模数测量与计算方法。

• 直接测量齿轮模数（测量方法可以参考 3.3 节渐开线直齿圆柱齿轮参数的测定）；

• 采用步骤 a 中齿轮中心距测量与计算方法确定。

c. 斜齿轮螺旋角大小测量与计算方法。

• 直接测量斜齿轮螺旋角；

• 采用步骤 a 中齿轮中心距测量与计算方法确定。

③ 测量各齿轮的齿宽，算出齿宽系数；观察并考虑大、小齿轮的齿宽是否应完全一样。

④ 测量齿轮与箱壁间的间隙、油池深度、滚动轴承尺寸等。

可以通过测量滚动轴承内圈直径、外圈直径、宽度等参数，结合分析滚动轴承的结构特点，查对机械设计手册，确定滚动轴承型号。

⑤ 齿轮的接触斑点实验：先擦净一对相互啮合齿轮的齿面，然后在一齿轮的 2～3 个齿面上涂上一层薄的红丹粉，再转动齿轮；由于齿轮轮齿的相互啮合，在另一齿轮的齿面上可观察到红丹粉的斑点。观察接触斑点的大小，画简图，并分别求出齿面实际接触面积在齿宽及齿长方向的百分数。

（4）确定装配顺序，仔细装配复原。

3.5.5 注意事项

（1）拆装减速器时须注意安全，防止重物跌落伤脚，转动齿轮轴时避免手指夹伤。

（2）对于圆锥齿轮的锥顶重合要求，着重强调圆锥齿轮减速器的安装调整要求。

（3）强调减速器作为专业生产的产品，可以类似电动机一样直接根据使用要求进行选用。

（4）注意引导学生通过自学拓展了解各种新型的常用减速器，包括使用场合及其主要结构特点。

3.5.6 思考题

（1）啮合传动的减速器的箱体可用哪几种机械制造方法制造？在设计时，其结构有何差别？

(2) 为什么一般对一根轴上的滚动轴承，选用的两套轴承外径大小要一样？

(3) 在何种场合采用滚动轴承？在哪些场合选用滑动轴承？

(4) 齿轮减速器的箱体为什么沿轴线平面做成剖分式？

(5) 箱体的筋板起何作用？为什么有的上箱盖没有筋板？

(6) 上下箱体连接的凸缘在轴承处比其他处要高，为什么？

(7) 上箱体设有吊环，为什么下箱体还有吊钩？

(8) 箱体上的螺栓连接处均做成凸台或沉孔，为什么？

(9) 上下箱体连接螺栓处及地脚螺栓处的凸缘宽度主要是由什么因素决定的？

(10) 有的轴承内侧装有挡油板，有的没有，为什么？

(11) 如何具体判断小齿轮须与轴做成一体？

(12) 小齿轮和大齿轮的齿顶圆距箱体内壁的距离为什么不同？

(13) 箱体有哪些面须机械加工？须精加工的面有哪些？各有何主要加工要求？

(14) 轴各处的轴肩高度是否相同，为什么？

(15) 观察孔、通气器、定位销、油面指示器(测油尺)、放油孔等正确合理的位置各在哪里？有哪些新型类型？

3.6 汽车发动机拆装及结构分析

3.6.1 实验目的与要求

实验目的是通过动手拆装发动机总成，使学生基本理解、掌握以下内容。

(1) 发动机的组成及工作原理，曲柄连杆机构和配气机构的结构及工作原理。

(2) 其他结构：燃烧室的形状，曲轴的支承形式，缸体的结构形式，以及发动机的拆装顺序，能够准确、完整地装复发动机。

(3) 常用的拆装工具、量具和拆装专用工具的使用。

(4) 零部件的正确放置、分类及清洗方法。

通过本实验对发动机构造和原理知识的掌握，学生所学机械基础知识得到应用拓展，观察能力、动手能力和知识综合应用能力得到很好的锻炼，可以为以后从事专业工作奠定一定的基础。

本实验是一个典型机械认知与综合训练实验，将理论教学融于实训中，在实验中要求学生仔细观察发动机的动力传递路线，并思考曲柄连杆机构和配气机构如何工作，综合分析发动机各组成机构和系统的结构关系以及工作时的相互配合关系。

3.6.2 实验设备与工具

(1) 每组配备一个汽车拆装工具车，主要包括以下常用工具：

开口梅花两用扳手(套)、活动扳手、套筒扳手(套)、管子扳手、扭力扳手、风动扳手、锤子、钳子(鲤鱼钳、尖嘴钳、卡簧钳)、螺丝刀(改锥)、剪刀、壁纸刀、手摇柄、火花塞套筒、活塞环钳、活塞销专用铳棒、气门弹簧压具、橡胶锤、铳子、錾子、撬棍、起拔器、铜棒、砂纸等。

(2) 发动机拆装翻转架,零件存放架,发动机总成拆装实训台。

(3) 发动机解剖实验台。

3.6.3 实验内容与原理

对发动机进行拆装,通过拆装实验熟悉所拆装发动机零部件(外围附件、曲柄连杆机构、配气机构等)的结构及其工作原理。

1. 发动机基本结构

发动机是一个由许多机构和系统组成的复杂机器。发动机通常由机体、曲柄连杆机构、配气机构、燃料供给系、进排气系统、冷却系、润滑系、点火系(柴油发动机没有点火系)、启动系等部分组成。单缸汽油发动机的总体构造如图 3.6.1 所示。

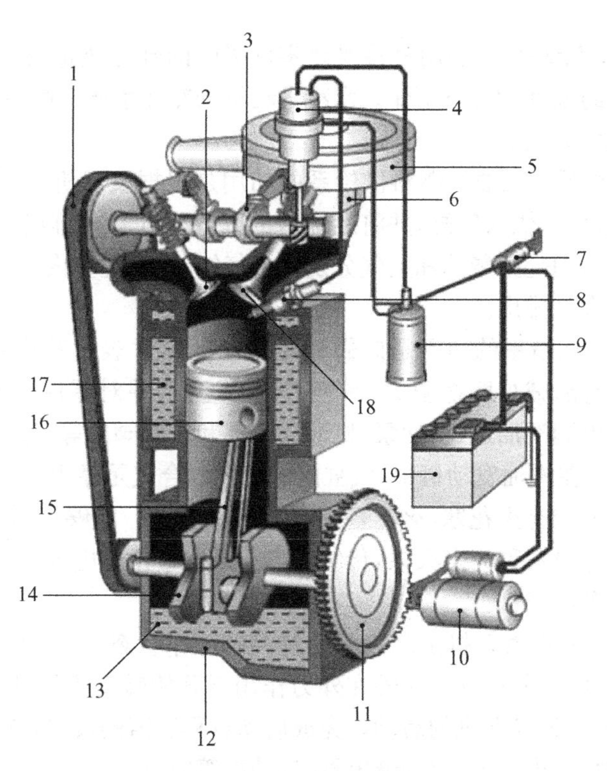

图 3.6.1 发动机总体构造

1-正时皮带;2-排气门;3-凸轮轴;4-分电器;5-空气滤清器;6-化油器;7-点火开关;8-火花塞;9-点火线圈;10-启动机;11-飞轮兼启动齿轮;12-油底壳;13-润滑油;14-曲轴;15-连杆;16-活塞;17-冷却水;18-进气门;19-蓄电池

发动机的工作腔称为气缸，气缸内表面为圆柱形。在气缸内做往复运动的活塞通过活塞销与连杆的一端铰接，连杆的另一端则与曲轴相连，构成曲柄连杆机构。因此，当活塞在气缸内做往复运动时，连杆便推动曲轴旋转，或者相反。同时，气缸工作腔的容积也在不断地由最小变到最大，再由最大变到最小，如此循环不已。气缸的顶端用气缸盖封闭。在气缸盖上装有进气门和排气门，进、排气门是头朝下尾朝上倒挂在气缸顶端的。通过进、排气门的开闭实现向气缸内充气和向气缸外排气。进、排气门的开闭由凸轮轴控制。凸轮轴由曲轴通过齿形带或齿轮或链条驱动。进、排气门和凸轮轴以及其他一些零件共同组成配气机构。通常称这种结构形式的配气机构为顶置气门配气机构。现代汽车内燃机无一例外地都采用顶置气门配气机构。构成气缸的零件称为气缸体，支承曲轴的零件称为曲轴箱，气缸体与曲轴箱的连铸体称为机体。

(1) 曲柄连杆机构。曲柄连杆机构是发动机实现工作循环，完成能量转换的主要运动部件。由机体组、活塞连杆组和曲轴飞轮组等组成。

(2) 配气机构。配气机构的功用是根据发动机的工作顺序和工作过程，定时开启和关闭进气门和排气门，使可燃混合气或空气进入气缸，并使废气从气缸中排除实现换气过程。

(3) 冷却系。冷却系的功用是将受热零件吸收的部分热量及时散发出去，保证发动机在最适宜的温度状态下工作。水冷发动机的冷却系通常由冷却水套、水泵、风扇、散热器、节温器等组成。

(4) 燃料供给系。汽油机燃料供给系的功用是根据发动机的要求，配制出一定数量和浓度的混合气，供入气缸，并将燃烧后的废气从气缸内排出到大气中去；柴油机燃料供给系的功用是把柴油和空气分别供入气缸，在燃烧室内形成混合气并燃烧，最后将燃烧后的废气排出。

(5) 润滑系。润滑系的功用是向做相对运动的零件表面输送定量的清洁润滑油，以实现液体摩擦，减少摩擦阻力，减轻机件的磨损，并对零件表面进行清洗和冷却。润滑系通常由润滑油道、机油泵、机油滤清器和一些阀门等组成。

(6) 点火系。在汽油发动机中，气缸内的可燃混合气是靠火花塞点燃的，为此在汽油机的气缸盖上装有火花塞，火花塞头部伸入燃烧室。能够按时在火花塞电极间产生电火花的全部设备称为点火系，传统的点火系通常由蓄电池、发电机、分电器、点火线圈和火花塞等组成。

(7) 启动系。要使发动机由静止状态过渡到工作状态，必须先用外力转动发动机的曲轴，使活塞做往复运动。曲轴在外力作用下开始转动到发动机开始自动地怠速运转的全过程，称为发动机的启动。完成启动过程所需的装置，称为发动机的启动系，主要由蓄电池、点火开关、启动继电器、启动机等组成。

(8) 进排气系统。进气系统主要是发动机吸入干净的空气，进气的重要零部件是空气滤清器；排气系统主要是使排出的废气污染小，同时噪声减少，排气系统重要零部件是排气管和消音器。

2. 发动机工作过程观察、原理分析

四冲程发动机在4个活塞行程内完成进气、压缩、做功和排气4个过程，即在一个活塞行程内只进行一个过程。因此，活塞行程可分别用4个过程命名。

观察发动机解剖实验台，掌握四冲程发动机工作原理。

(1) 进气行程。活塞在曲轴的带动下由上止点移至下止点。此时排气门关闭，进气门开启。在活塞移动过程中，气缸容积逐渐增大，气缸内形成一定的真空度。空气和汽油的混合物通过进气门被吸入气缸，并在气缸内进一步混合形成可燃混合气。

(2) 压缩行程。进气行程结束后，曲轴继续带动活塞由下止点移至上止点。这时，进、排气门均关闭。随着活塞移动，气缸容积不断减小，气缸内的混合气被压缩，其压力和温度同时升高。

(3) 做功行程。压缩行程结束时，安装在气缸盖上的火花塞产生电火花，将气缸内的可燃混合气点燃，火焰迅速传遍整个燃烧室，同时放出大量的热能。燃烧气体的体积急剧膨胀，压力和温度迅速升高。在气体压力的作用下，活塞由上止点移至下止点，并通过连杆推动曲轴旋转做功。这时，进、排气门仍旧关闭。

(4) 排气行程。排气行程开始，排气门开启，进气门仍然关闭，曲轴通过连杆带动活塞由下止点移至上止点，此时膨胀过后的燃烧气体(或称废气)在其自身剩余压力和在活塞的推动下，经排气门排出气缸之外。当活塞到达上止点时，排气行程结束，排气门关闭。

3.6.4 实验过程

下面以桑塔纳2000AJR型汽油机为例。

1. 拆卸发动机的外围附件

(1) 拆下油底壳放油螺栓，将油底壳润滑油排净。

(2) 拆卸发电机、火花塞及分电器，如图3.6.2所示。

(3) 拆下正时带，拆卸步骤如图3.6.3所示。

① 转动曲轴，使第1缸活塞处于上止点位置。此时，曲轴驱动带轮上的标记应与正时带下防护罩上的标记对齐。

② 拆下正时带的上防护罩。

③ 将凸轮轴正时带轮上的标记对准正时带上防护罩上的标记。

④ 拆下曲轴驱动带轮。

⑤ 分别拆下正时带中间防护罩和下防护罩。

⑥ 用粉笔在同步带上做好方向记号。

⑦ 松开张紧轮安装螺栓，拆下正时带。

注意：

① 正时带拆卸后若再使用时，为保证按原方向组装，应用粉笔在正时皮带背面标上转动方向。

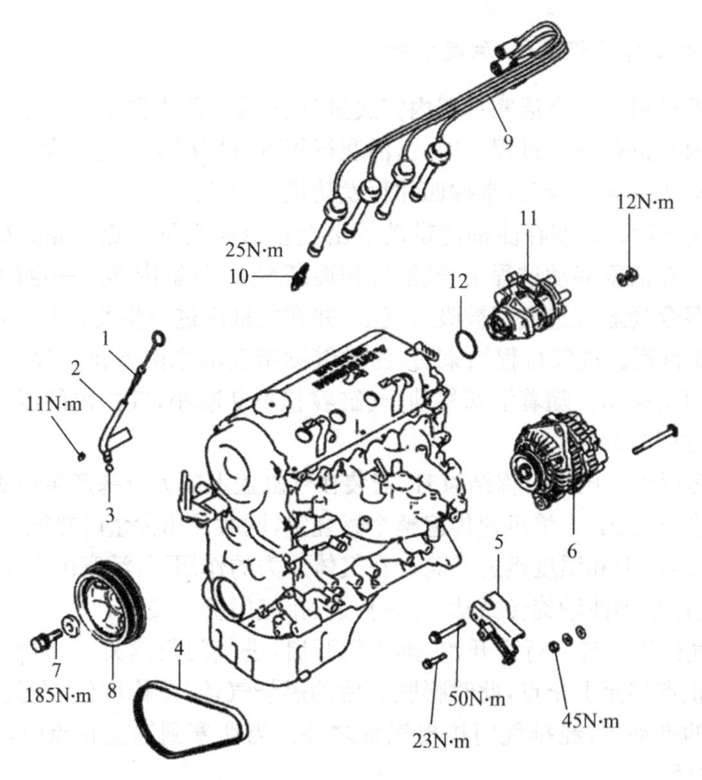

图 3.6.2　发电机、火花塞及分电器的拆卸步骤

1-油尺;2-油尺导管;3、12-O形密封圈;4-发电机皮带;5-发电机支撑板;6-发电机;
7-曲轴皮带轮螺栓;8-曲轴皮带轮;9-高压线;10-火花塞;11-分电器

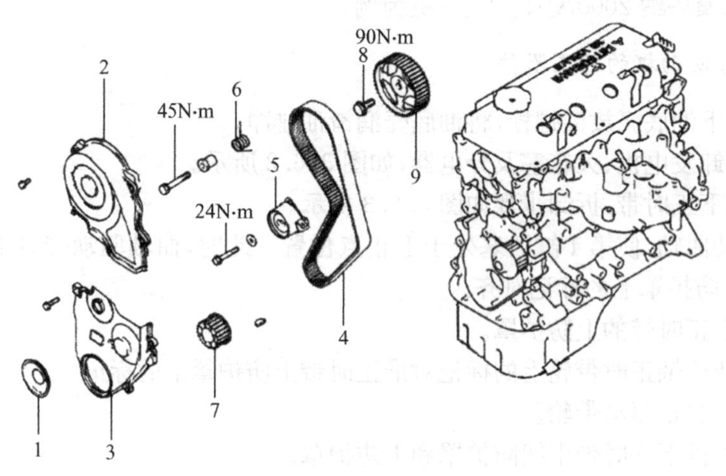

图 3.6.3　正时带的拆卸步骤

1-法兰盘;2-正时带上罩;3-正时带下罩;4-正时带;5-张紧轮;6-张紧轮弹簧;
7-曲轴正时带轮;8-凸轮轴正时带轮螺栓;9-凸轮轴正时带轮

② 把张紧轮弹簧安装螺栓拧回3圈。

③ 用钳子夹住张紧轮一侧的张紧轮弹簧的端部,从张紧轮支架钩上卸下弹簧。

(4) 从发动机总成上拆下进气歧管、排气歧管。

① 拔下各缸喷油器上的插接器,从燃油分配管上拆下各缸喷油器。

② 拔下各缸的高压线。

③ 拔下空气进气软管和曲轴箱通风管。

④ 拔下气缸盖后的小软管。

⑤ 拔下气缸盖后冷却液管凸缘和上冷却液管之间的冷却液软管。

⑥ 拔下上冷却液管与散热器之间的冷却液软管。

⑦ 松开进气歧管支架的紧固螺栓。

⑧ 拆下进气歧管和气缸盖之间的连接螺栓,拆下进气歧管。

⑨ 拆下排气歧管和气缸盖之间的连接螺栓,拆下排气歧管。

(5) 从发动机总成上拆下水泵。

(6) 拆下机油滤清器。

注意:

① 发动机附件的拆卸一般没有固定的拆卸顺序,根据方便拆卸即可。

② 拆下火花塞后,及时用干净的布将火花塞孔塞住,以免灰尘、杂物等进入气缸内。

2. 拆卸发动机机体组

(1) 拧下气缸盖罩的连接螺栓,取下气缸盖罩及密封垫,并将摇臂、凸轮轴从气缸盖上拆卸下来。

(2) 拆卸气缸盖总成,取下气缸垫。

注意:使用 10mm、12 号的套筒扳手拧松各气缸盖螺栓,按图 3.6.4 所示顺序,对称交叉分 2~3 次拧松气缸盖螺栓。

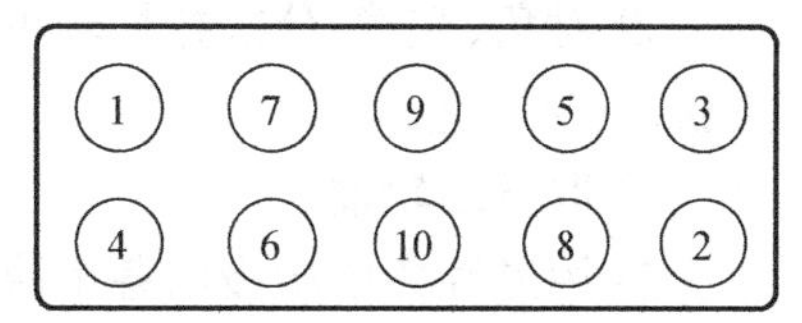

图 3.6.4　气缸盖松开顺序

(3) 依次拆卸油底壳、机油泵总成(包括机油集滤器)。

① 摇转发动机拆装翻转架,将发动机倒置。

② 从两端向中间对称、交叉分次拧松油底壳连接螺栓,取下油底壳及密封衬垫。

③ 拆下机油泵固定螺栓,拆下机油泵及链轮总成。

注意:在油底壳与气缸体之间,用力地敲进专用工具,锤击专用工具的一侧,使专用工具沿油底壳滑动,以卸下油底壳。

3. 拆卸活塞连杆组

(1) 对活塞做标记、编号,摇转发动机拆装翻转架,将发动机侧置。

(2) 转动曲轴,使 1、4 缸的活塞处于下止点位置。

(3) 分次拧松 1 缸的连杆螺栓,取下连杆盖。

(4) 用手锤木柄顶住连杆体一侧,推出活塞连杆组。

注意：取出活塞连杆组后，将连杆盖、连杆螺栓按原位装复。

(5) 用同样的方法拆下4缸的活塞连杆组。

(6) 转动曲轴，使2、3缸的活塞处于下止点位置，分别拆下2、3缸的活塞连杆组。

4. 拆卸曲轴飞轮组

(1) 摇转发动机拆装翻转架，将发动机倒置。

(2) 用专用工具固定曲轴，对角、交叉、分次拧松离合器固定螺栓，拆下离合器总成。

(3) 用专用工具固定住飞轮，拆下飞轮固定螺栓，拆下飞轮。

(4) 用专用工具固定曲轴，拆下曲轴正时带轮固定螺栓，拆下曲轴正时带轮。

(5) 分别拆下曲轴前、后油封法兰，从曲轴前、后油封法兰上取下油封。

(6) 从两端向中间分次拧松曲轴主轴承连接螺栓，依次取出各主轴承盖。

注意：拆卸主轴承盖前，应检查主轴承盖上是否有安装标记。若无安装标记，应打上安装标记，以免装错。

5. 气缸盖总成的分解和组装

(1) 气缸盖总成的分解。

① 将气缸盖总成放置在拆装平台上。

② 固定凸轮轴，拆下凸轮轴正时带轮固定螺栓，从凸轮轴上取下半圆键。

③ 对角、交替、分次拧松轴承盖连接螺母，依次取下各道凸轮轴轴承盖，按顺序摆放，以免错乱。

④ 取下凸轮轴。

⑤ 用磁性棒依次吸出各个液力挺柱，按顺序放好，以免错乱。

⑥ 用专用气门弹簧压具压下气门弹簧，取出气门锁片，取下气门弹簧座、气门弹簧，取出气门，从气门导管上拆下气门油封。

⑦ 按顺序依次拆下各气门组零件，按顺序摆放。

⑧ 用手锤和专用铳棒依次拆出气门导管，或用专用顶拔器拉出气门导管。

(2) 气缸盖总成的组装。

① 将气缸盖放置在拆装台上。

② 将气门导管外表面涂抹机油，从气缸盖上端将气门导管压入气缸盖。

③ 用专用工具装上气门油封，装上气门、气门弹簧、气门弹簧座。

④ 用专用气门弹簧压下气门弹簧，将两个锁片安装在气门杆尾部的环槽内，松开专用气门弹簧压具，用橡胶锤轻轻敲击气门杆顶端，以保证锁片锁止到位。

⑤ 用同样方法依次装复其他气门组零件，检查气门密封性。

⑥ 清洁、润滑液力挺柱、凸轮轴轴承、凸轮轴轴颈表面。

⑦ 按原位置装回液力挺柱，保证对号入座。

⑧ 将凸轮轴装回气缸盖上，转动凸轮轴，使第 1 缸进气凸轮朝上。

⑨ 依次装复各凸轮轴轴承盖，拧上凸轮轴轴承盖连接螺母。

注意：先对角、交替、分次拧紧第 2、4 轴承盖连接螺母，再对角、交替、分次拧紧第 5、1、3 轴承盖连接螺母，拧紧至规定的 100N·m 力矩。

⑩ 装上凸轮轴密封圈。

⑪ 将半圆键装在凸轮轴上，压回凸轮轴正时带轮，以 100N·m 的力矩拧紧固定螺栓。

6. 活塞连杆组的分解和组装

(1) 活塞连杆组的分解。

① 用活塞环拆装钳从上向下依次拆下活塞环。

② 用专用挡圈卡钳拆下活塞销两端的卡簧。

③ 用专用铳棒拆下活塞销。

④ 拆下连杆螺栓、连杆盖，拆下连杆轴承。

(2) 活塞连杆组的组装。

① 将活塞销座孔、活塞销、连杆小头衬套内涂抹机油。

② 将活塞销推入活塞销座孔并稍微露出，将连杆小头伸入活塞销座之间，使连杆小头孔对准活塞销，大拇指用力将活塞销推到底，在活塞销座孔两端装入限位卡簧。

注意：活塞裙部的箭头和连杆上的凸点应在同一侧。

③ 用活塞环拆装钳依次装入组合式油环、第 2 道气环(锥形环)、第 1 道气环(矩形环)，并使活塞环的开口错开一定的角度，形成"迷宫式"密封。

注意：活塞环的"TOP"标记必须朝上(活塞顶部)，第 1 道气环开口与活塞销轴线成 45°且不在活塞的承压面一侧，各道活塞环的开口相互错开 120°，油环的两刮片的开口方向互相错开 180°。

7. 曲柄连杆机构的装配

(1) 曲轴飞轮组的安装。

① 将发动机机体安装在发动机拆装翻转架上，摇转翻转架，将发动机倒置。

② 用压缩空气疏通各润滑油道。

③ 清洁机体平面、气缸、曲轴主轴承孔、凸轮轴轴承孔等主要装配面。

④ 在轴承座上依次装复各道上主轴承，清洁后在工作表面涂机油。

⑤ 在第 3 道主轴承孔的两侧面装上两片止推片。

⑥ 清洁曲轴各道轴颈表面并涂上机油，将曲轴安装在机体上。

⑦ 在主轴承盖上依次装复各道下主轴承，清洁后在工作表面涂机油，依次装复到各主轴承座上，装上主轴承连接螺栓。

⑧ 用扭力扳手从中间向两边的顺序分 2～3 次拧紧各道主轴承盖的螺栓，最后拧紧至规定扭矩 65N·m，再加转 90°。

⑨ 将曲轴前油封装入前油封法兰的孔中，将曲轴后油封装入后油封法兰的孔中。装油封前在油封外表面涂一层密封胶，油封装入后在油封法兰与机体接触的一面涂上密封胶，在油封刃口涂一薄层机油。

⑩ 装上前、后油封法兰，以 16N·m 的力矩拧紧前、后油封法兰固定螺栓。

⑪ 检测曲轴的轴向间隙：检测时，用撬棒将曲轴撬向后端极限位置，在曲轴前端面处安装一只千分表，将千分表调零，再将曲轴撬向前端极限位置，千分表的摆动量即为曲轴的轴向间隙。装配新止推片的间隙为 0.07～0.21mm，磨损极限为 0.30mm。若曲轴轴向间隙过大，应更换止推垫片。

⑫ 装上曲轴后滚针轴承和中间支板。

⑬ 压回曲轴正时带轮，拧紧固定螺栓。

⑭ 装上飞轮，对角、交叉、分次拧紧飞轮固定螺栓，最后拧紧至规定扭矩 60N·m，再加转 90°，并予以锁止。

⑮ 用专用工具固定曲轴，用专用工具将从动盘定位在离合器压盘和飞轮的中心，对角、交叉、分次拧紧离合器固定螺栓，最后拧紧至规定扭矩 25N·m。

(2) 安装活塞连杆组。

① 摇转翻转架，将发动机侧置。

② 清洁气缸内壁、活塞连杆组，在各气缸的内壁、活塞裙部、连杆衬套表面涂抹机油。

③ 转动曲轴，使 1、4 缸连杆轴颈处于上止点位置。

④ 用活塞环卡箍加紧第 1 缸活塞环，用手锤木柄将活塞推入气缸，使连杆大头落在连杆轴颈上；继续用手锤木柄顶住活塞，转动曲轴，使曲轴连杆轴颈转到下止点位置。

注意：活塞裙部的箭头和连杆上的凸点必须朝向发动机前端。

⑤ 润滑螺纹和接触表面，装上连杆盖，拧上连杆螺栓，分 2 次拧紧连杆螺栓，最后拧紧至规定扭矩 30N·m，再加转 90°。

注意：装复连杆盖时，按原装配记号对号入座，并使连杆盖上的凸点朝前，同时连杆盖与连杆体上的凸点在同一侧，连杆轴承上定位槽也必定在同一侧，安装时不要使用密封剂。连杆螺栓一经拆卸，必须更换。每拧紧一道连杆螺栓，都应转动曲轴几圈，转动中不得有卡滞现象。

⑥ 同样的方法装复 4 缸的活塞连杆组。

⑦ 转动曲轴，使 2、3 缸的连杆轴颈处于上止点位置，用同样的方法分别装复 2、3 缸的活塞连杆组。

8. 依次安装机油泵总成、油底壳

(1) 用汽油将油底壳内部清洗干净。

(2) 安装机油泵总成。

(3) 对正放平油底壳衬垫（更换新的油底壳衬垫），在衬垫上涂抹密封胶。

(4) 托起油底壳，从中间向两边，分 2 次拧紧油底壳连接螺栓。

(5) 拧紧油底壳放油螺栓。

9. 气缸盖总成的安装

(1) 摇转发动机翻转架，将发动机正置。

(2) 转动曲轴，使第 1 缸活塞处于上止点位置。

(3) 装上气缸垫，使有标号(配件号)的一面朝上。

(4) 装上气缸盖总成。先中间、后对角、对称、交叉分 2～3 次拧紧气缸盖螺栓，如图 3.6.5 所示。

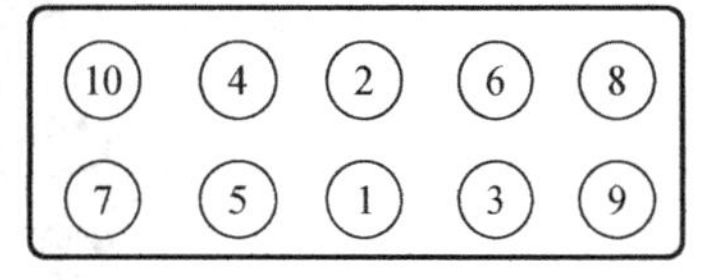

图 3.6.5 气缸盖螺栓拧紧顺序

(5) 插上霍尔传感器、机油压力传感器、水温传感器的插接器。

(6) 装上气门罩盖，装上压条和支架，拧紧气门盖罩连接螺母。

10. 发动机外围附件的安装

(1) 水泵总成的装复。

① 装上新的 O 形密封圈(安装时必须用冷却水浸湿)。

② 装上水泵总成，拧紧水泵的固定螺栓。

(2) 安装机油滤清器，安装机油加注管，插入机油游标尺。

(3) 进、排气歧管的装复。

① 装上新的排气歧管密封衬垫，装上排气歧管，以 20N · m 的力矩拧紧排气歧管固定螺栓。

② 装上新的进气歧管密封衬垫，装上进气歧管，以 20N · m 的力矩拧紧进气歧管固定螺栓。

③ 装上进气歧管支架，拧紧支架紧固螺栓。

④ 将喷油器装在燃油分配管上，并使导线插接器朝外，卡上卡簧。

⑤ 将喷油器和燃油分配管一起安装在进气歧管相应位置上，以 15N · m 的力矩拧紧燃油分配管固定螺栓。

⑥ 插上各缸喷油器上的插接器。

⑦ 插上各缸的高压分缸线。

⑧ 装上上冷却液管与散热器之间的冷却液软管。

⑨ 装上气缸盖后冷却液凸缘和上冷却液管之间的冷却液软管。

⑩ 装上气缸盖后的小软管。

⑪ 装上曲轴箱通风管。

(4) 正时带的安装。安装时与拆卸相反的顺序进行。

① 转动曲轴，使所有活塞都不在上止点位置，以免损坏气门及活塞。

② 转动凸轮轴，使凸轮轴正时带轮上标记对准正时带后上防护罩上的标记。

③ 转动曲轴，使曲轴正时带轮上止点标记与参考标记对齐。

④ 如图 3.6.6 所示，将正时带安装到曲轴正时带轮和水泵正时带轮上。

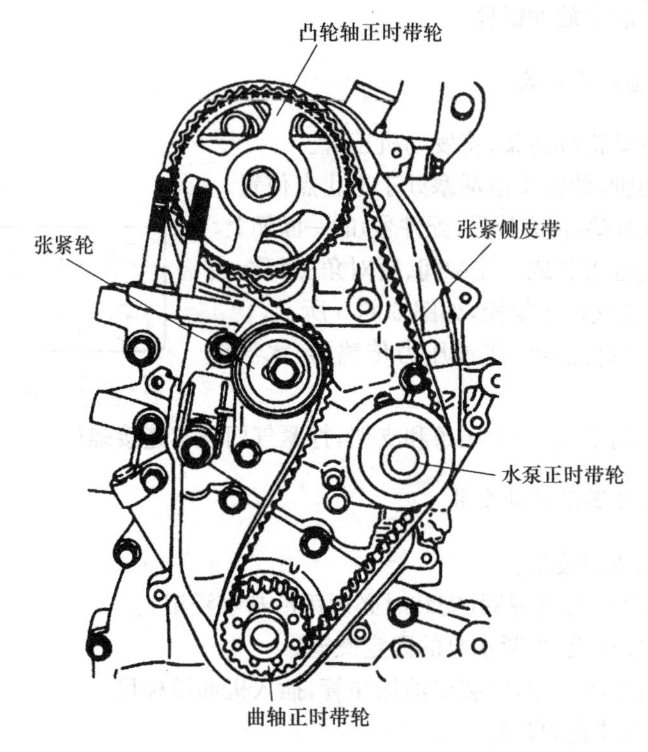

图 3.6.6 正时带的安装图

⑤ 调整半自动张紧轮的位置，使定位块嵌入气缸盖上的缺口内。

⑥ 将正时带安装到张紧轮和凸轮轴正时带轮上。

⑦ 逆时针转动张紧轮，直到可以使用专用工具。

⑧ 松开张紧轮，直到指针位于缺口下方约 10mm 处。旋紧张紧轮，直到指针和缺口对齐，以 15N・m 的力矩拧紧张紧轮上的锁紧螺母。

⑨ 检查同步带张紧力，用拇指用力弯曲正时带，指针应移向一侧；放松正时带，张紧轮应回到初始位置(指针和缺口对齐)。

⑩ 转动曲轴，检查曲轴正时带轮、凸轮轴正时带轮上的正时标记是否同时与相应的参考标记对准，如不对准应重新安装正时带。

⑪ 安装正时带下防护罩。

⑫ 安装曲轴驱动带轮。

⑬ 安装正时带中间防护罩和上防护罩。

(5) 发电机、火花塞、分电器的安装。

① 转动曲轴使第一缸的活塞位于压缩上止点。

② 将分电器支架的正时记号与连接键的正时记号对齐。

③ 装上各缸火花塞，安装机油泵分电器传动轴总成，安装分电器座、分电器，插上各缸分缸线、中央高压线。

④ 装上发电机及发电机支架总成，调整发电机皮带的挠度至规定值。新皮带挠度为 7.5～8.5mm，旧皮带的挠度为 9.5mm。

3.6.5 注意事项

(1) 学生在听从实验指导老师讲解并了解实验安全要求和设备使用方法后方可进行实验。

(2) 移动实验设备时请先确认万向轮装置在“ON”还是“OFF”状态。将手柄放置到“OFF”位置后移动，移动时请注意人身安全及设备安全。

(3) 禁止拆除任何安全装置，以确保实验安全。

(4) 必须按照前述拆装顺序进行拆装，一般按由表及里的顺序逐级拆卸。

(5) 使用专用拆装工具。为了提高拆装效率，减少零部件的损伤和变形，应使用专用工具，严禁任意敲击设备和零部件。

(6) 对拆卸的重部件要轻放、稳放，并要小心防止砸伤自己或别人。

(7) 拆卸时应考虑装配过程方便，做好装配准备工作；拆卸时要注意检查校对装配标记；按分类、顺序摆放零部件。

(8) 组装时，必须做好清洁工作，尤其是重要的配合表面、油道等。

3.6.6 思考题

(1) 为什么有的发动机气缸盖螺栓为非标准?

(2) 油底壳有何作用?

(3) 曲柄连杆机构的组成及作用是什么? 配气机构的组成及作用是什么?

(4) 发动机是如何完成进气、压缩、做功和排气 4 个工作过程?

(5) 正时齿轮有何作用? 如何修改进气提前角?

(6) 曲轴和凸轮轴的传动比是多少? 为什么? 能否对照凸轮轴、气门组、曲柄连杆机构讲解配气机构如何配合曲柄连杆机构实现准时提供可燃混合气和及时排除废气?

(7) 活塞销是如何润滑的?

(8) 化油器与电喷两种发动机节气门结构及作用有何不同?

3.7 汽车变速器拆装及结构分析

3.7.1 实验目的与要求

实验目的是通过动手拆装变速器总成，使学生基本理解、掌握：

(1) 变速器的拆装方法、步骤。

(2) 变速器的结构、零部件名称及其装配关系。

(3) 变速器动力传递过程(工作原理)。

（4）同步器的结构和工作过程。

通过本实验对汽车变速器构造和原理知识的学习，学生所学机械基础知识得到应用拓展，观察能力、动手能力和知识综合应用能力得到很好的锻炼，可以为以后从事专业工作奠定一定的基础。

在实验中，要求学生仔细分析变速器各挡位齿轮的动力传递路线、各种操控动作及工作时的相互配合关系。

本实验是将认知与综合训练结合，将汽车变速器的理论教学融于实训中，重在培养学生的分析、应用能力和实践动手能力。

3.7.2 实验设备与工具

（1）汽车拆装常用工具、变速器拆装专用工具、铜棒、拉具、撬棒。

（2）工作台、台虎钳、轴承顶拔器。

（3）CA1092型变速器总成，桑塔纳2000系列变速器总成，有关变速器的挂图。

3.7.3 实验内容与原理

实验内容包括：对变速器进行拆装；通过拆装实验，熟悉所拆装变速器的结构特点，熟悉各零部件的名称（输入轴、输出轴、倒挡轴、同步器、拨叉）和相互连接关系及作用；掌握并绘制出变速器各挡位动力传递路线。

汽车变速器种类比较多，其结构组成主要包括轴类、齿轮类和轴承类零件等。对于不同车型的汽车变速器，尽管这些零部件有各种各样的区别，但都是对结构局部和零件局部进行修改而已，其整体结构基本上是类似的。图3.7.1所示为桑塔纳2000系列轿车手动变速器，采用五挡手动变速，由变速传动机构、操纵机构和变速器壳体等组成。

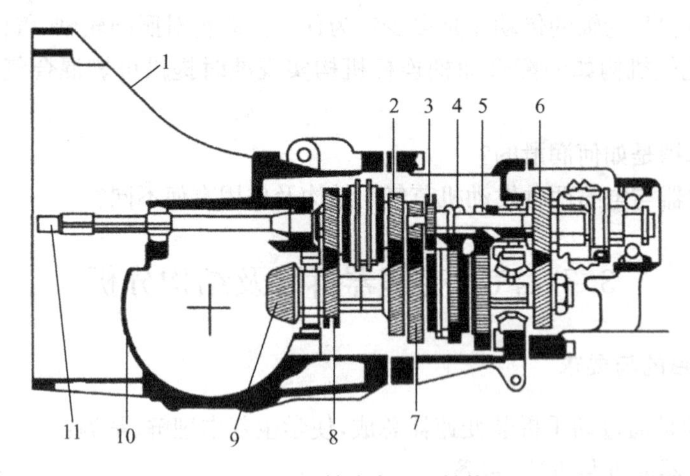

图3.7.1 二轴式变速器结构图

1-变速器壳；2-输入轴三挡齿轮；3-倒挡齿轮；4-倒挡轴；5-输入轴一挡齿轮；6-输入轴五挡齿轮；7-输出轴二挡齿轮；8-输出轴四挡齿轮；9-输出轴；10-差速器壳；11-输入轴

为满足汽车变速器轴足够的刚性及装配工艺性和换挡方便，变速器中低挡一般布置在靠轴的后支撑处，并按低挡到高挡的顺序布置各挡齿轮。一般对于前进挡采用同步器换挡，对于倒挡采用滑动齿轮直接换挡。倒挡布置方案根据倒挡传动比及变速器外形尺寸要求确定发动机前置前轮驱动的轿车，若变速器传动比小，则采用两轴式变速器。图 3.7.2 所示为两轴式变速器的传动方案。它的特点是：变速器输出轴与主减速器主动齿轮做成一体，当发动机纵置时，主减速器可用螺旋圆锥齿轮或双曲面齿轮，而发动机横置时用圆柱齿轮，因而简化了制造工艺；除倒挡传动常用滑动齿轮外，其他挡位均采用常啮合齿轮传动；各挡的同步器多数装在输出轴上，这是因为一挡齿轮尺寸小，同步器装在输入轴上有困难，而高挡同步器可以装在输入轴后端。

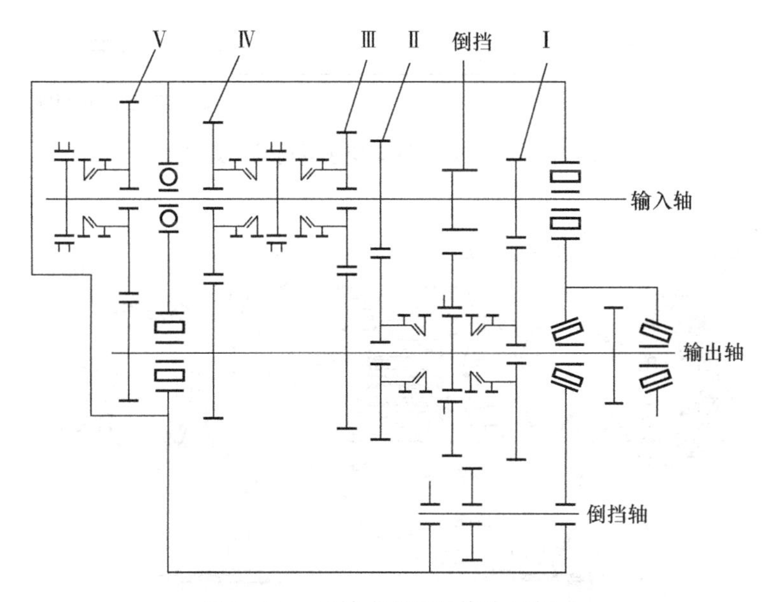

图 3.7.2　二轴式变速器传动示意图

三轴式变速器适用于传统的发动机前置后驱的布置形式，广泛应用于中、轻型货车上。三轴是指汽车前进时，传递动力的轴有第一轴、中间轴和第二轴，直接挡除外。图 3.7.3 所示为三轴式变速器的传动方案。

目前，全同步式变速器上采用的是惯性同步器，如图 3.7.4 所示。它主要由接合套、花键毂、同步锁环等组成，特点是依靠摩擦作用实现同步，且保证先摩擦后同步。当同步锁环的内锥面与待接合齿轮的齿圈外锥面接触产生摩擦时，在摩擦力矩的作用下待结合齿轮转速迅速降低(或升高)到与同步锁环转速相等，两者同步旋转，齿轮相对于同步锁环的转速为零，这时在手动作用力的推动下，因接合套、同步锁环和待接合齿轮的齿圈上均有倒角，接合套不受阻碍地与同步锁环齿圈接合，并进一步与待接合齿轮的齿圈接合而完成换挡过程。

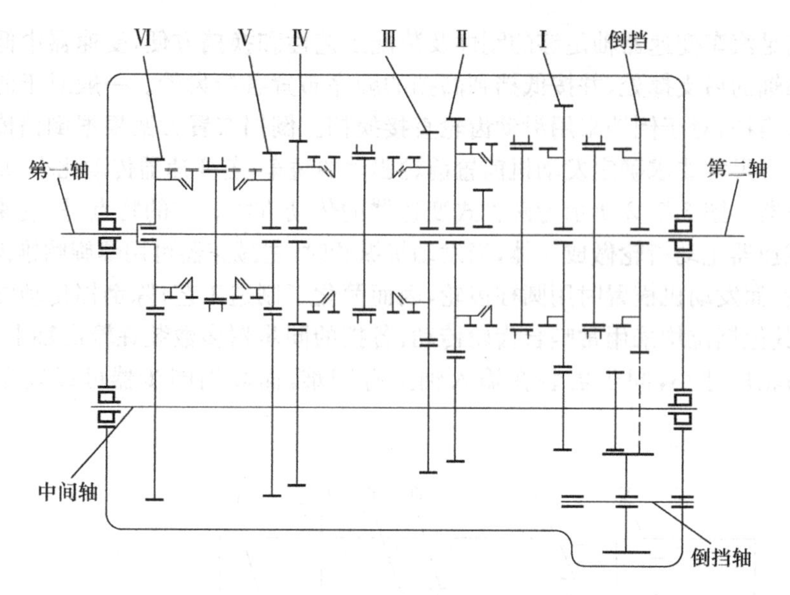

图 3.7.3　三轴式汽车变速器传动示意图

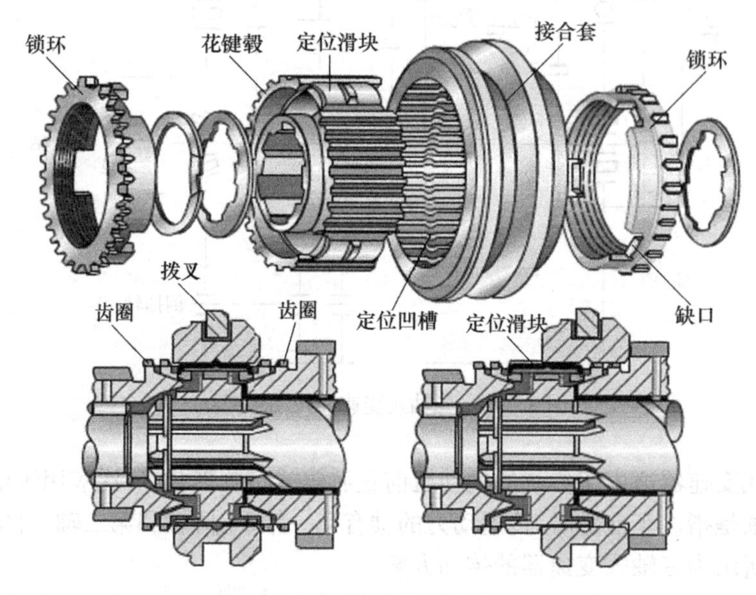

图 3.7.4　锁环式惯性同步器

3.7.4　实验过程

实验 1. 桑塔纳 2000 系列两轴式变速器的拆装

1. 变速器的解体

(1) 清洗变速器外壳，将其固定在修理架上。

(2) 放出机油。

(3) 拆下变速器后盖,取出调整垫片和密封圈。

(4) 固定输入轴,取下输入轴端锁紧螺栓,用起子撬出五挡止动圈,取出弹簧,用钳子取出五挡换挡拨叉的定位杆及五挡滑动齿套,拆下五挡同步器和五挡输入轴齿轮(见图 3.7.5)。

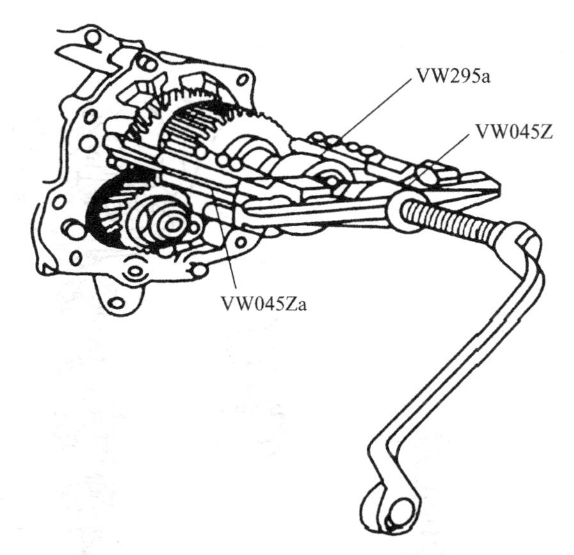

图 3.7.5 拆下五挡拨叉轴及五挡同步器和五挡齿轮组件

(5) 锁住输入轴,取下输出轴五挡齿轮紧固螺母,拆下输出轴五挡齿轮(见图 3.7.6),拆卸五挡的拨叉轴。

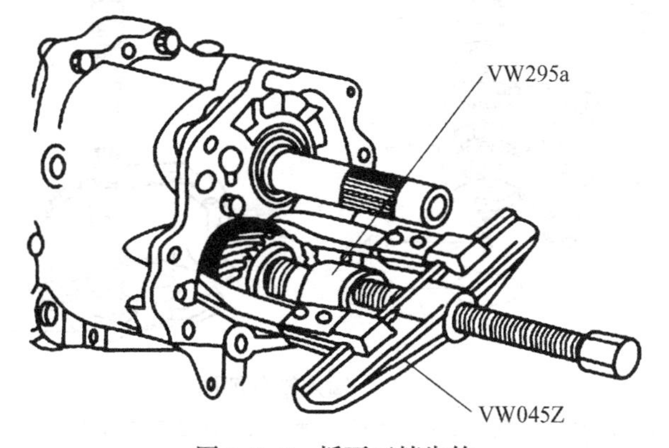

图 3.7.6 拆下五挡齿轮

(6) 取出凸缘轴固定螺钉,取出凸缘轴,拆卸差速器盖,取出差速器总成。

(7) 用拉器架于变速器壳体上,拉出变速器壳体。

(8) 用拉器拉出输入轴、输出轴的轴承。

(9) 取下三、四挡及一、二挡的锁销和拨叉总成。

(10) 拆下倒挡自锁装置和倒挡拨叉轴。

(11) 用工具拔出输入轴和输出轴总成。

(12) 取出倒挡轴和倒挡齿轮、倒挡传动臂。

(13) 拆卸拨叉轴自锁和互锁装置。

(14) 仔细观察变速器(输入轴、输出轴、倒挡轴、同步器、拨叉)的结构特点,熟悉各零部件的名称和相互连接关系及作用。

2. 输入轴总成的拆卸和装配(见图 3.7.7)

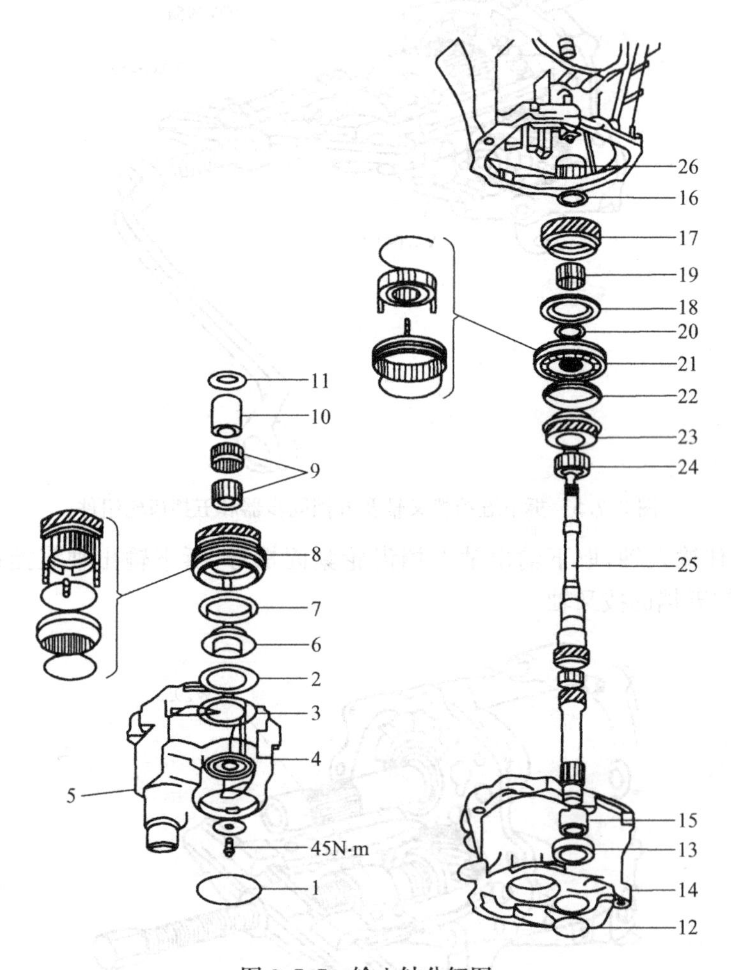

图 3.7.7 输入轴分解图

1-后轴承的罩盖;2-挡油器;3-锁环;4-输入轴后轴承;5-变速器后盖;6-五挡同步器套管;7-五挡同步环;8-五挡同步器和齿轮;9-五挡齿轮滚针轴承;10-五挡齿轮滚针轴承内圈;11-固定垫圈;12-锁环;13-中间轴承;14-轴承支座;15-中间轴承内圈;16-有齿的挡环;17-四挡齿轮;18-四挡同步环;19-四挡齿轮滚针轴承;20-锁环;21-三挡和四挡同步器;22-三挡同步环;23-三挡齿轮;24-三挡齿轮滚针轴承;25-输入轴;26-输入轴滚针轴承

1) 输入轴总成的拆卸

(1) 拆下四挡齿轮的有齿挡环,用压床或拉具拆下四挡齿轮、滚针轴承和同步环。

(2) 拆下锁环,拆下三、四挡同步器,三挡同步环和齿轮,取下三挡齿轮的滚针轴承。

（3）拆下中间轴承内圈。

2）输入轴总成的组装

输入轴的安装顺序与拆卸顺序相反，安装同步器时需要注意：花键毂内花键的倒角朝向三挡齿轮的方向；安装滑块弹簧时，其开口错开120°，弹簧弯曲端须固定在滑块内。

3．输出轴总成的拆卸和装配（见图3.7.8）

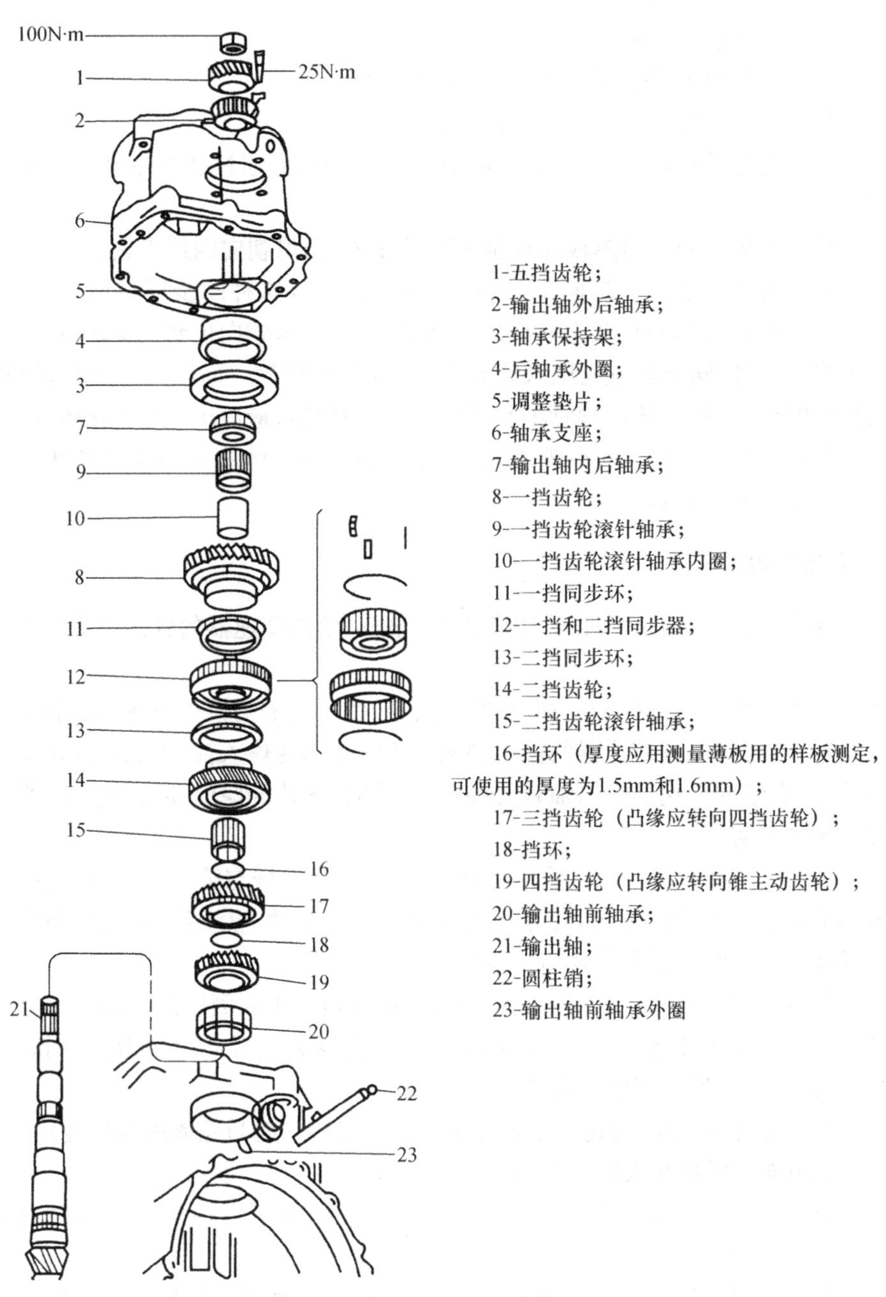

图3.7.8　输出轴分解图

1) 输出轴总成的拆卸

(1) 拆下输出轴后轴承和一挡齿轮，取下滚针轴承和一挡同步环。

(2) 拆下滚针轴承的内圈、同步环和二挡齿轮，取下二挡齿轮的滚针轴承。

(3) 拆下三挡齿轮的挡环、三挡齿轮。

(4) 拆下四挡齿轮的挡环、四挡齿轮。

(5) 拆下输出轴的前轴承。

2) 输出轴总成的组装

安装顺序与拆卸顺序相反，但须注意如下几点：

(1) 压入四挡齿轮时，齿轮的凸肩应朝向轴承。

(2) 四挡齿轮的挡环与挡环槽的间隙应尽量小些，可通过选择厚度合适的挡圈来达到。

(3) 将三挡齿轮通过加热板加热至120°后压入，凸肩朝向四挡齿轮。

(4) 同步器的组装。一挡同步环有3个位置缺齿，这种同步环只能用于一挡。组装一、二挡同步器时，花键毂上有槽的一面朝向一挡，即朝向齿套拨叉环这一侧。

(5) 将一、二挡同步器总成压入到轴上，花键毂有槽的一面朝向一挡齿轮（即朝后）。然后再装入一挡齿轮中滚针轴承，套上一挡齿轮后，最后压入双列滚锥轴承。

(6) 如果要更换输出轴前后轴承，应从变速器前后壳体中分别压出和压入轴承外座圈，应当平整地压入。

4. 变速器的装配

在变速器装配前，通过对照原理图，摆放、观察，绘制变速器的各挡位齿轮动力传递路线。

变速器的装配可按与拆卸的相反顺序进行。由于桑塔纳轿车的变速器和主减速器是一体的整体结构，其变速器的输出轴又是主减速器的输入轴，因此轴的定位和预紧十分重要，在装配变速器输出轴时要特别注意调整垫片的厚度，因为它直接影响主动齿轮的轴向位置。

(1) 压入输出轴总成。压入输出轴总成时，要将换挡杆与第一、二挡换挡拨叉和输出轴总成一起装入后壳体，然后再压入后轴承。压入时，应注意第一、二挡换挡滑杆的活动间隙，必要时，轻轻敲击以免卡住。

(2) 安装一、二挡拨块，压入弹性销，安装倒挡齿轮，压入倒挡齿轮轴。

(3) 安装输入轴时，要拉回三、四挡拨叉直至能够装入滑动齿套为止，同时应位于空挡位置，并用弹性销固定好拨叉。

(4) 放好新的密封环，将输入轴和输出轴及后壳体一起与壳体用螺栓连接。

(5) 使用支撑桥将输入轴支撑住。

(6) 压入输入轴的向心轴承或组合式轴承。向心轴承保持架密封面对着后壳体，而组合式轴承的滚柱对着后壳体。

(7) 安装三、四挡拨叉轴上的小止动块，拧紧输出轴螺母。将换挡叉轴置于空挡位置(位置:变速器不能拉出太远,否则同步器内的制动块可能弹出来。变速滑杆可能不能再压回空挡位置。这种情况下须重新拆卸变速器,将三个锁块压到同步器齿套内并推入滑动套筒)。

(8) 安装主减速器及差速器总成,装回凸缘轴。

(9) 安装五挡拨叉总成及五挡同步器和五挡齿轮组件。

(10) 安装变速器后盖。

实验 2. CA1092 型汽车三轴式变速器的拆装

1. 变速器的解体

1) 拆下变速器盖

用固定扳手将变速器盖固定螺栓旋松后拧出,取下变速器盖。

2) 拆下变速器一轴

(1) 拆下后盖固定螺栓,取下后盖及偏心套。

(2) 拆下偏心套固定螺栓,抽出速度表从动齿轮偏心套,同时将速度表从动齿轮从偏心套中抽出,再从第二轴上取下速度表主动齿轮。

(3) 将第一轴轴承盖上螺栓旋下,取出轴承盖。

(4) 用顶拔器拉出第一轴总成。

(5) 取出轴承内定位卡簧,用轴承拉具取下第一轴后轴承,取下轴承外卡簧。

3) 拆下变速器二轴

(1) 用铜棒轻敲第二轴前端,使其稍向后移,拆下第二轴后轴承外卡簧,再用顶拔器拉出第二轴后轴承。

(2) 将第二轴前端撬起,取出五、六挡同步器各零件,取出第二轴总成。

4) 拆下中间轴

(1) 旋下中间轴前、后轴承盖的固定螺栓,拆下前、后轴承盖。

(2) 拆下中间轴后轴承内圈卡簧,再拆下后轴承外圈卡簧。

(3) 用铜棒将中间轴后移,使后轴承从座孔中退出。

(4) 用轴承拉具拉下后轴承。

(5) 将中间轴从变速器壳中取出。

(6) 用轴承拉具从壳体上拉出中间轴前轴承,再拆下中间轴的卡簧。

5) 拆下倒挡轴

(1) 旋下变速器后端面倒挡轴锁片紧固螺栓,取下锁片。

(2) 用锤垫铜棒锤击倒挡轴前端,用手不断转动倒挡轴并从壳体后端抽出。

(3) 从变速器内取出倒挡齿轮和两片止推垫圈。

2. 第二轴总成的拆卸和装配

1) 第二轴总成的拆卸

(1) 从第二轴后端拆下倒挡齿轮止推片,取下倒挡齿轮和滚针轴承,拆下倒挡滑动齿套。

(2) 从第二轴前端拆下五、六挡同步器卡簧，再拆下五、六挡同步器花键毂及滑动齿套。

(3) 拆下五挡齿轮和滚针轴承。

(4) 拆下四挡齿轮衬套卡簧及衬套，取下四挡齿轮及滚针轴承，并用尖嘴钳取下衬套的定位销。

(5) 拆下三、四挡同步器花键毂及滑动齿套。

(6) 拆下三挡齿轮、滚针轴承和轴承隔套。

(7) 将第二轴后端朝上，依次拆下倒挡齿轮衬套、倒挡固定齿座，一挡齿轮、滚针轴承和一挡齿轮衬套，然后拆下二挡同步器总成。

(8) 拆下一、二挡固定齿座，拆下二挡齿轮、滚针轴承和轴承隔套。

2) 第二轴总成的装配

(1) 将第二轴后端朝上垂直放置，依次装上二挡齿轮的滚针轴承及隔套，再装上二挡齿轮。注意装滚针轴承时应涂以少量的润滑油。

(2) 装上一、二挡固定齿座，注意齿座端面上有“1ST”标志的一端应朝向后面。

(3) 装上二挡同步器总成，使带有同步环的一端朝向二挡齿轮。

(4) 将一挡齿轮衬套加热至 80～100℃后，立即套装在第二轴相应轴颈上，装上两个滚针轴承，涂以润滑油后装上一挡齿轮。

(5) 装倒挡固定齿座时，应使齿座凹面朝下，再将其套装在第二轴的相应花键上。

(6) 将倒挡齿轮衬套加热至 80～100℃后，立即装入第二轴的相应位置上，再装上倒挡滑动齿套，然后将滚针轴承涂以润滑油装上倒挡齿轮。注意装倒挡齿轮止推垫片时，应使垫片有大倒角的一侧朝后。

(7) 使第二轴前端朝上，依次装上三挡齿轮的隔套及滚针轴承，再装上三挡齿轮，然后把三挡同步环装于同步器锥盘上，使其与锥面吻合。

(8) 装上三、四挡同步器总成，再把四挡齿轮衬套定位销装到第二轴的孔中。

(9) 装上四挡同步环，将两个滚针轴承及四挡齿轮衬套装入四挡齿轮后，一并装入第二轴。同时将四挡齿轮衬套内孔的缺口对准定位销装入，将卡簧装入卡簧槽中，使之与衬套之间的间隙最小。标准间隙为零，否则应调整卡簧的厚度。

(10) 装入五挡齿轮的滚针轴承，再装入五挡齿轮及同步环。

(11) 装上五、六挡同步器总成，选择适当厚度的卡簧装入卡簧槽中。

3. 中间轴总成的拆卸和装配

1) 中间轴总成的拆卸

用顶拔器将中间轴前轴承拆下，再次按下中间轴的卡簧，然后用压床压下中间轴的减速齿轮和五挡齿轮。

2) 中间轴总成的组装

(1) 选择合适厚度的键，分别装在中间轴的各键槽内，再压入五挡齿轮和减速齿轮，并使之到位，然后选择合适厚度的卡簧装在减速齿轮前端的卡簧槽中，使其轴向间隙为零。

(2) 将中间轴前轴承内圈压到中间轴轴肩上。

4. 同步器的分解和装配

1) 同步器的分解(见图 3.7.9)

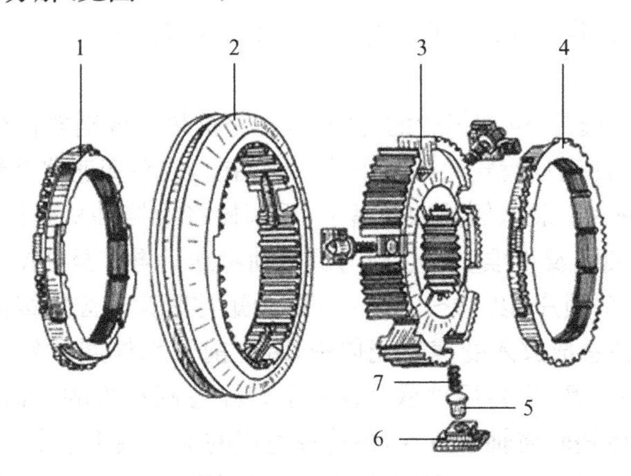

图 3.7.9 同步器的分解图

1、4-锁环；2-滑动齿轮(接合套)：3-同步器花键毂；5-定位销；6-滑块；7-弹簧

(1) 压下同步器滑动齿套，将同步器滑块和定位销从同步器花键毂的槽内抽出。注意勿让同步器弹簧弹出，最后将同步器弹簧从孔中取出。

(2) 分别在三、四、五挡齿轮上做好装配标记，再取下同步器锥盘卡簧，最后从齿轮上取下同步器锁环。

2) 同步器的装配

(1) 把同步器弹簧装于同步器花键毂的孔内。

(2) 将定位销装入滑块的孔中，再用螺钉旋具将同步器弹簧压下，从一端把带有定位销的滑块插入同步器花键毂的槽中，对准同步器花键毂后，套上滑动齿轮。

(3) 按标记将同步器锁环套装在相应的齿轮上，再将固定同步器锥盘的卡簧置于卡簧槽内。

5. 变速器的装配

在变速器装配前，通过对照原理图，摆放、观察，绘制变速器的各挡位齿轮动力传递路线。

(1) 用压具将第一轴轴承压入第一轴相应位置。注意轴承内卡簧一定要放在靠齿轮一端，内卡簧圆角大的一侧应靠向齿轮，压入轴承时必须压在轴承的内圈。

(2) 装上轴承内卡簧，选择卡簧使卡簧与轴承内圈的间隙为零。

(3) 装入第二轴滚子轴承前，先将隔环装入第一轴的孔内，再装入 15 个滚子，然后装入另一个隔环，再用一卡簧将滚子撑住，并在滚子上涂以少量的润滑油，以便使滚子转动灵活。

(4) 将速度表从动齿轮油封装入偏心套内，不得装反，再将O形密封圈装在偏心套上。在O形密封圈和油封刃口涂上少量润滑油，装入速度表的从动齿轮。

(5) 将偏心套装入变速器后盖内，使偏心套上3个孔中的中间孔与后盖上的螺孔对准，以8～11N·m的力矩将螺栓拧紧。

(6) 用专用工具将油封压入后盖中，装配时应在刃口上涂以少量的润滑油，以防损坏油封的刃口。

(7) 将滚针轴承装入倒挡齿轮的孔中，两个止推垫片分别放在齿轮的两端，并涂以少量的润滑油。使倒挡齿轮轮毂凸出的一侧朝前，放在变速器外壳中。

(8) 将O形密封圈装入倒挡轴的槽中，用铜棒将倒挡轴从壳体外端打入。注意倒挡轴齿轮、滚针轴承及止推垫片必须与倒挡轴对准后再打至到位。

(9) 装上倒挡轴锁片，以19～26N·m的力矩拧紧锁片固定螺栓。

(10) 将中间轴总成放入变速器壳体中，装上前轴承外圈。装中间轴后轴承时，先装上轴承外圈的卡簧，再将后轴承套在轴上。注意圆角大的一面应朝前。对准壳体的轴承孔，用铜棒轻轻将轴承打入，再选择适当的卡簧装于轴承内圈的卡簧槽中。

(11) 装中间轴前油封盖时，要垂直压入，不可用锤子敲击。装好后从正反两个方向转动中间轴，应轻重均匀且无异响。

(12) 将第二轴总成装入变速器壳内，并使后端插入轴承孔中，再将六挡同步器锁环及同步环套在第二轴总成的前端，然后使第二轴上的齿轮分别与中间轴上的齿轮啮合。

(13) 装上第二轴的后轴承，并在轴承外圈上装上卡簧，然后将轴承压入变速器壳的轴承孔内。装配时要均匀地压下轴承的内圈。

(14) 将变速器第一轴总成压入变速器壳的轴承孔中，在未压到位前，依次将六挡同步器锁环及同步环套在第一轴花键上，再将第一轴轴承压至轴承的外卡簧靠在壳体前端面上。

(15) 装上第一轴轴承盖密封垫(注意不要盖住壳体上的油孔)，再将第一轴轴承盖总成上的油封涂上润滑脂，边旋转轴承盖边往里推进，以38～50N·m的力矩拧紧固定螺栓。

(16) 将速度表主动齿轮装于第二轴的后端，装上后盖密封圈，装上后盖，以38～50N·m的力矩拧紧后盖螺栓。

各种车型的三轴式手动变速器基本上都可按上述顺序和方法进行分解和装配。

3.7.5 注意事项

(1) 严格遵循拆装顺序，并注意操作安全。

(2) 注意各零件、部件的清洗和润滑。

(3) 分解变速器时，不能用手锤直接敲击零件，必须采用铜棒或硬木垫进行敲击。

(4) 同步器的花键毂在拆装过程中不要硬打,可借助拉器或压床。

(5) 各种轴用弹性挡圈的拆装应采用专用夹钳。

(6) 装配后各齿轮的轴向间隙、同步器同步环的间隙应符合技术要求。

(7) 输出轴两端锥轴承的预紧度应合适,操纵机构应灵活可靠。

(8) 注意实验时零件的放置、拆装顺序和拆装方法。

3.7.6 思考题

(1) 比较二轴式变速器和三轴式变速器的异同之处。

(2) 绘简图说明二轴式或三轴式变速器各挡位动力传递路线。

(3) 说明同步器的结构和工作原理。

(4) 说明变速器的操纵机构的工作原理。

参考文献

陈家瑞. 2006. 汽车构造. 上、下册. 北京:人民交通出版社

陈秀宁. 2002. 现代机械工程基础实验教程. 北京:高等教育出版社

陈秀宁,施高义. 2005. 机械设计课程设计. 2版. 杭州:浙江大学出版社

齿轮手册编委会. 2001. 齿轮手册. 下册. 2版. 北京:机械工业出版社

崔再生. 1988. 齿轮测绘. 北京:机械工业出版社

李华敏,韩元莹,王知行. 1985. 渐开线齿轮的几何原理与计算. 北京:机械工业出版社

濮良贵. 纪名纲. 2001. 机械设计. 7版. 北京:高等教育出版社

孙桓,陈作模,葛文杰. 2006. 机械原理. 7版. 北京:高等教育出版社

王先逵. 2008. 齿轮、蜗轮蜗杆、花键加工. 北京:机械工业出版社

吴宗泽. 2003. 机械设计禁忌500例. 北京:机械工业出版社

余文明. 2007. 汽车构造与拆装实验教程. 北京:中国电力出版社

朱龙根. 2005. 简明机械零件设计手册. 2版. 北京:机械工业出版社

FAG Kugelfischer AG. 2004. 滚动轴承安装设计. 李景贤译. 北京:机械工业出版社

第4章　运动学、动力学参数测定和性能测试实验

机械运动学、动力学参数是机电产品设计的根据，有的参数甚至是设计的重要指标，直接影响到产品的工作效率、可靠性及寿命，也是深入研究机械性能的基础。机械性能是机器或零部件评价的重要指标。因此，运动学、动力学参数测定和性能测试实验有利于学生巩固和应用机械原理和机械设计中的相关理论知识，同时掌握必要的测试方法，取得一定的实践经验，便于指导今后的工程实践活动。

4.1　机构运动参数测定

4.1.1　实验目的与要求

通过测定曲柄、导杆、凸轮等机构工作时实际位移、速度、加速度等运动参数的过程，使学生了解：

(1) 各类机构运动规律的特点。

(2) 实测值和理论计算值的差异，分析其原因，加深理解。

(3) 电测法测量机构运动参数的原理和方法。

4.1.2　实验设备与工具

(1) 实验机构：曲柄滑块、导杆、凸轮等机构。

(2) 光电脉冲编码器、同步脉冲发生器(或称角度传感器)。

(3) QTD-Ⅲ型组合机构实验仪(单片机控制系统)。

(4) 打印机及计算机。

4.1.3　实验内容与原理

1. 测试系统组成及原理

实验对象为曲柄滑块机构、曲柄导杆机构和凸轮机构，如图 4.1.1(a)～(d)所示。各机构可以经过简便的改装得到，所需零件已由实验系统提供。动力采用直流调速电动机，转速在 0～3000r/min 作无级调速。经蜗杆蜗轮减速器减速，机构的曲柄转速为 0～100r/min。

实验仪测试系统以单片机的最小系统组成，外扩 16 位计数器，接有 3 位 LED 显示数码管可实时显示机构运动时的曲柄轴的转速，同时可与 PC 机进行异步串行通信，其原理框图如图 4.1.2 所示。图 4.1.3(a)、(b)为 QTD-Ⅲ型实验台测试仪的正面和背面结构。

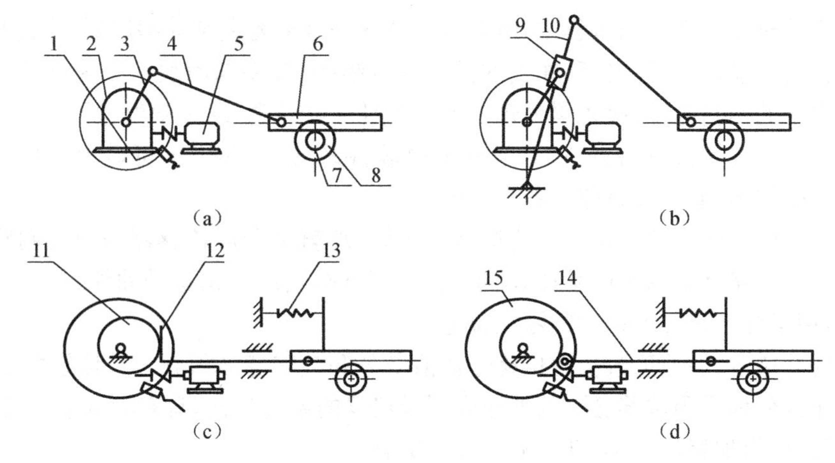

图 4.1.1　实验机构

1-同步脉冲发生器；2-蜗轮减速器；3-曲柄；4-连杆；5-电动机；6-滑块；7-齿轮；8-光电脉冲编码器；9-导块；10-导杆；11-凸轮；12-平底直动从动件；13-回复弹簧；14-滚子直动从动件；15-光栅盘

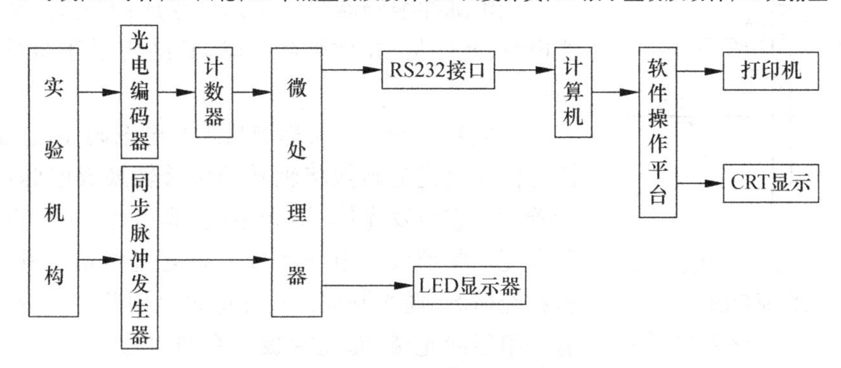

图 4.1.2　测试系统的原理框图

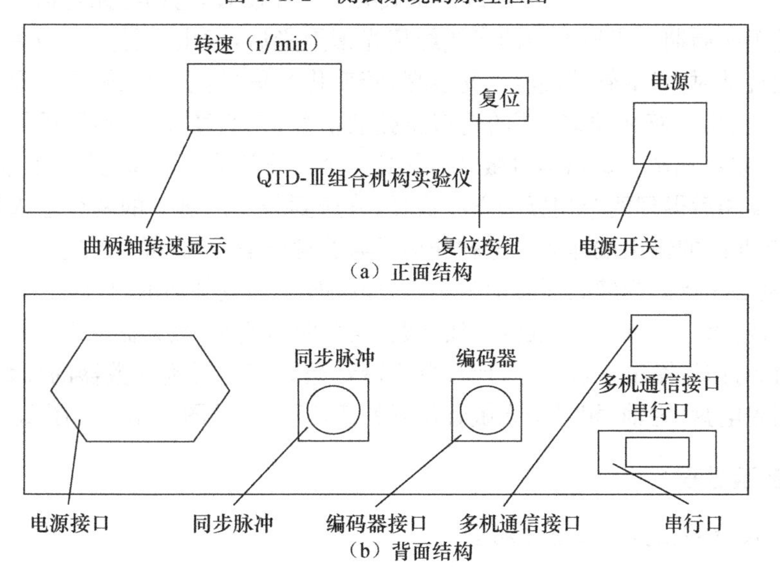

图 4.1.3　QTD-Ⅲ实验仪

在实验机械动态运动过程中，滑块的往复移动推动光电脉冲编码器，通过光电脉冲编码器转换输出与滑块位移相当的具有一定频率（频率与滑块往复速度成正比）、0～5V电平的两路脉冲，接入微处理器外扩的计数器计数，通过微处理器进行初步处理运算并送入计算机进行处理，计算机通过软件系统在CRT上可显示出相应的数据和运动曲线图，或直接打印出各点数值。

机构中还有两路信号送入单片机最小系统，那就是角度传感器送出的两路脉冲信号。其中一路是码盘角度脉冲，用于定角度采样，获取机构运动曲线；另一路是零位脉冲，用于标定采样数据时的零点位置。

机构的速度、加速度数值由位移经数值微分和数字滤波得到。与传统的R-C电路测量法或分别采用位移、速度、加速度测量仪器的系统相比，具有测试系统简单、性能稳定可靠、附加相位差小、动态响应好等优点。

2. 光电脉冲编码器原理

光电脉冲编码器由以下部件组成：发光体、聚光镜、光电盘、光栏板、光敏管和主轴，其结构原理如图4.1.4所示。

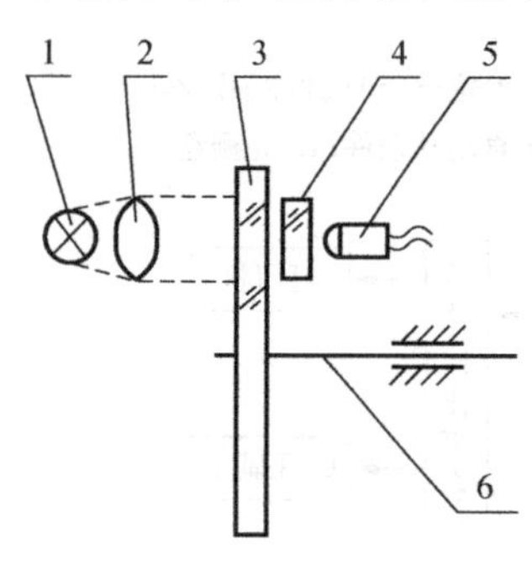

图4.1.4　光电脉冲编码器结构原理图

1-发光体；2-聚光镜；3-光电盘；4-光栏板；5-光敏管；6-主轴

光电脉冲编码器又称增量式光电编码器，它是采用圆光栅通过光电转换将轴转角位移转换成电脉冲信号的器件。它由发光体、聚光透镜、光电盘、光栏板、光敏管和光电整形放大电路组成。光电盘和光栏板用玻璃材料经研磨、抛光制成。在光电盘上用照相腐蚀法制成有一组径向光栅，而光栏板上有两组透光条纹，每组透光条纹后都装有一个光敏管，它们与光电盘透光条纹的重合性差1/4周期。光源发出的光线经聚光镜聚光后，发出平行光。当主轴带动光电盘一起转动时，光敏管就接收到光线亮、暗变化的信号，引起光敏管所通过的电流发生变化，输出两路相位差90°的近似正弦波信号，它们经放大、整形后得到两路相差90°的主波d和d'。d路信号微分后加到两个与非门输入端作为触发门信号；d'路经反相器反相后得到两个相反的方波信号，分送到与非门剩下的两个输入端作为门控信号，与非门的输出端即为光电脉冲编码器的输出信号端，可与双时钟可逆计数的加、减触发端相接。当编码器转向为正时（如顺时针），微分器取出d的前沿A，与非门1打开，输出一负脉冲，度数器作加计数；当转向为负时，微分器取出d的加一前沿b，与非门2打开，输出一负脉冲，计数器作减计数。某一时刻计数器的计数值，即表示该时刻光电盘（主轴）相对于光敏管位置的角位移量（见图4.1.5和图4.1.6）。

4.1.4　实验过程

1. 滑块位移、速度、加速度测量

（1）将光电脉冲编码器输出的5芯插头及同步脉冲发生器输出的5芯插头分别

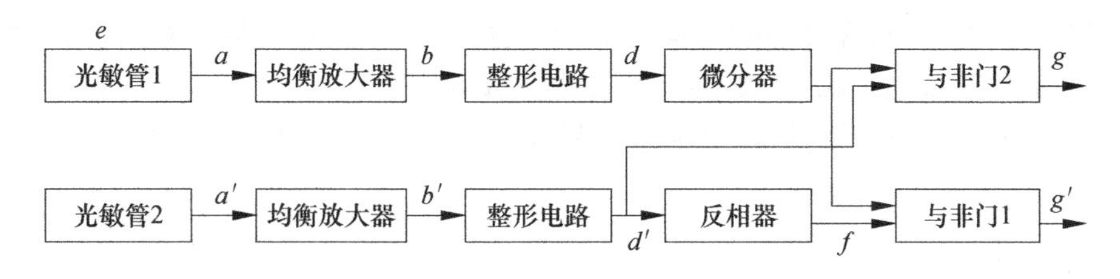

图 4.1.5　光电脉冲编码器、电路原理框图

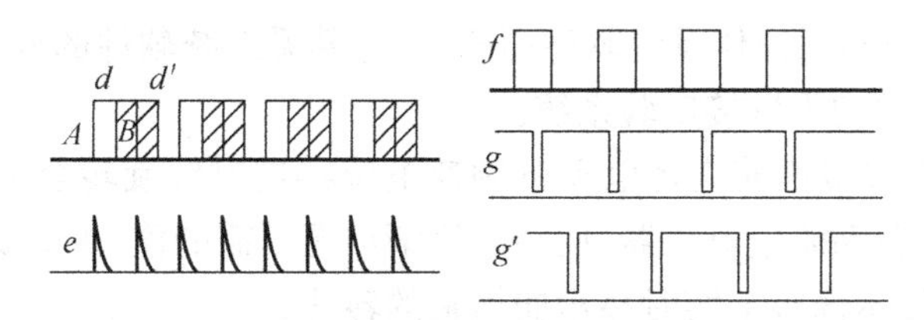

图 4.1.6　光电脉冲编码器电路各点信号波形图

插入测试仪上相对应接口上。

(2) 把串行传输线一头插在计算机任一串口上，另一头插在实验仪的串口上。

(3) 打开 QTD-Ⅲ组合机构实验仪上的电源，此时带有 LED 数码管显示的面板上将显示“0”。

(4) 打开个人计算机，并保证已连入打印机。

(5) 加电并启动机构。

(6) 在机构运转正常后，即启动系统软件。

(7) 选择好串口，并在弹出的采样参数设置区内选择相应的采样方式和采样常数。对于定时采样方式，采样的时间常数有 10 个选择挡(2ms、5ms、10ms、15ms、20ms、25ms、30ms、35ms、40ms、50ms)，比如选择 25ms；对于定角采样方式，采样的角度常数有 5 个选择挡(2°、4°、6°、8°、10°)，比如选择 4°。

(8) 按下“采样”按键，开始采样(须等若干时间，此时测试仪接收到计算机的指令对机构运动进行采样，并回送采集的数据给计算机，计算机对收到的数据进行一定的处理，得到运动的位移值)。

(9) 当采样完成，在界面将出现“运动曲线绘制区”，绘制当前的位移曲线，且在左边的“数据显示区”内显示采样的数据。

(10) 按下“数据分析”键，则“运动曲线绘制区”将在位移曲线上再逐渐绘出相应的速度和加速度曲线，同时在左边的“数据显示区”内也将增加各采样点的速度和加速度值。

(11) 打开打印窗口，可以打印数据和运动曲线。

2. 转速及回转不匀率的测试

(1) 参照“滑块位移、速度、加速度测量”的(1)～(7)步骤。

(2) 选择好串口,在弹出的采样参数设计区内,选择最右边的一栏,角度常数选择有5挡(2°、4°、6°、8°、10°),选定一挡,比如选择6°。

(3) 参照"滑块位移、速度、加速度测量"的(8)、(9)、(10)步骤,不同的是"数据显示区"并不显示相应的数据。

(4) 打印。

4.1.5 注意事项

(1) 实验前,须参阅操作系统软件简介,预先熟悉系统软件的界面及各项操作的功能;实验时须自己动手搭接实验系统。

(2) 在机构电源接通前应将电动机调速电位器逆时针旋转至最低速位置,然后接通电源,并顺时转动调速电位器,使转速逐渐加至所需的值(否则易烧断保险丝,甚至损坏调速器),显示面板上实时显示曲柄轴的转速。

(3) 难点是结合机械原理课的运动分析计算大作业结果,验证实验结果的正确性,同时分析实验误差的成因。

4.1.6 思考题

(1) 从测量结果分析3种机构的特点,试举例使用场合。

(2) 举例说出其他不同的测量方法。

(3) 简单说出光电编码器的工作原理。

4.2 回转构件的动平衡实验

本实验是一个动力学综合性的实验,同时又融入了处理实际零件以及轮胎动平衡的实践环节,使教学内容和方法手段体现工程化特色,实现了将理论教学融于工程实验中的理念,可以提高学生对实验的兴趣。

4.2.1 实验目的与要求

实验目的是通过实验对象即轮胎或实际转子的动平衡全过程,以及必要的动手操作,使学生基本掌握:

(1) 回转件动平衡的基本概念。

(2) 各类动平衡机的基本工作原理和操作方法。

(3) 真实工件包括轮胎的平衡精度确定和应用、动平衡的操作方法。

通过本实验学生对动平衡理论知识将得到强化,解决实际工程问题的动手能力和知识综合应用能力可以得到很好的锻炼;同时通过对真实零件动平衡的全过程积累实践经验,丰富工程领域的专业知识。

在实验中,要求学生仔细观察真实零件的外观形状,按转子的工作速度选择平衡精度,并且和设计图纸上的平衡精度对照,按使用要求定出支承模式,最终按要求完成转子的动平衡。

4.2.2 实验设备与工具

(1) 轮胎动平衡机、硬支承动平衡机、智能动平衡机。

(2) 平衡处理用配套设备和材料,包括普通天平、台式钻床、平衡质量块。

(3) 测量工具。

(4) 安装专用工具。

4.2.3 实验内容与原理

1. 轮胎动平衡机

1) 轮胎动平衡机结构

轮胎平衡机(型号:FM2000Ⅰ)带有微处理器,可平衡最大轮胎重量65kg。由于有自校准程序,机器系统可作一定的调整,故可平衡普通轮胎及特殊车辆轮胎(摩托车轮胎及赛车轮胎)。

(1) 安全设施。

① 停止按钮:在紧急情况下可以停止轮胎的转动。

② 高强度保护罩:防止平衡块在旋转时向任何方向飞出,仅能向下。

③ 安全限位开关:可探测机器的启动和停止,它与护罩电器联锁,当护罩打开时电动机不能启动,当机器运转时打开护罩机器将停止。

(2) 轮胎平衡机面板。

轮胎平衡机面板如图4.2.1所示,其含义如下。

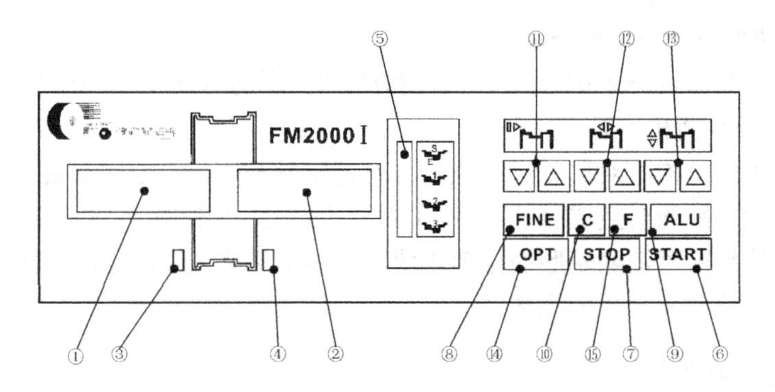

图4.2.1 轮胎平衡机面板

在显示面板区:

① ——左侧显示屏,显示轮胎内侧不平衡值或距离尺寸。

② ——右侧显示屏,显示轮胎外侧不平衡值或距离尺寸。

③ ——内侧不平衡位置指示。

④ ——外侧不平衡位置指示。

⑤ ——平衡方式指示。

在控制面板区：

⑥ ——电动机启动按钮。

⑦ ——急停键。

⑧ ——按键显示<5g(0.3oz)实际不平衡值。

⑨ ——平衡方式选择键。

⑩ ——重算不平衡/自校准键。

⑪ ——手动输入距离键(a)。

⑫ ——手动输入轮辋宽度键(b)。

⑬ ——手动输入轮辋直径键(d)。

⑭ ——不平衡最佳化按键。

⑮ ——静平衡或动平衡选择键。

指令输入键(功能转换组合键)：

① 进行功能转换后关机仍保存。

[F]+[a↑]+[a↓]。克-盎司转换键。

[F]+[STOP]。保护罩盖下即启动。

② 进行功能转换后,关机后即丢失。

[F]+[b↑]或[F]+[b↓]。宽度测量毫米/英寸单位转换(注意:每次开机时为英寸表示)。

[F]+[d↑]或[F]+[d↓]。直径测量毫米/英寸转换(注意:每次开机时为英寸表示)。

③ 不平衡方式转换。

[F]→动平衡→静平衡→动平衡。

[ALU]→S方式→平衡方式1→平衡方式2→平衡方式3→S方式。

2) 轮胎动平衡机实验

汽车轮胎的结构不对称、加工不准确,材料质量不均匀等原因都会产生不平衡的离心力。车轮不平衡会造成振动,使汽车附着力减小,车轮跳动,损坏减振器及其转向零件。车轮平衡可消除轮胎的振动或使之减少到许可范围之内,这样可避免由此带来的不利影响及其造成的损坏。

2. 硬支承动平衡机

1) 硬支承动平衡机结构和工作原理

由于制造的误差、材料质量的不均匀、零件形状的偏差,一个旋转转子就会产生离心力而不平衡。一个动不平衡的转子总可以在与旋转轴线垂直的两个校正面上减去或加上适当的质量来达到平衡的目的。硬支承动平衡机结构如图4.2.2所示,为了精确、方便、迅速地测量转子的不平衡,通常把力检测转换成电量的检测,采用压电式传感器和磁电式速度传感器作为换能器,测量平面位于支承平面上。而转子的两个校正平面，一般可根据各种转子的不同要求（如形状、校正手段等），选择在支承平面以外的其他平面上。转子的不平衡量以交变动压力的形式作用于支承架上，它包含有不平衡量的大小和相位。然后，测量系统将支承平面上测量到的不平衡力信号，利用静力学原理再换算到二个校正平面上去，以实验动平衡处理。

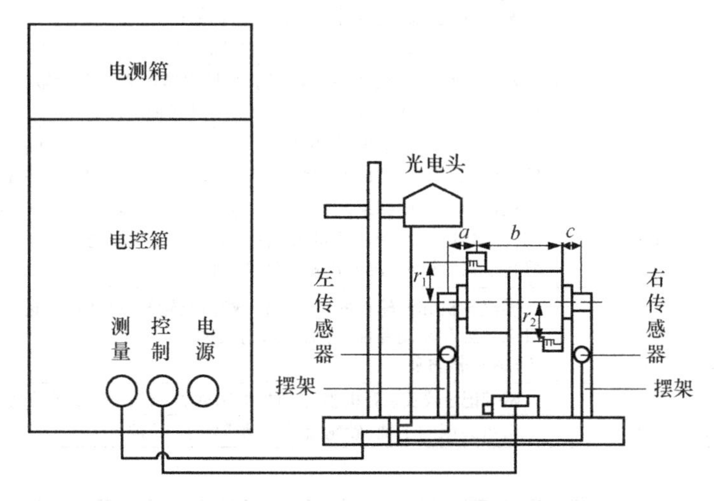

图 4.2.2　硬支承动平衡机

硬支承平衡机的转速选择必须满足：转子平衡转速的角频率 ω 与平衡机振动系统角频率 ω_0 之比大于 0.3。由于硬支承平衡机支承架刚度较大，转子在旋转时由不平衡量产生的离心力不足使支承架产生足够的振动，故必须通过机械放大机构，将微小的振动位移放大。

测试箱面板各按键功能和输入参数包括支承模式参数 a、b、c、r_1、r_2，预转速参数等，以及加重去重模式选择，详见使用说明书。

2) 硬支承动平衡机实验

(1) 动平衡精度确定。

动平衡精度是确定转子平衡是否达到基本平衡要求的标准，表 4.2.1 为精度等级表及应用示例。使用时首先根据经验推荐表初步定出精度等级 A，然后以转子实际角速度计算许用偏心距值

$$e = \frac{1000A}{\omega}$$

式中，e 为偏心距（μm）；或以实际转速在对数表上找出偏心距，如图 4.2.3 所示。再根据转子的实际重量 W(kg)和许用偏距大小，算出许用不平衡量（重径积）为

$$Gr = eW$$

式中，G 为许用不平衡偏重(g)，r 为不平衡重量所在半径(mm)。最后将不平衡量分解到两个平衡面上分别求出许用的偏重。

表 4.2.1 动平衡精度等级

精度等级	$e\omega$/1000/(mm/s)	回转体类型示例
G4000	4000	刚性安装的具有奇数气缸的低速船用柴油机曲轴部件
G1600	1600	刚性安装的大型二冲程发动机曲轴部件
G630	630	刚性安装的大型四冲程发动机曲轴部件；弹性安装的船用柴油机曲轴部件
G250	250	刚性安装的高速四冲程柴油机曲轴部件
G100	100	六缸和六缸以上的高速柴油机曲轴部件；汽车、机车用发动机整机
G40	40	汽车车轮、轮缘、轮组、传动轴；弹性安装的六缸和六缸以上的高速四冲程发动机曲轴部件；汽车、机车用发动机曲轴部件
G16	16	特殊要求的传动轴(螺旋桨轴、万向节轴)；破碎机械和农业机械的零部件；汽车和机车用发动机特殊部件；特殊要求的发动机回转零部件
G6.3	6.3	作业机械的回转零部件；船用主汽轮机的齿轮；风扇；航空燃汽轮机转子部件；泵的叶轮；离心机的鼓轮；机床及一般机械的回转零部件；普通电动机转子；特殊要求的发动机回转零部件
G2.5	2.5	燃汽轮机和汽轮机的转子部件；刚性汽轮发电机转子；透平压缩机转子；机床主轴和驱动部件；特殊要求的大型和中型电动机转子；小型电动机转子；透平驱动泵
G1.0	1.0	磁带记录仪及录音机驱动部件；磨床驱动部件；特殊要求的微型电动机转子
G0.4	0.4	精密磨床的主轴、砂轮盘及电动机转子；陀螺仪

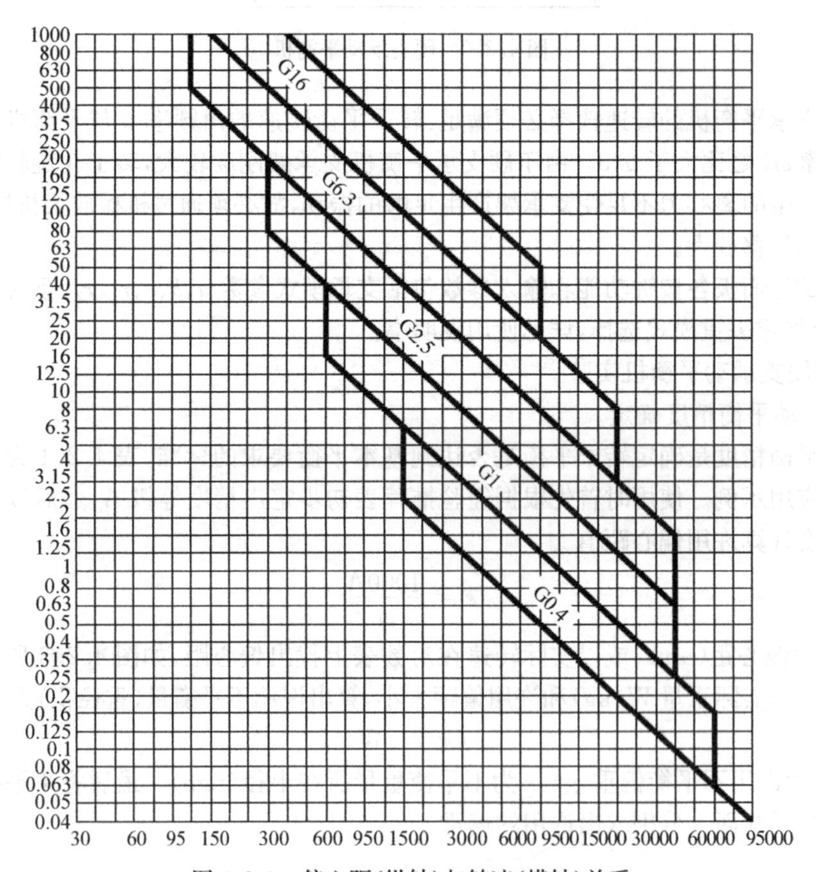

图 4.2.3 偏心距(纵轴)与转速(横轴)关系

注意动平衡精度确定合理的方法应该通过工件使用场合和实际测试两者结合来进行，需有一定的经验作为基础，实际上不好掌握，因此初定的平衡精度一般都要作修正，以符合实际使用要求。

(2) 平衡支承模式的确定。

在动平衡校正之前，还必须解决两校正面不平衡量的相互影响。硬支承动平衡机是通过两校正平面间距 b，校正平面到左、右支承平面的间距 a、c，用“a、b、c”参数的设置预先予以解决，而 a、b、c 几何参数可以由被平衡转子的结构及其在平衡机上的支承位置予以确定。

(3) 偏重的处理。

平衡偏重要根据实际转子的需要，可以用去重也可以用加重的方法。在决定方案的同时，相关的支承模式也要根据平衡零件的形状同步设计，首先要考虑该工件能否顺利去重或加重实现最终的平衡要求，其次要考虑动平衡工作量的大小。此外，通常要求动平衡零件的动平衡是最后一道工序，所以在实际操作时要特别小心，以免动平衡的方式方法不合理造成零件的报废。

3. 智能动平衡机

1) 智能动平衡机结构原理

(1) 实验台结构。

实验台的结构如图 4.2.4 所示。系统除机械传动部分外，还有计算机、数据采集器、高灵敏度有源压电力传感器和光电相位传感器等组成的。

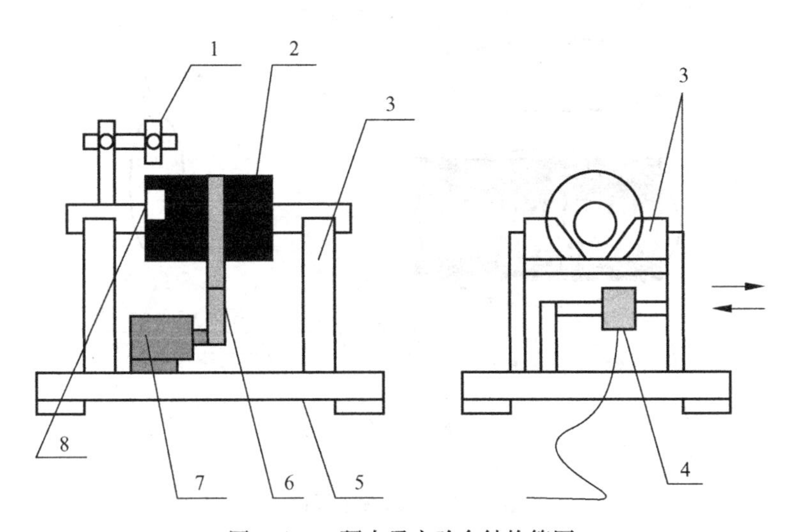

图 4.2.4　硬支承实验台结构简图

1-光电传感器；2-被试转子；3-硬支承摆架组件；4-压力传感器；5-减振底座；6-传动带；7-电动机；8-零位标志

(2) 工作原理。

如图 4.2.4 所示，当被测转子在支承架上被拖动旋转后，由于转子的中心惯性主轴与其旋转轴线存在偏移而产生不平衡离心力，迫使支承做强迫振动，安装在左右两个硬支承机架上的两个有源压电力传感器感受此力而发生机电换能，产生两路包含有不平衡信息的电信号输出到数据采集装置的两个信号输入端；与此同时，安装在转子上方的光电相位传感器产生与转子旋转同频同相的参考信号，通过数据采集器输入到计算机处理。

电测箱内电子系统的结构框内如图 4.2.5 所示。三路信号由虚拟仪器进行前置处理，跟踪滤波，幅度调整，相关处理，FFT 变换，校正面之间的分离解算，最小二乘加权处理等。最终算出左右两面的不平衡量(g)，校正角(°)，以及实测转速(r/min)。

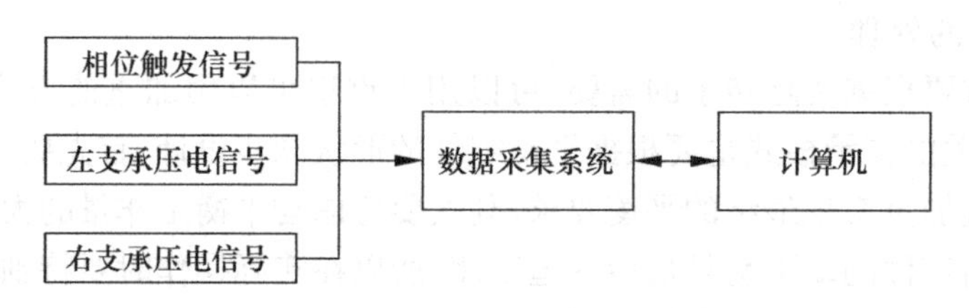

图 4.2.5　实验系统框图

2) 智能动平衡机实验

实验主要通过软件界面进行的。图 4.2.6 为系统主界面，下面对软件界面作一个简单的介绍：

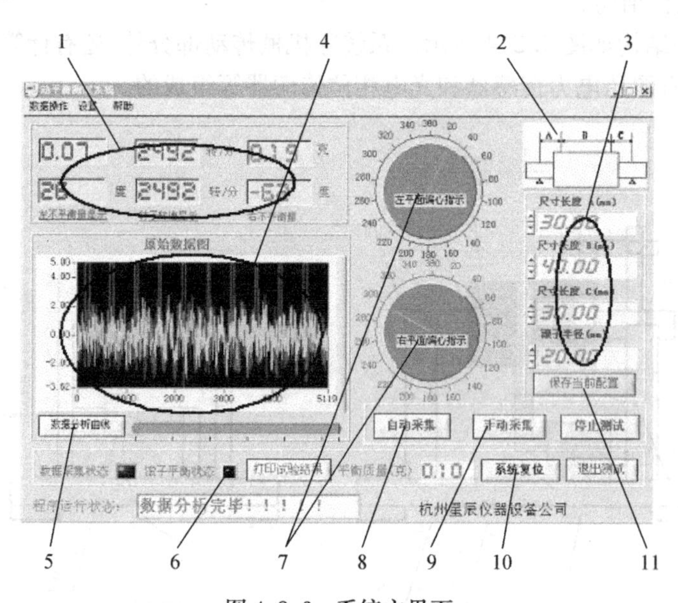

图 4.2.6　系统主界面

1——测试结果显示区域，包括左右不平衡量显示、转子转速显示、不平衡方位显示。

2——转子结构显示区，用户可以通过双击当前显示的转子结构图，直接进入转子结构选择图，选择需要的转子结构。

3——转子参数输入区域，在进行计算偏心位置和偏心量时，需要用户输入当前转子的各种尺寸，如图 4.2.6 上所示的尺寸，在图上没有标出的尺寸是转子半径，输入数值均是以毫米(mm)为单位的。

4——原始数据显示区，该区域是用来显示当前采集的数据或者调入的数据的原始曲线，在该曲线上用户可以看出机械振动的大概情况，如果转子偏心的大小，那么在原始曲线上用户可以看出一些周期性的振动情况。

5——“数据分析曲线”显示按钮，通过该按钮可以进入详细曲线显示窗口，可以通过详细曲线显示窗口看到整个分析过程。

6——指示出检测后的转子的状态，蓝色为没有达到平衡，红色为已经达到平衡状态。平衡状态的标准通过“允许不平衡质量”栏由用户设定。

7——左右两面不平衡量角度指示图，指针指示的方位为偏重的位置角度。

8——“自动采集”按钮，为连续动态采集方式，直到“停止”按钮按下为止。

9——“手动采集”按钮。

10——“系统复位”按钮，清除数据及曲线，重新进行测试。

11——“保存当前配置”按钮开关，单击该开关可以保存设置数据(重新开机数据不变)。

图 4.2.7 为模式设置界面，图上罗列了一般转子的结构图，用户可以通过鼠标来选择相应的转子结构来进行实验。每一种结构对应了一个计算模型，用户选择了转子结构同时也选择了该结构的计算方法。

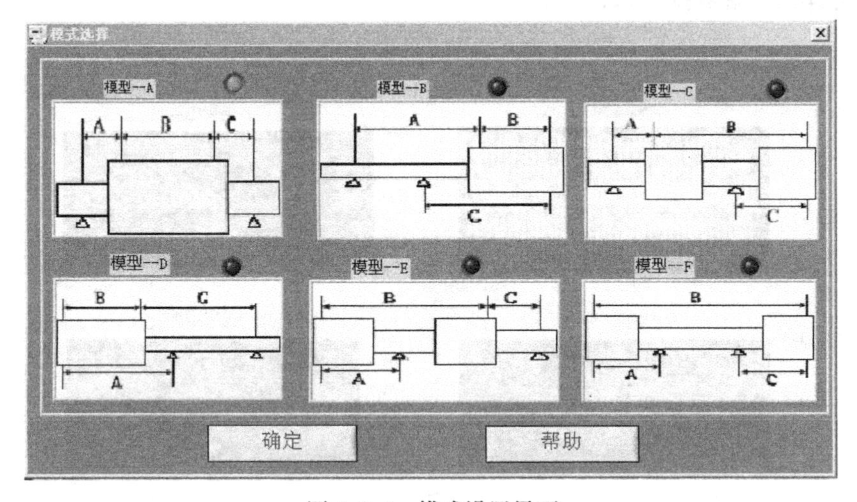

图 4.2.7　模式设置界面

图 4.2.8 为采集器标定窗口。用户进行标定的前提是有一个已经平衡了的转子，在已经平衡了的转子上的 A、B 两面加上偏心重量，所加的重量(不平衡量)及偏角(方位角)用户从“标定数据输入窗口”输入。启动装置后，用户通过单击“开始标定采集”按钮来开始标定的第一步。注意这些操作是针对同一结构的转子进行标定的，以后进行转子动平衡时应该是同一结构的转子，如果转子的结构不同则需要重新标定。“测试次数”由用户自己设定，次数越多标定的时间越长，一般 5～10 次。“测试

原始数据”栏只是用户观察数据栏，只要有数据表示正常，反之为不正常。单击“详细曲线显示”按钮，用户可观察标定过程中数据的动态变化过程，来判断标定数据的准确性。

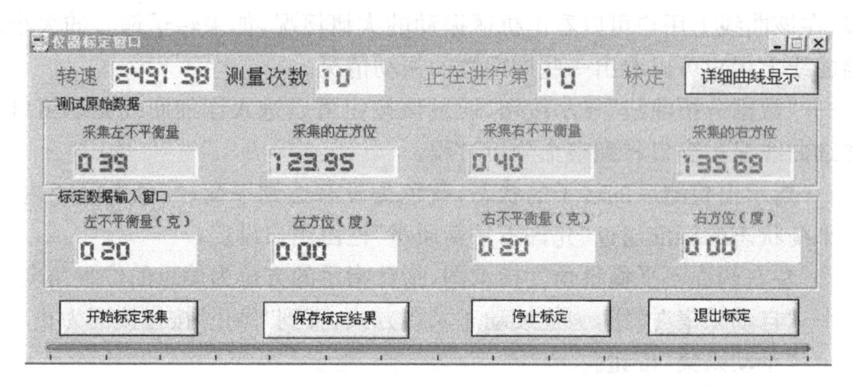

图 4.2.8　采集器标定窗口

在数据采集完成后，计算机采集并计算的结果位于第二行的显示区域，用户可以将手工添加的实际不平衡量和实际的不平衡位置填入第三行的输入框中，输入完成并按“保存标定结果”按钮，及“退出标定”按钮完成该次标定。

图 4.2.9 为数据分析窗口。按图 4.2.6 所示总界面“数据分析曲线”按钮，得该窗口，可详细了解数据分析过程。

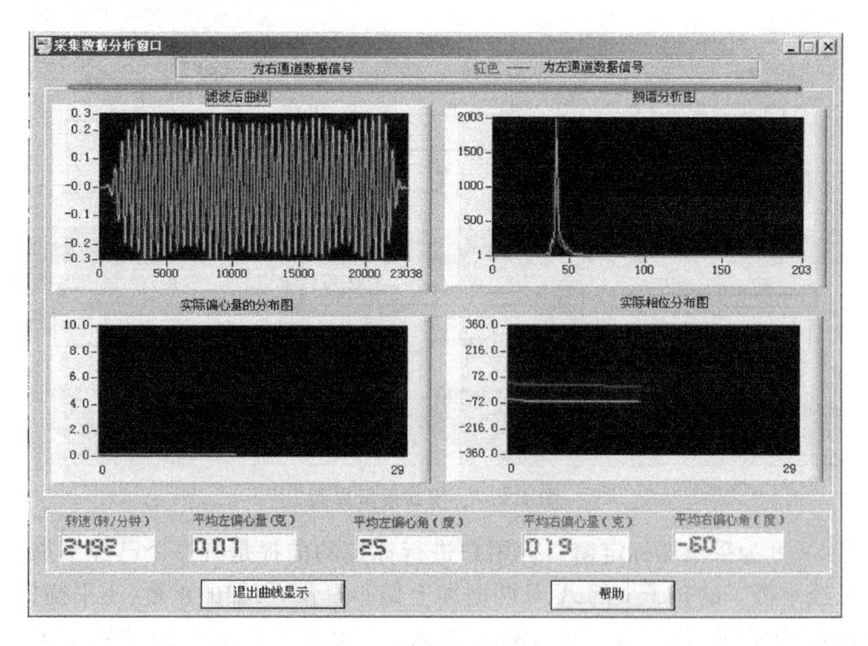

图 4.2.9　数据分析窗口

(1) 滤波器窗口：显示加窗滤波后的曲线，横坐标为离散点，纵坐标为幅值。

(2) 频谱分析图：显示 FFT 变换左右支承振动信号的幅值谱，横坐标为频率，纵坐标为幅值。

(3) 实际偏心量分布图:自动检测时,动态显示每次测试的偏心量的变化情况。横坐标为测量点数,纵坐标为幅值。

(4) 实际相位分布图:自动检测时,动态显示每次测试的偏相位角的变化情况。横坐标为测量点数,纵坐标为偏心角度。

(5) 最下端指示栏指示出每次测量时转速、偏心量、偏心角的数值。

4.2.4 实验过程

1. 轮胎动平衡机实验步骤

1) 安装轮胎

(1) 安装主轴丝杠。安装主轴丝杠时一定要用工业酒精或汽油将安装接触面上的防锈油擦干净,以免影响安装精度,在随机附件内有一主轴丝杠,对准主轴上安装孔,装上固定长螺栓,用内六角扳手固定(一定要紧固,否则影响重复测量精度)。

(2) 安装轮胎。①选择与轮辋孔匹配的锥度盘,装在主轴上,15 英寸以下小孔轮辋锥度盘小头朝外,先装锥度盘,再装轮胎,16 英寸以上轮辋,锥度盘小头朝内,先装轮胎,再装锥度盘。②装好后,用快速螺母锁紧。

2) 轮辋数据输入

在平衡机内部存有轮辋数据库,输入轮辋数据只需按↑或↓选择正确的轮辋数据即可。

(1) 输入轮辋距离 a。①拉出机器侧边的测量尺。顶住轮辋边缘(见图 4.2.10),读出距离值。②按图 4.2.1 所示距离输入键 11,输入测出的距离值(每次按键增减 0.5cm,总长 25cm)。

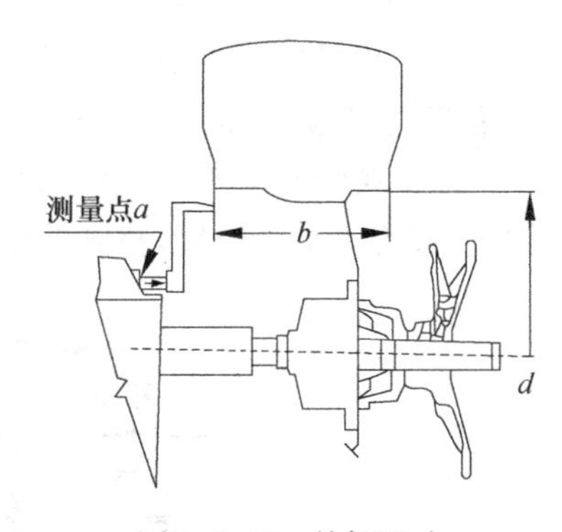

图 4.2.10 轮辋尺寸

(2) 输入轮辋宽度 b。①使用宽度测量尺,测出轮辋宽度(测量位置见图 4.2.10)。②按图 4.2.1 所示宽度输入键 12,选择输入正确的轮辋宽度(每次按键增减 5mm 或 0.25 英寸)。

显示值含义如下:0.2 对应 1/4 英寸,0.5 对应 1/2 英寸,0.7 对应 3/4 英寸。

(3) 输入轮辋直径 d。在轮胎上标有直径值,按图 4.2.1 所示键 13 输入轮辋直径(每次按键增减 12/13mm 或 0.5a 英寸)。

(4) 加装延伸杆的轮辋数据输入。延伸杆距离为 6cm(见图 4.2.11),并且还能够测量特殊形状的轮辋(见图 4.2.11(a)),距离为延伸杆+6cm。

① 装延伸杆,装在测量尺上。

② 同上述距离测量一样,拉出测量尺,顶住轮辋边缘,读出距离值“a”。

③ 放回测量尺,按图 4.2.1 所示距离输入键 11,输入距离值“$a+6$”。

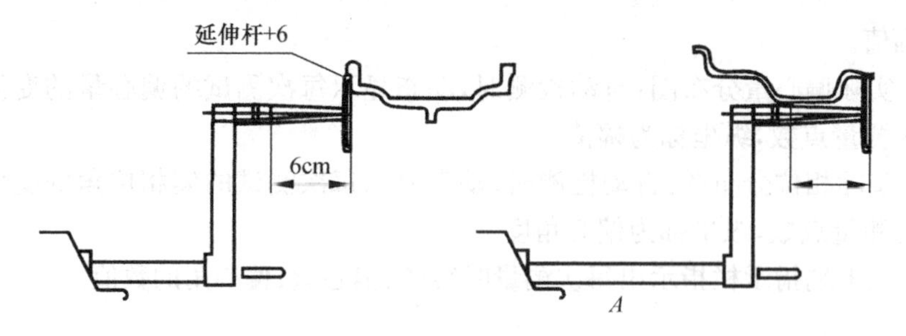

图 4.2.11　延伸杆

④ 同上输入轮辋直径及轮辋宽度。

3）轮胎动平衡机使用前自校准

设备初始安装或使用过程中，怀疑测量不准时都应运行自校准程序，以保证轮胎动平衡机测量准确。方法如下：

通电打开机上电源开关，装上一个中等尺寸(13～15 英寸)轮胎，输入轮辋数据，按住＜F＞键不放，同时按下＜C＞键。显示[CAL][CAL]；直到不平衡位置指示灯全亮并停止闪动，松开按键。放下保护罩，按＜START＞键，主轴旋转，停止后，显示[ADD][100]，在轮辋外侧加 100g(3.5oz)平衡块，放下保护罩，按＜START＞键，主轴再次旋转，停止后，显示[End][CAL]自校准结束，自校准数据贮存在存储器中，关机也不丢失。此后就可以进行轮胎平衡操作。

4）车轮平衡操作(小汽车及中小型卡车轮胎平衡)

(1) 打开电源开关，装上待平衡轮胎，输入轮辋数据。

盖上保护罩，按＜START＞键，轮胎转动，待停止后，左侧显示屏显示轮胎内侧不平衡值，右侧显示屏显示轮胎外侧不平衡值，按内外侧不平衡值选平衡块备用。

用手缓慢转动轮胎，至外侧不平衡指示灯全亮，表示此时轮辋外侧最高点(12 点钟)位置为不平衡位置，找到外侧不平衡位置并加平衡块平衡，如图 4.2.12 所示。

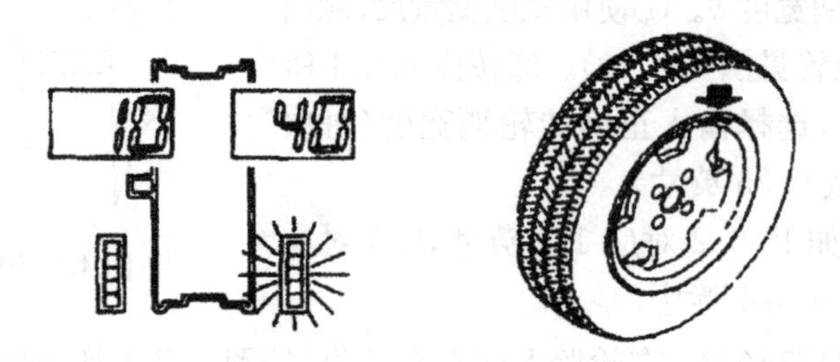

图 4.2.12　外侧不平衡位置

再用手缓慢转动轮胎，至左侧不平衡指示灯全亮，表示此时轮辋内侧最高点(12 点钟)位置为不平衡位置，找到内侧不平衡位置并加平衡块平衡，如图 4.2.13 所示。

按＜C＞键，将显示轮辋数据。

盖上保护罩，转动轮胎，重复以上操作，直到两边都显示[0][0]为止，一般重复操作 3 次以内正常。

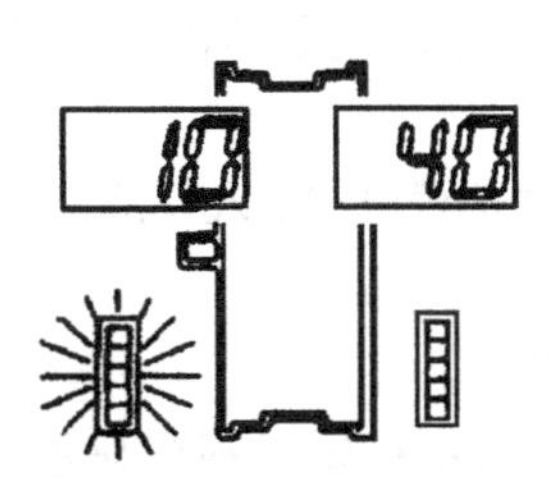
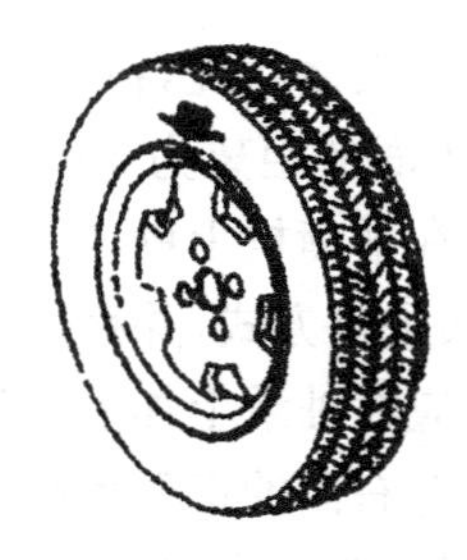

图 4.2.13　内侧不平衡位置

(2) 重新计算不平衡值。

同上面操作,输入新的轮辋数据,无需旋转轮胎,按<C>键,新的不平衡值立刻显示在屏幕上。

(3) 实际不平衡值显示。

市场上的标准平衡块从 5g 开始,以 5g 为单位往上递增,因此剩余不平衡最多可达 4g,这使不平衡仍有残留,并导致跳动,平衡操作时电脑会选择一个最合适的平衡块,根据平衡块所处位置及不平衡值进行调整。

即当不平衡值小于 5g 时,则显示[0],要显示剩下的实际不平衡值(0~4g),按<FINE>键。

5) 故障排除

机器在工作时,可能出于多种原因使机器不能正常工作,电脑检测出原因后,将在左右侧显示屏上显示“Err”(错误)和故障代码。

故障代码如下:

1——没有转动信号,电动机不转或位置传感器位置不对,传感器坏及插头接触不良,电脑板损坏等。

2——在电脑收集测量数据期间,轮辋转速低于 60r/min,没装轮胎及皮带过松过紧都会造成错误。

3——计算错误,不平衡量超出计算范围。

4——电动机反转,位置传感器接线错误。

5——按<START>键时,保护罩是打开的。

6——自校准错误或自校准数据丢失,需重新进行自校准。

7——自校准错误,可能是第二次旋转时没有加 100g 平衡块或压力传感器电缆线断了,压力传感器坏了,插头接触不良。

2. 硬支承动平衡机实验步骤

(1) 根据实际转子确定平衡精度,并考虑工件重量选择动平衡机,确定左右两平衡面最小的偏重大小。

(2) 操作前必须做好各项准备工作,了解和熟悉动平衡机各部件的功能,选择两支承架相对位置调整好传动带的松紧,根据轴径大小、工件尺寸和重量选择转速。

(3) 根据转子的表面状况，在转子端面或外径做上黑色或白色标志，调整光电头位置，一般离转子表面的距离为 30～50mm。

(4) 根据转子在平衡机上的支承形式试选模式，输入 a、b、c、r_1、r_2 的实际尺寸，预定平衡转速 n，加去重方式，并存入内存。

(5) 开车之前应在轴承上加上适量的机油。

(6) 开车测试左右面的偏重大小。零件启动稳定后观察显示屏上转速下面有否光标跳动，否则要调整照射零件的聚光灯位置，直到有光标闪动为止；再观察预定转速和实际转速的差距，差值不能超过 5%。

(7) 在左、右面显示了偏重和角度位置，停止电动机转动。

(8) 根据显示屏上显示的偏重大小和位置，在零件上顺时针方向从小到大转动角度，确定去加重位置，用加重或者去重的方法处理偏重。

(9) 在加(去)重后再启动电动机，反复多次观察左右面偏重量去(加)重，直至达到偏重小于许用值为止，动平衡结束。

3. 智能动平衡机实验步骤

B 型实验台(DPH-Ⅰ智能动平衡实验机)实验步骤：

(1) 准备工作完成后，准确输入平衡零件的尺寸参数。

(2) 工件表面必须清理干净，涂上或贴上色差明显的标志。

(3) 光电头对准贴有标志的部位，调整光电头距离和位置，转动工件使得桌面的曲线图框中出现连续方波。

(4) 如需标定，定标次数不少于 5 次。

4.2.5 注意事项

(1) 开始平衡之前，确认轮胎或工件安全可靠地连接放置在平衡机上。

(2) 注意安全，操作人员穿紧身工作服以防挂住，开机时同组同学要相互提醒。

(3) 实际工件的动平衡，通常是工件加工的最后一道工序，操作一定要仔细，不能对零件表面随意擦碰。

(4) 对于实际工件确定加或减重时要先试加重，检验相位的正确性。

(5) 如果偏重比较大，就应该以低速运行，待加重或减重处理过后，偏重较小再提高平衡转速。

(6) 不得任意地删除计算机程序文件。

(7) 避免在平衡机周围放置杂物，以免影响正常操作。

4.2.6 思考题

(1) 为什么要做轮胎动平衡？否则汽车在行驶中会出现什么现象？

(2) 为什么偏重太大，需要先进行静平衡？

(3) 在工程中，动平衡精度是如何合理确定的？

4.3 机组运转及飞轮调节

4.3.1 实验目的与要求

实验目的是通过观察分析实验装置的结构，对现有的实验台(有、无飞轮)有关参数的真实测试和分析，使学生基本理解、掌握：

(1) 机组稳定运转时速度出现周期性速度波动的原因和飞轮的调速原理。

(2) 机器周期性速度波动的调节方法和设计指标。

(3) 利用实验数据计算飞轮的等效转动惯量，合理设计飞轮。

(4) 机组运转时工作阻力的测试方法。

(5) 运用现有知识制定一般机构的速度不均匀系数、作用力等参数测试的实验方案。

通过本实验，学生能够强化对单自由度机组的动力学及机器真实运动、飞轮的作用等概念的理解，同时，提高学生动手能力和知识综合应用能力。

在实验中要求学生熟悉机组运动的动力学模型建立方法，理解真实运动与机械原理运动学分析的关系，更好地掌握知识在工程实际中的综合应用。

4.3.2 实验设备与工具

(1) DS-Ⅱ型飞轮实验系统。

(2) 计算机及相关实验软件(实验光盘)。

(3) 拉马、扳手。

4.3.3 实验内容与原理

1. 实验系统结构原理

1) DS-Ⅱ型飞轮实验台

如图 4.3.1 所示，由 0.7MPa 小型空气压缩机组、传动轴、飞轮、主轴同步脉冲信号传感器、半导体压力传感器等组成。压力传感器已经安装在空压机的压缩腔内，9 为其输出接口。同步脉冲发生器的分度盘 7(光栅盘)固装在空压机的主轴上，与主轴曲柄位置保持一个固定的同步关系，同步脉冲传感器的输出口为 8。开机时，改变储气罐 2 压缩空气出口阀门 3 的大小，就可以改变储气罐 2 中的空气压强，因而也就改变了机组的负载，压强值可以从储气罐 2 上的压力表 11 上直接读出。根据实验要求，飞轮 4 可以随时从传动轴上拆下或装上。

压力传感器采用美国摩托罗拉公司的 MPX700 系列无补偿半导体压力传感器，该传感器的最大优点是线性度好、集成度高、输出稳定。传感器结构及接线如图 4.3.2 所示，其敏感元件为半导体敏感器材(膜片)，压敏部分采用一个 X 型电阻四端网络结构，替代由 4 个电阻组成的电桥结构。在气压的作用下，膜片产生变形，从而

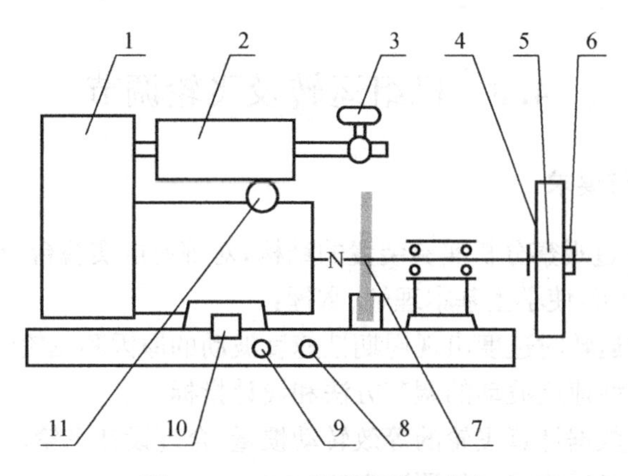

图 4.3.1 DS-Ⅱ型飞轮实验台

1-空压机；2-储气罐；3-出气阀门；4-飞轮；5-平键；6-螺母；7-分度盘片；
8-同步脉冲传感器输出口；9-压力传感器输出口；10-动力开关；11-压力表

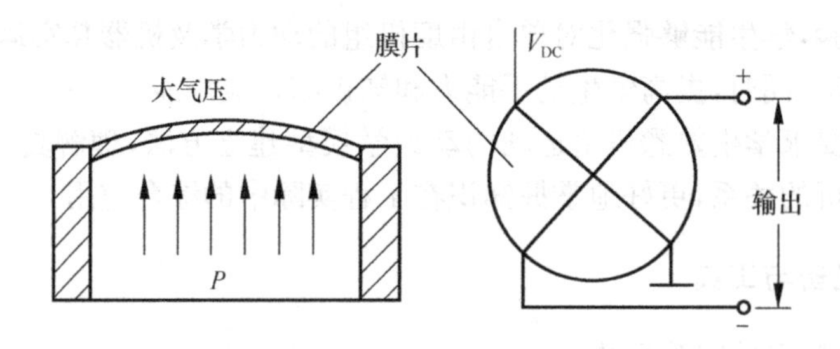

图 4.3.2 压力传感器原理图

改变电桥的电阻值，输出与压强相对应的电压信号。传感器的内部电路已经将电压放大和传感器热补偿电路集成在一起，常温情况下，在 5V 供电电压时，相对于 0～700MPa 的空气压强的输出电压为 0.2～4.5V。

主轴同步脉冲信号传感器是开发商自行设计的光电式传感器，它将空压机主轴（曲柄）位置传送给实验数据采集系统。在实验台安装时，已经将同步位置安装调整好，一般不需要重新调整。

2）DS-Ⅱ型动力学实验仪

实验数据采集控制器（DS-Ⅱ型动力学实验仪）内部由单片机控制，它完成气缸压强和同步数据的采集和处理，同时将采集的数据传送到计算机进行处理，它的面板如图 4.3.3(a)所示。打开电源，指示灯亮，表示仪器已经通电。“复位”键是用来对仪器进行复位的。如果发现仪器工作不正常或者与计算机的通信有问题，可以通过按“复位”键来消除。仪器的背面（见图 4.3.3(b)）有两个 5 芯航空插座，分别标明“压强输入”和“转速输入”，将 DS-Ⅱ型动力学实验台的相应插头插入即可。在压强输入插座上方，有两个调节螺钉，分别标明“调零”和“放大”的字样，是用来对系统的零点和放大倍数进行校核的。设备出厂时一般已调好，一般不要对这两个调节螺钉进行调节，以免使系统标定产生混乱。背面上还有两个通信接口，一个是标准的 9 针 RS232 接口，用于仪器与计算机直接连接，另一个是多机通信口，用于将本仪器与多机通信转换器连接，通过多机通信转换器再接入计算机。可以使用这两个接口中的任意一个与计算机通信。

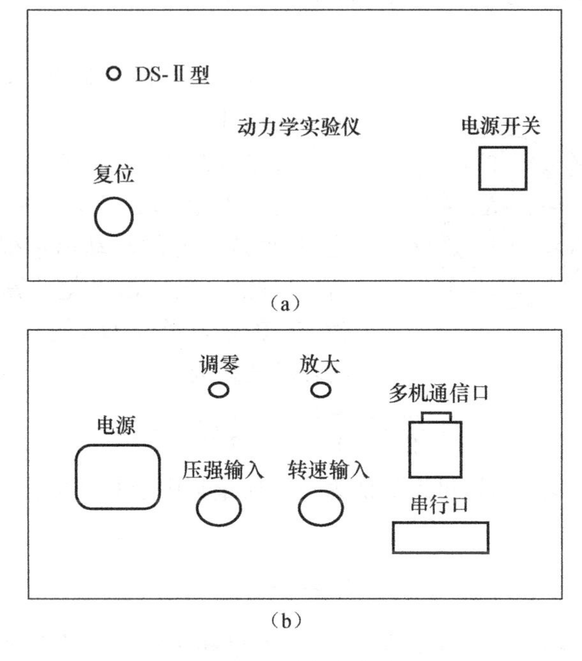

图 4.3.3　动力学实验仪

2. 实验内容

1）速度不均匀系数与飞轮转动惯量

机器的真实运动规律，是由机器各构件的质量、转动惯量和作用于各构件上的力等多方面因素决定的，速度波动在大多数场合是不可避免的。但机器主轴速度过大的波动，对机器完成其工艺过程是十分不利的，并且使机器产生振动和噪声，运动副中产生过大的动负荷，从而缩短机器的使用寿命。因此，应在设计中采取较经济的措施将过大的波动予以调节。工程实际中的大多数机械，其稳定运转过程中都存在着周期性速度波动。为了将其速度限制在工作允许的范围内，需要在系统中安装飞轮。飞轮设计是机械动力设计中重要内容之一。

机械运转的速度波动程度采用角速度的变化量和其平均角速度的比值来反映，以 δ 表示

$$\delta = \frac{\omega_{\max} - \omega_{\min}}{\omega_m} \tag{1}$$

δ 称为速度波动系数，或速度不均匀系数。

为了使所设计的机械系统在运转过程中速度波动在允许范围内，设计时应保证 $\delta \leqslant [\delta]$，$[\delta]$ 为许用值。飞轮设计的关键是根据机械的平均角速度和允许的速度波动系数 $[\delta]$ 来确定飞轮的转动惯量

$$J_F \geqslant \frac{900\Delta W}{\pi^2 n^2[\delta]} \tag{2}$$

式中,ΔW 为最大盈亏功(kJ),n 为主轴转速(r/min)。

2) 飞轮结构设计

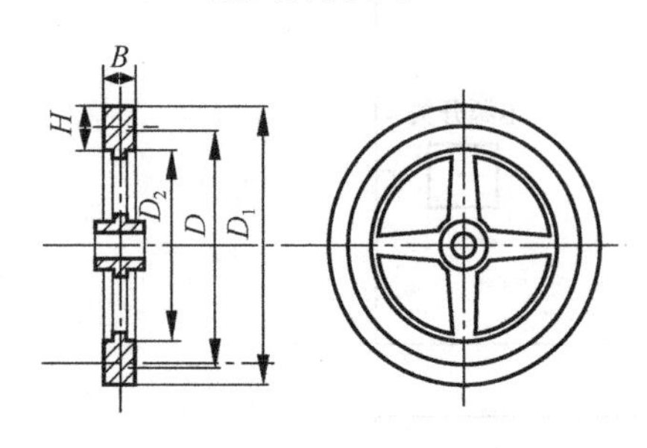

图 4.3.4 轮形飞轮

飞轮的转动惯量确定后,就可以确定其各部分的尺寸了。

飞轮按构造大体可分为轮形和盘形两种。对于轮形飞轮,如图 4.3.4 所示,由于与轮缘相比,其他两部分的转动惯量很小(仅占 15%左右),因此,一般可以简化计算。若设飞轮外径为 D_1,轮缘内径为 D_2,轮缘质量为 m,则轮缘的转动惯量为

$$J_F = \frac{m}{2}\frac{D_1^2+D_2^2}{4} = \frac{m}{8}(D_1^2+D_2^2) \tag{3}$$

当轮缘厚度 H 不大时,可近似认为飞轮质量集中于其平均直径 D 的圆周上,于是得

$$J_F \approx \frac{mD^2}{4} \tag{4}$$

式中,mD^2 称为飞轮矩,其单位为 $kg \cdot m^2$。在已知飞轮的转动惯量 J_F 后,就可以求得其飞轮矩。当根据飞轮在机械中的安装空间,选择了轮缘的平均直径 D 后,即可用式(4)计算飞轮的质量 m。

若设飞轮宽度为 B(m),轮缘厚度为 H(m),平均直径为 D(m),材料密度为 ρ (kg/m^3),则

$$m = \frac{1}{4}\pi(D_1^2-D_2^2)B\rho = \pi\rho BHD \tag{5}$$

在选定了 D 并由式(4)计算出 m 后,便可根据飞轮的材料和选定的比值 H/B 由式(5)求出飞轮的剖面尺寸 H 和 B,对于较小的飞轮,通常取 $H/B\approx 2$,对于较大的飞轮,通常取 $H/B\approx 1.5$。

对于盘形飞轮,如图 4.3.5 所示,设 m、D 和 B 分别为其质量、外径及宽度,则整个飞轮的转动惯量为

$$J_F = \frac{m}{2}\left(\frac{D}{2}\right)^2 = \frac{mD^2}{8} \tag{6}$$

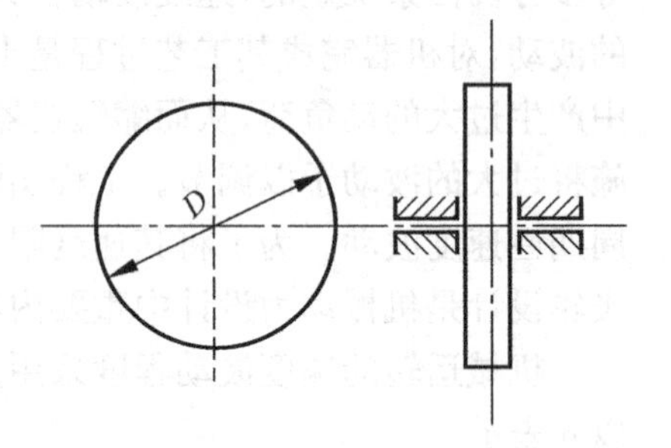

图 4.3.5 盘形飞轮

当根据安装空间选定飞轮直径 D 后,即可由式(6)计算出飞轮质量 m。又因 $m=\pi D^2 B\rho/4$,故根据所选飞轮材料,即可求出飞轮的宽度 B 为

$$B = \frac{4m}{\pi D^2 \rho} \tag{7}$$

3) 一般机构实验方案的制订

学生可以运用现有的知识对一般的机构(如缝纫机主运动、冲床机构或自行设计实验台)通过查资料、教师指导,设计出测试速度不均匀系数、构件受力的实验方案,画出实验方案简图,以达到运用综合知识能力的提高。

4.3.4 实验过程

1) 连接 RS232 通信线

将计算机 RS232 串行口,通过标准的通信线连接到 DS-Ⅱ动力学实验仪背面的 RS232 接口。如果采用多机通信转换器,则需要首先将多机通信转换器通过 RS232 通信线连接到计算机,然后用双端电话线插头,将 DS-Ⅱ动力学实验仪连接到多机通信转换器的任一个输入口。

2) 启动实验应用程序

飞轮实验系统程序的界面如图 4.3.6 所示。

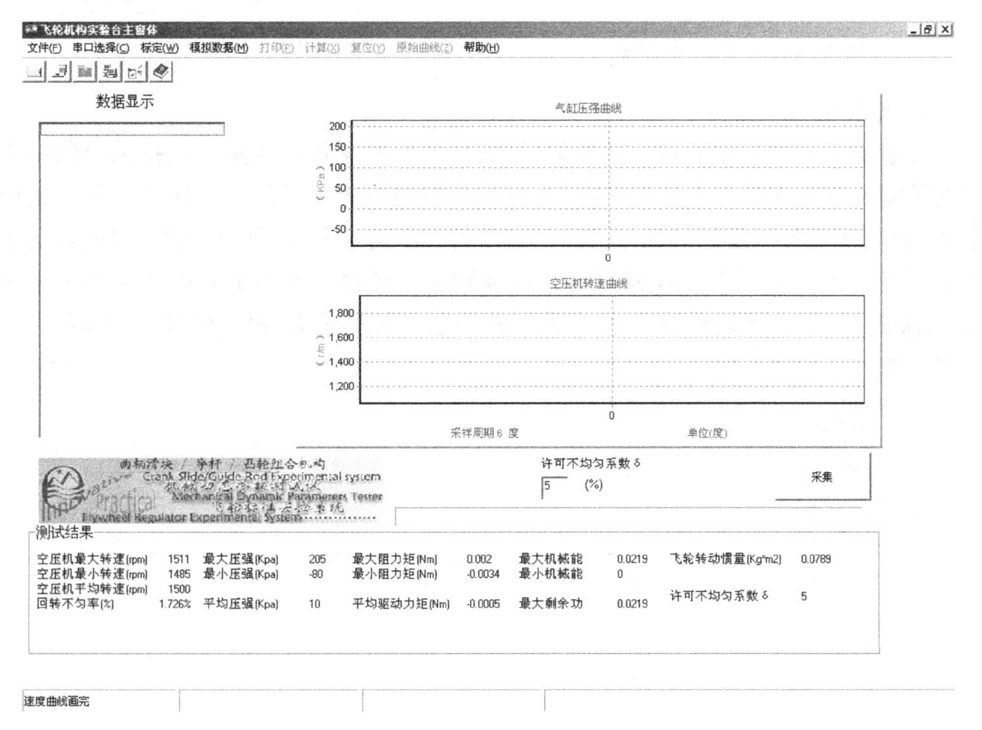

图 4.3.6 飞轮实验系统程序的界面

3) 安装或拆卸飞轮,启动空压机组

飞轮拆下时须保管好轴上的平键,在安装时一定要将轴端面用固定螺母拧紧,平键可用,也可不用。在启动以后,应该检查通信口与实际连接的通信口(COM1 或 COM2)是否一致。如果不一致,重新通过串口选择菜单设置正确的通信口。

4) 对实验系统进行标定

在实验系统第一次应用之前,或者必要时,应该对系统进行标定。单击应用程序界面上的“标定”菜单，首先进行大气压强的标定。根据提示，关闭飞轮机组，打开储气罐阀门，并单击“确定”按钮，如图 4.3.7 所示。大气压强标定以后，将出现第二个界面，提示对气缸压强进行标定，如图 4.3.8 所示。启动空压机组，调整阀门，将储气罐压强根据储气罐压力表所示调至实验要求的压强值(0.45～0.6MPa)，并将压强值输入系统并单击“确定”按钮即可完成标定。

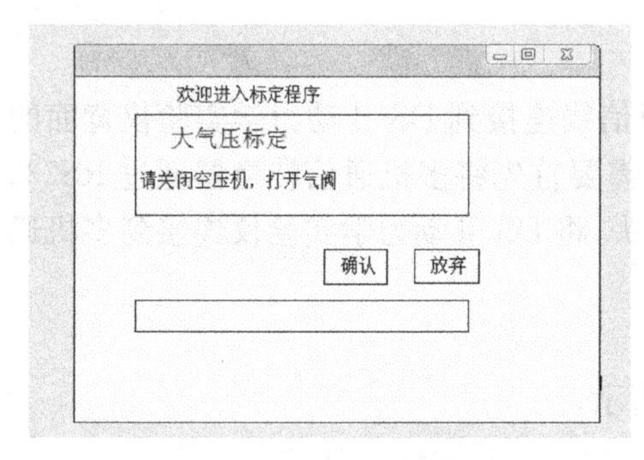

图 4.3.7　大气压强标定

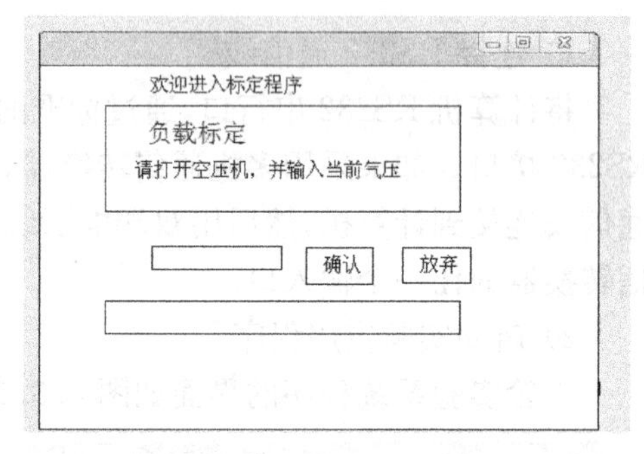

图 4.3.8　气缸压强标定

5) 数据采集

系统标定进度完成后，单击“采集”按钮对实验数据进行采集。数据采集的结果将分别显示在程序界面上，如图 4.3.9 所示。界面左边显示的气缸压强值和主轴回转速度值，实验数据是以主轴(曲柄)的转角为同步信号采集，每一点的采集间隔为曲柄转动 6°。右边用图表曲线显示气缸压强和主轴转速。界面下方的文字框中将显示主轴最大、最小、平均转速和回转不匀率，气缸压强的最大、最小值和平均压强。

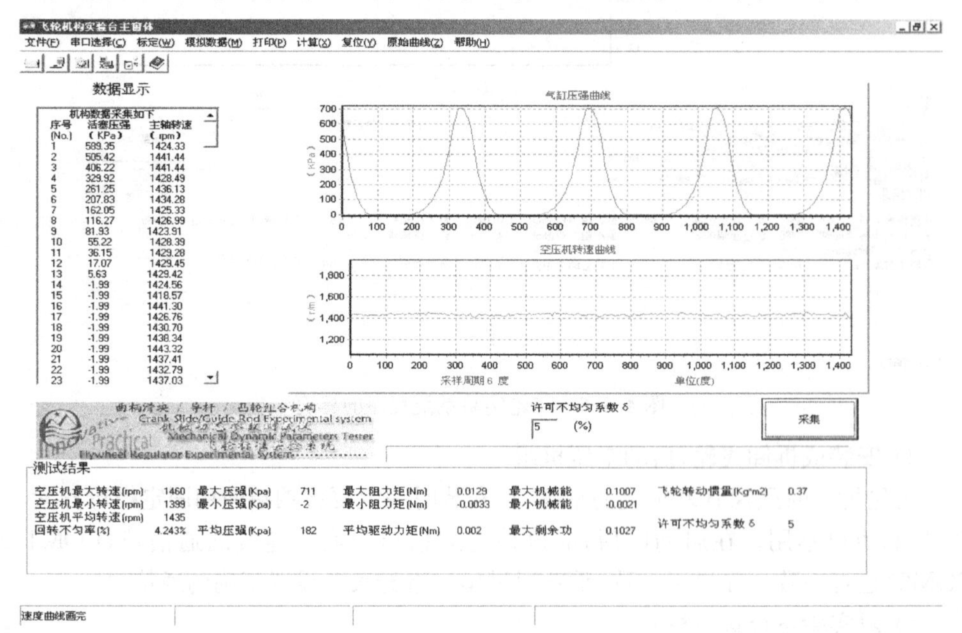

图 4.3.9　数据采集界面

6）分析计算

数据采集完成以后，就可以对空压机组进行分析，单击“计算”按钮，系统将出现第二个界面，如图 4.3.10 所示。在这个界面中，将显示空压机组曲柄的主动力矩（假设为常数）、空压机阻力矩曲线和系统的盈亏功曲线。下方的文字框中将显示最大阻力矩、平均驱动力矩、最大机械能、最小机械能、最大盈亏功等数据，以及根据用户输入的许用不均匀系数计算得到的系统所需的飞轮转动惯量。

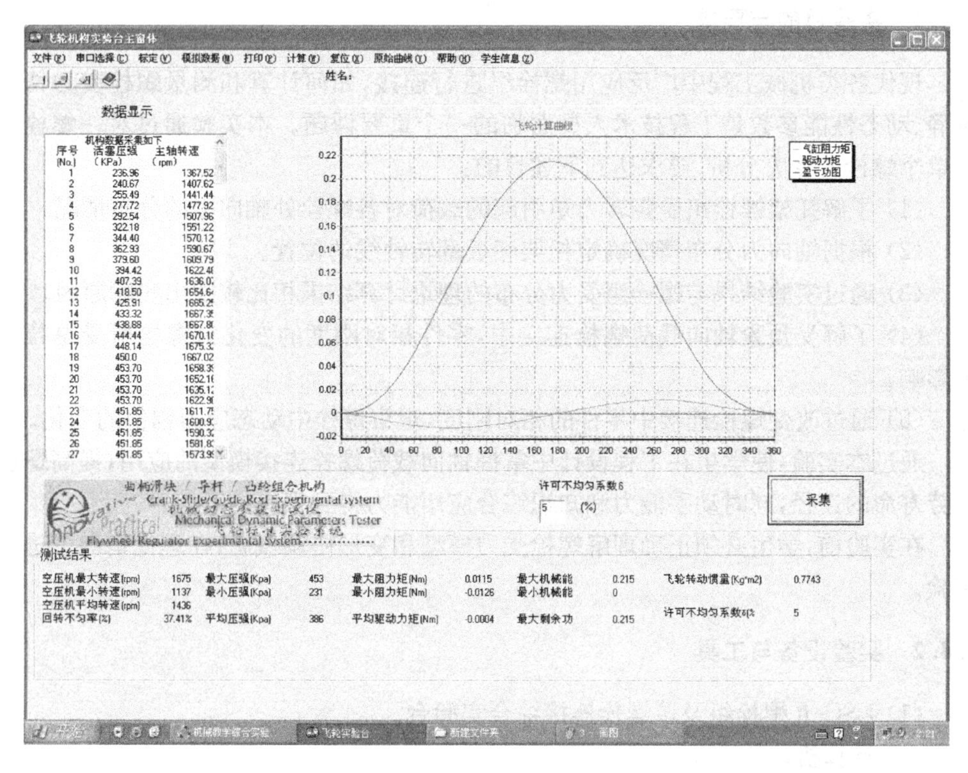

图 4.3.10　分析计算界面

4.3.5　注意事项

（1）注意安全，实验台启动之前，确定安装飞轮的螺母要拧紧，同组同学要互相提醒；运转时飞轮、刻度盘不可碰触。

（2）系统标定之后不需重复标定。

（3）用拉马、扳手拆卸飞轮，不提倡锤打法。

（4）盈亏功是教学难点，应重点要求学生根据载荷测试值进行手工计算，并与实测值做分析比较。

4.3.6　思考题

（1）空压机在稳定运转时，为什么会有周期性速度波动？简述其原因。

(2) 随着工作载荷的不断增加，速度波动出现什么变化？简述其原因。

(3) 加飞轮与不加飞轮相比，速度波动有什么变化？气缸压强又有什么变化？简述其原因。

4.4 螺栓组及单螺栓连接综合实验

4.4.1 实验目的与要求

现代各类机械工程中广泛应用螺栓组进行连接，如何计算和测量螺栓受力情况及静、动态性能参数是工程技术人员面临的一个重要课题。本实验通过对一螺栓组及单个螺栓的受力分析，要求达到下述目的：

(1) 了解托架螺栓组受翻转力矩引起的载荷对各螺栓处轴向力的分布情况。

(2) 根据轴向力分布情况确定托架底板翻转轴线的位置。

(3) 通过实验结果与螺栓组受力分布的理论计算结果相比较找出实际原因。

(4) 了解受预紧轴向载荷螺栓连接中，零件相对刚度的变化对螺栓所受总拉力的影响。

(5) 通过改变螺栓连接中零件的相对刚度，观察螺栓中动态应力幅值的变化。

通过本实验，使学生在工程设计中掌握轴向载荷螺栓连接模型的应用，提高螺栓疲劳寿命的途径，同时动手能力和知识综合应用能力得到很好的锻炼。

在实验前，学生必须正确理解螺栓受力模型和变形协调概念，在理论指导下进行实验。

4.4.2 实验设备与工具

(1) LSC-Ⅱ螺栓组及单螺栓连接综合实验台。

(2) 计算机。

(3) 扳手。

4.4.3 实验内容与原理

1. 螺栓组加载实验

1) 螺栓组实验台结构与工作原理

螺栓组实验台的结构如图 4.4.1 所示。其中 1 为托架，为避免自重产生的力矩的影响，在实验台上设计为垂直放置，以一组螺栓 3 连接于支架 2 上。加力杠杆组 4 包含两组杠杆，其臂长比均为 1∶10，则总杠杆比为 1∶100，可使加载砝码 6 产生的力放大到 100 倍后压在托架支承点上。螺栓组的受力与应变转换为粘贴在各螺栓中部应变片 8 的伸长量，用变化仪来测量。应变片在螺栓上相隔 180°粘贴两片，输出串接，以补偿螺栓受力弯曲引起的测量误差。引线由孔 7 中拉出，接入电阻应变仪。

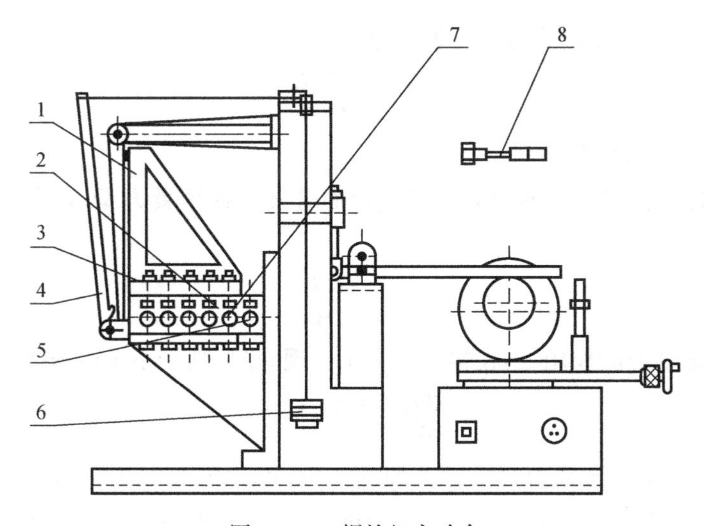

图 4.4.1 螺栓组实验台

1-托架；2-支架；3-螺栓；4-加力杠杆组；5-应变片引线；6-砝码；7-孔；8-应变片

2）螺栓组受力理论分析

加载后，托架螺栓组受到一横向力及力矩，横向力与接合面上的摩擦阻力相平衡，而力矩则使托架有翻转趋势，使得各个螺栓处受到大小不等的轴向作用力。在假设螺栓和托架底座结合面可以均匀变形的前提下，根据变形协调条件，各螺栓所受轴向载荷 F 与其中心线到托架底座翻转轴线的距离 L 成正比，即

$$\frac{F_1}{L_1}=\frac{F_2}{L_2} \tag{1}$$

式中，F_1、F_2 为安装螺栓处由于托架所受力矩而引起的轴向工作力(N)；L_1、L_2 是从托架底座翻转轴线到相应螺栓中心线间的距离(mm)；

在实验台中(见图 4.4.2)，第 2、4、7、9 号螺栓设下标为 1，$L_1=30$mm；第 1、5、6、10 号螺栓设下标为 2，$L_2=60$mm；第 3、8 号螺栓距托架翻转轴线距离为零($L=0$)。根据静力平衡条件得

$$M=Qh_0=\sum_{i=1}^{i=10}F_iL_i$$

$$=2\times 2F_1L_1+2\times 2F_2L_2 \tag{2}$$

式中，Q 为托架受力点所受的力(N)，实验中取 $Q=3500$N；h_0 为托架受力点到接合面的距离(mm)，$h_0=210$mm。

根据式(1)、式(2)，则第 2、4、7、9 号螺栓处的轴向载荷为

$$F_1=\frac{Qh_0L_1}{2\times 2(L_1^2+L_2^2)} \tag{3}$$

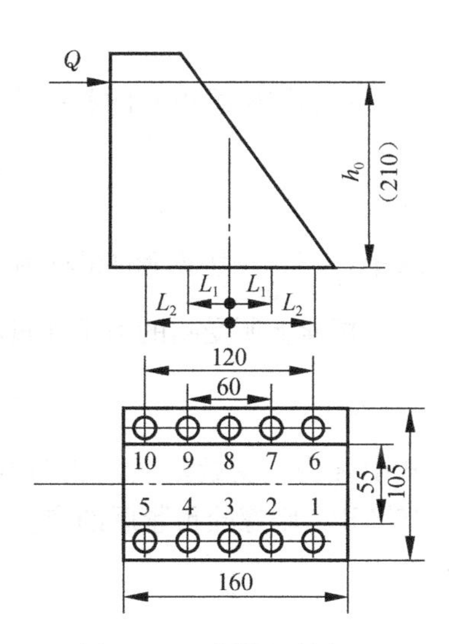

图 4.4.2 螺栓组的布置

第1、5、6、10号螺栓处的轴向载荷为

$$F_2 = \frac{Qh_0 L_2}{2 \times 2(L_1^2 + L_2^2)} \tag{4}$$

3）螺栓预紧力的确定

在实验时要求加载后不允许连接接合面分开。在预紧力 Q_0 的作用下，连接接合面产生挤压应力为

$$\sigma_p = \frac{ZQ_0}{A} \tag{5}$$

悬臂梁在载荷 Q 力的作用下，在接合面上不出现间隙，则最小压应力条件为

$$\frac{ZQ_0}{A} - \frac{Qh_0}{W} \geqslant 0 \tag{6}$$

式中，Q_0 为单个螺栓预紧力(N)；Z 为螺栓个数，$Z=10$；A 为接合面面积，$A=a(b-c)(\mathrm{mm})^2$，$a=160\mathrm{mm}$，$b=105\mathrm{mm}$，$c=55\mathrm{mm}$；W 为接合面抗弯截面模量

$$W = \frac{a^2(b-c)}{6} \tag{7}$$

因此

$$Q_0 \geqslant \frac{6Qh_0}{Za} \tag{8}$$

为保证一定安全性，取螺栓预紧力为

$$Q_0 = (1.25 \sim 1.5)\frac{6Qh_0}{Za} \tag{9}$$

4）螺栓总拉力的实验分析

在翻转轴线以左的各螺栓(4、5、9、10号螺栓)被拉紧，轴向拉力增大，其总拉力为

$$Q_i = Q_0 + F_i \frac{C_L}{C_L + C_F} \tag{10}$$

在翻转轴线以右的各螺栓(1、2、6、7号螺栓)被放松，轴向拉力减小，总拉力为

$$Q_i = Q_0 - F_i \frac{C_L}{C_L + C_F} \tag{11}$$

式中，$\frac{C_L}{C_L + C_F}$为螺栓的相对刚度，其中 C_L 为螺栓刚度，C_F 为被连接件刚度。

螺栓上所受到的力是通过测量应变值 ε 而计算得到的，根据胡克定律

$$\varepsilon = \frac{\sigma}{E} \tag{12}$$

式中，ε 为应变量；σ 为应力(MPa)；E 为材料的弹性模量，对于钢材，取 $E=2.06\times 10^5\mathrm{MPa}$，则螺栓预紧后的应变量为

$$\varepsilon_0 = \frac{\sigma_0}{E} = \frac{4Q_0}{E\pi d^2} \tag{13}$$

所以

$$Q_0 = \frac{E\pi d^2}{4}\varepsilon_0 = K\varepsilon_0 \tag{14}$$

式中，d 为被测处螺栓直径(mm)；K 为系数，$K=\frac{E\pi d^2}{4}$(N)。

同理，螺栓受载后总拉力与总应变量关系为

$$Q_i = \frac{E\pi d^2}{4}\varepsilon_i = K\varepsilon_i \tag{15}$$

因此，根据式(10)、式(11)可得在翻转轴线以左的各螺栓(4、5、9、10 号螺栓)的轴向工作力为

$$F_i = K\frac{C_L + C_F}{C_L}(\varepsilon_i - \varepsilon_0) \tag{16}$$

在翻转轴线以右的各螺栓(1、2、6、7 号螺栓)的轴向工作力为

$$F_i = K\frac{C_L + C_F}{C_L}(\varepsilon_0 - \varepsilon_i) \tag{17}$$

2. 单螺栓加载实验

1) 单螺栓实验台结构及工作原理

单螺栓实验台部件的结构如图 4.4.3 所示。旋动调整螺母 1，通过支持螺杆 2 与加载杠杆 8，即可使吊耳 3 受拉力载荷，吊耳 3 下有垫片 4，改变垫片材料可以得到螺栓连接的不同相对刚度。吊耳 3 通过螺栓 5、紧固螺母 6 与机座 7 相连接。电动机 9 的轴上装有偏心轮 10，当电动机轴旋转时由于偏心轮转动，通过杠杆使吊耳 3 和螺栓 5 上产生一个动态拉力。吊耳 3 与螺栓 5 上都贴有应变片，用于测量其应变大小。调节丝杠 12 可以改变小溜板的位置，从而改变动拉力的幅值。顶杆 11 用于螺栓静载实验时支撑杠杆，旋转顶杆也可加载。

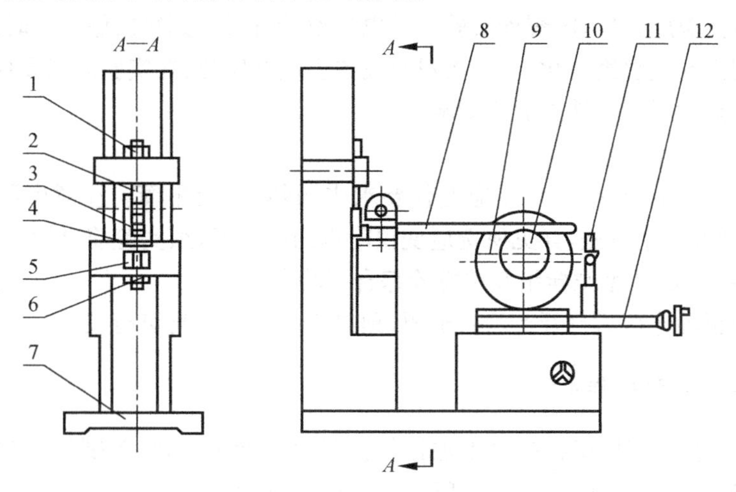

图 4.4.3 单个螺栓实验台

1-调整螺母；2-螺杆；3-吊耳；4-垫片；5-螺栓；6-紧固螺母；7-机座；8-加载杠杆；9-电动机；10-偏心轮；11-顶杆；12-调节丝杠

2）单个螺栓静载实验

3）单个螺栓动载实验

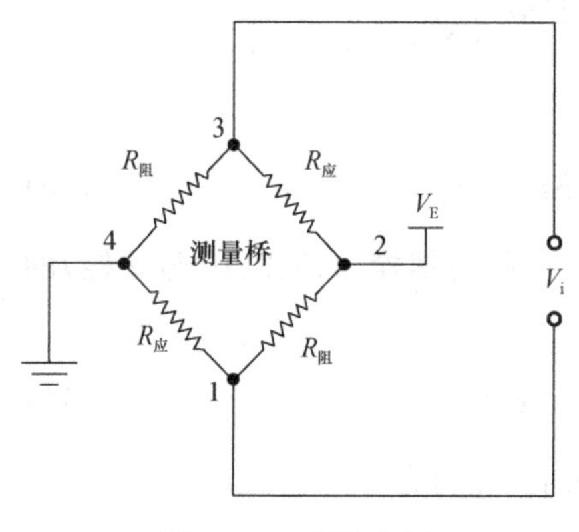

图 4.4.4　测量电桥

4.4.4　实验过程

1. 实验准备

1）理解螺栓测量电桥结构及工作原理

如图 4.4.4 所示，实验台每个螺栓上都贴有二片应变片 $R_{应}$（阻值 120Ω，灵敏系数 2.22）与二固定精密电阻 $R_{阻}$（阻值 120Ω）组成一全桥结构的测量电路。在一定范围内，应变片电阻相对变化量 $\Delta R/R_{应}$ 与应变成线性关系。

设当螺栓受力拉伸变形时应变片阻值变化为 ΔR，则有

$$V_3=\frac{R_{阻}}{R_{阻}+R_{应}+\Delta R}\cdot V_E$$

$$V_1=\frac{R_{阻}+\Delta R}{R_{阻}+R_{应}+\Delta R}\cdot V_E$$

$$V_i=V_1-V_3=\frac{R_{应}+\Delta R-R_{阻}}{R_{阻}+R_{应}+\Delta R}\cdot V_E$$

因 $R_{阻}=R_{应}$ 且远大于 ΔR，所以

$$V_i\approx\frac{\Delta R}{2R}\cdot V_E\quad(R=R_{应}=R_{阻})$$

式中，V_i 为实验台被测螺栓全桥测量电路的输出压差值。

注意有关温度补偿，因螺栓实验测量电桥设计时考虑到每次做实验时间不太长，在实验时间内环境温度变化不大，故没有设置温度补偿片，在实验时只要保证测试系统足够的预热时间即可消除温度影响。

2）连接应变仪

连接后打开电源，按所采用应变仪要求先预热，再调平衡。注意电阻应变仪结构、工作原理及使用方法，详见所选应变仪附带的说明书，须实验前自学。

3）连接 LSC-Ⅱ型螺栓组及单螺栓综合实验台

在系统正确连接后打开实验台电源，预热 5min 以上，再进行校零等操作。

2. 螺栓组实验操作步骤

(1) 在实验台螺栓组各螺栓不加任何预紧力的状态下，将各螺栓对应的桥臂应变片引线（1～10 号线）按要求接入所选用的应变仪相应接口中，并按应变仪使用说明书进行预热（一般为 3min）并调平衡。

(2) 由式(9)计算每个螺栓所需的预紧力 Q_0，并由公式(13)计算出螺栓的预紧

应变量 ε_0。

(3) 按公式(3)、式(4)计算每个螺栓处的工作拉力 F_i，将结果填入表 4.4.1 中。

(4) 逐个拧紧螺栓组中的螺母，使每个螺栓具有预紧应变量 ε_0，注意应使每个螺栓的预紧应变量 ε_0 尽量一致。

(5) 对螺栓组连接进行加载，加载 3500N，其中砝码连同挂钩的重量为 3.754kg。停歇 2min 后卸去载荷，然后再加上载荷。在应变仪上读出每个螺栓的应变量 ε_i，填入表 4.4.2 中，反复做 3 次，取 3 次测量值的平均值为实验结果。

(6) 画出实测的螺栓应变分布图(见图 4.4.5)。

(7) 松开各部分，卸去所有载荷。

(8) 校验电阻应变仪的复零性。

(9) 用机械设计中的计算理论计算并绘制出螺栓组连接的应变图，与实验结果进行对比分析。

(10) 根据实验记录数据，绘出螺栓组轴向载荷分布图，并确定螺栓连接翻转轴线位置。

3. 单个螺栓静载实验操作步骤

(1) 旋转调节丝杠 12 摇手移动小溜板至最外侧位置(见图 4.4.3)，用顶杆 11 支撑杠杆。

(2) 旋转紧固螺母 6，预紧螺栓 5，预紧应变 $\varepsilon_1=500\mu\varepsilon$。

(3) 旋动调整螺帽 1，使吊耳上的应变片(12 号线)产生 $\varepsilon=50\mu\varepsilon$ 的恒定应变。

(4) 改用不同弹性模量材料的垫片，重复上述步骤，记录螺栓总应变 ε_e，见表 4.4.3。

(5) 用下式计算相对刚度 C_e，并做不同垫片结果的比较分析。

$$C_e=\frac{\varepsilon_e-\varepsilon_1}{\varepsilon}\times\frac{A'}{A}$$

式中，A 为吊耳测应变的截面面积(mm^2)，$A=2b\delta$，其中 b 为吊耳截面宽度(mm)，δ 为吊耳截面厚度(mm)；本实验 A 为 $224mm^2$。A'为螺栓测应变的截面面积(mm^2)，$A'=\pi d^2/4$，其中 d 为螺栓直径(mm)；本实验 A'为 $50.3mm^2$。

4. 单个螺栓动载荷实验操作步骤

(1) 安装钢制垫片。

(2) 将螺栓 5 加上预紧力，预紧应变仍为 $\varepsilon_1=500\mu\varepsilon$(通过 11 号线测量)。

(3) 将加载偏心轮转到最低点，并调节调整螺母 1，使吊耳应变量 $\varepsilon=5\sim10\mu\varepsilon$(通过 12 号线测量)。

(4) 开动小电动机，驱动加载偏心轮。

(5) 分别将 11 号线、12 号线信号接入示波器，从荧光屏上的波形线分别估计地读出螺栓的应力幅值和动载荷幅值，也可用毫安表读出幅值。相应数据填入表 4.4.4。

(6) 换上环氧垫片，移动电动机位置以改变杠杆比，调节动载荷大小，使动载荷幅值与用钢垫片时相一致。

(7) 再估计地读出此时的螺栓应力幅值。

(8) 做不同垫片下螺栓应力幅值与动载荷幅值关系的对比分析。

5. 实验结果填入表格

1) 螺栓组实验

表 4.4.1 计算法确定螺栓上的力

项目 \ 螺栓号数	1	2	3	4	5	6	7	8	9	10
螺栓预紧力 Q_0										
螺栓预紧应变量 $\varepsilon_0 \times 10^{-6}$										
螺栓工作拉力 F_0										

表 4.4.2 实验法测定螺栓上的力

项目 \ 螺栓号数		1	2	3	4	5	6	7	8	9	10
螺栓总应变量	第一次测量										
	第二次测量										
	第三次测量										
	平均数										
由换算得到的工作拉力 F_i											

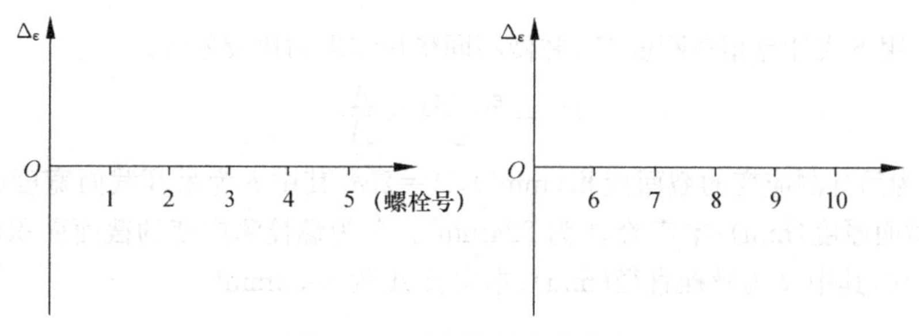

图 4.4.5 实测螺栓应变分布

2) 单个螺栓静载实验

$\varepsilon_1 =$ 　　　　　　　　ε(吊耳) $=$

表 4.4.3 测试记录表

垫片材料 \ 名称	钢片	环氧片	
ε_c			
相对刚度 C_e			

3）单个螺栓动载荷实验

表 4.4.4 测试记录表

垫片材料		钢片	环氧片
ε_1			
动载荷幅值/mV	示波器		
	毫伏标		
螺栓应力幅值/mV	示波器		
	毫伏标		

4.4.5 注意事项

（1）开机操作必须在教师指导下进行，开机顺序及要求一定要理清，开机时小组内同学要相互提醒。

（2）实验观察时要注意安全，禁止用手触摸机器活动机件。当机器进行调整或故障检修时，必须切断电源开关。

（3）实验操作结束后请关机并整理，并按时提交实验报告。

（4）注意理论和实验教学的结合。轴向载荷螺栓连接力分析模型是实验的理论基础，也是实验教学难点。

4.4.6 思考题

（1）实际的托架翻转轴线不在 3 号、8 号位置，说明什么问题？

（2）被连接件刚度与螺栓刚度的大小对螺栓的动态应力分布有何影响？

（3）在正确理解轴向载荷螺栓连接模型和托架翻转模型基础上，考虑理论计算和实验结果之间误差引起的原因。

4.5 链与万向节传动实验

4.5.1 实验目的与要求

实验目的是通过测试链传动与万向节传动的速度、回转不匀率等情况，使学生了解、掌握：

（1）观察链传动的多边形效应，理解链传动速度波动的原因，分析等速链传动的条件。

（2）分析单个万向节的运动特性，理解万向节传动过程速度波动的原因，分析实现万向节等速传动的条件。

（3）熟悉旋转机械机构速度的测试方法。

通过本实验，使学生掌握链传动与万向节传动的传动特性及使用场合；同时使学生动手能力和知识综合应用能力得到提高。

4.5.2 实验设备与工具

(1) LWS-Ⅲ链条、万向节传动实验台,LWS-Ⅲ链条、万向节传动实验仪。

(2) 计算机及软件。

(3) 扳手。

4.5.3 实验内容与原理

(1) 实验设备工作原理。

LWS-Ⅲ链条、万向节传动实验台如图 4.5.1 所示,它的工作原理为:电动机 10 通过三角皮带带动惰轮轴 5,惰轮轴的一端是万向节传动 7,另一端是链传动系统。安装在万向节输出端和链传动输出端的光电速度传感器 8 和 1 将分别测试它们的运转速度。惰轮轴的回转速度由光电转速传感器 6 测出,通过对转速传感器 6 与 8 及 6 与 1 所测运转速度的比较将会反映通过万向节和链传动机构以后速度的波动情况。

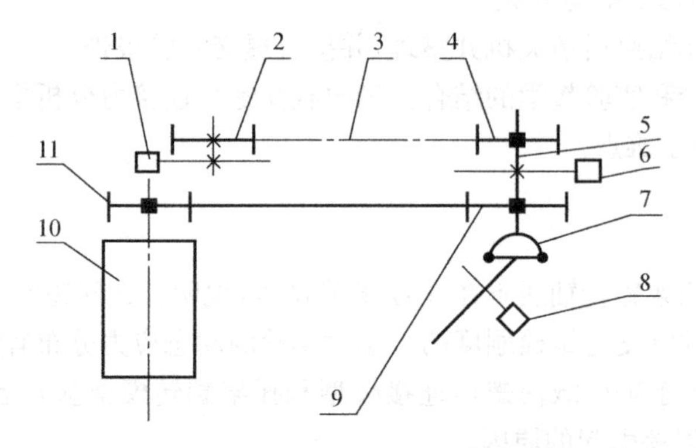

图 4.5.1 链条、万向节实验台结构

1-链轮转速传感器;2-大链轮;3-链条;4-小链轮;5-惰轮轴;6-惰轮轴转速传感器;7-万向节;8-万向节输出轮转速传感器;9-被动皮带轮;10-电动机;11-主动皮带轮

实验机构主要技术参数如下。

① 链轮齿数:$z_1=12$,$z_2=26$。

② 节距:$t_1=12.7$,$t_2=25.4$(双节距)。

③ 万向节传动角调节范围:0~30°。

④ 直流电动机额定功率:$P=100$W,直流电动机转速:$n=0\sim2000$r/min。

⑤ 电源:220V 交流/50Hz。

LWS-Ⅲ链条、万向节传动实验仪如图 4.5.2 所示,(a)为实验仪面板,(b)为实验仪背面。实验仪内部由单片机控制,它完成链条和万向节传动输出速度的采集和处理,同时将采集的数据传送到计算机进行处理。打开电源,三位 LED 数码显示管显示"0",表示仪器已经通电。"复位"键是用来对仪器进行复位的。如果发现仪器工作不正常或者与计算机的通信有问题,可以通过按"复位"键来消除。启动实验台以后,链轮轴平均转速将由 LED 数码管显示。仪器的背面有两个 5 芯航空插头，分别标明“输入 1”和“输入 2”，惰轮轴转速传感器 6 的信号输出线接入“输入 1”，根据所选择实验内容(链传动实验或万向节实验)，选择传感器 1 或 8 信号输出线，接入“输入 2”。仪器背面上还有两个通信接口，一个是标准的 9 针 RS232 接口，用于仪器与计算机直接连接，另一个是多机通信口，用于将本仪器与其他多机通信转换器连接，通过多机通信转换器再接入计算机。

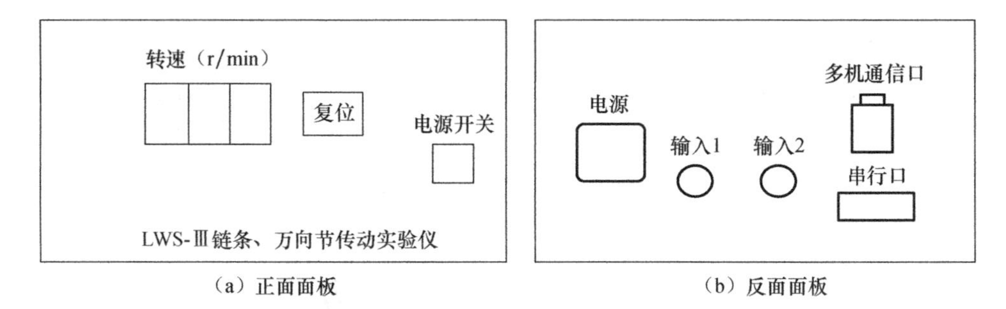

（a）正面面板　　（b）反面面板

图 4.5.2　链条、万向节实验仪

(2) 测试主动链轮与从动链轮的回转不匀率曲线及数值(万向节正置情况下)。

(3) 测试万向节偏置 15°的情况下主动轴与从动轴不匀率曲线及数值。

(4) 测试万向节偏置 30°情况下从动轴的不匀率曲线及数值。

(5) 实验结果比较与分析(主动链轮与从动链轮的运动情况比较，万向节偏置角度变化情况下的回转不匀率比较)。

4.5.4　实验过程

1) 连接 RS232 通信线

将计算机 RS232 串行口，通过标准的通信线，与 LWS-Ⅲ链条、万向节实验仪背面的 RS232 接口，如果采用多机通信转换器，则需要首先将多机通信转换器通过 RS232 通信线连接到计算机，然后用双端电话线插头，将 LWS-Ⅲ链条、万向节实验仪连接到多机通信转换器的任一个输入口。

2) 按实验要求调整实验台机构位置设置

3) 启动“机械教学综合实验系统”软件

软件界面如图 4.5.3 所示。如果用户使用多机通信转换器，根据用户计算机与多机通信转换器的串行接口通道，在程序界面的右上角“串口选择”框中选择合适的通道号(COM1 或 COM2)。根据链轮、万向节实验台在多机通信转换器上所接的通道口，单击“重新配置”键，选择该通道口的应用程序为链轮、万向节实验，单击“配置结束”键退出通道配置。在主界面左边的实验项目框中单击该通道的“链传动”键。此时，多机通信转换器的相应通道指示灯应该点亮，链轮、万向节实验系统应用程序将自动启动，如图 4.5.3 所示。如果多机通信转换器的相应通道指示灯不亮，检查多机通信转换器与计算机的通信线是否连接正确，确认通信的通道是否与键入的通信口(COM1 或 COM2)一致。

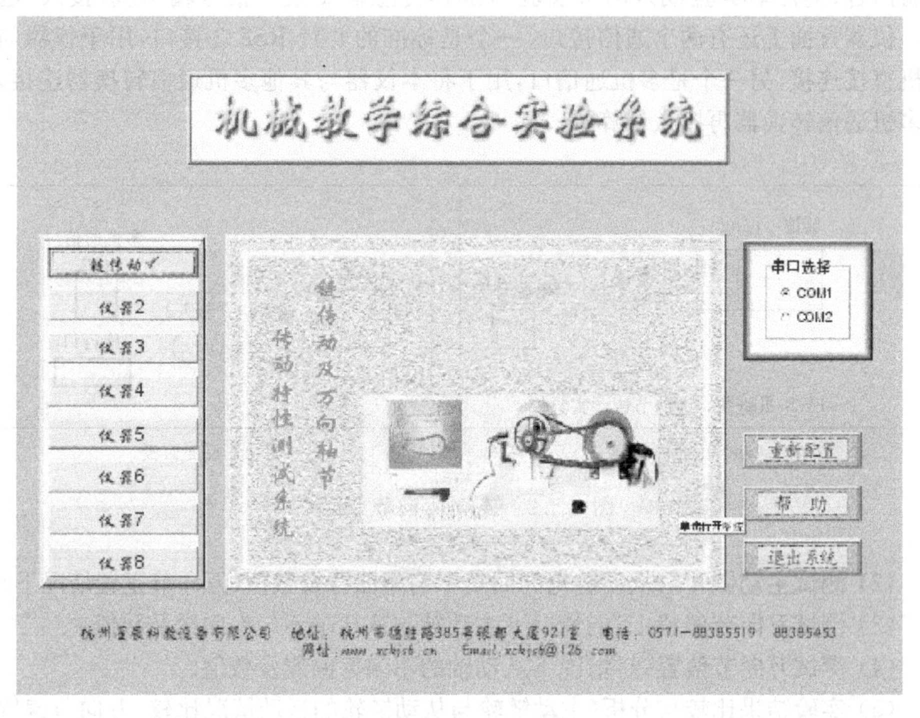

图 4.5.3 软件主界面

如果用户选择的是实验系统与计算机直接连接，则将 LWS-Ⅲ链条、万向节实验仪后背的 RS232 串行口与计算机的串行口(COM1 或 COM2)直接连接，在系统主界面右上角“串口选择”框中选择相应串口号(COM1 或 COM2)，在主界面左边的实验项目框中单击“链传动”键，在主界面中就会启动“链轮、万向节实验系统”应用程序，如图 4.5.3 所示。

4) 启动链轮、万向节实验台

单击图 4.5.3 所示主界面的图像，然后单击“机构选择”菜单，选择实验机构，单击“串口选择”菜单，确定通信接口(COM1 或 COM2)，将出现图 4.5.4 所示的界面。

5) 数据采集

机构选定后(如选定万向节传动机构)，输入当前所用链节距和万向节传动夹角，用数据“开始采集”按钮对实验数据进行采集。数据采集的结果显示如程序界面图 4.5.5 所示。界面左边显示的是所选实验机构主动轴和从动轴回转速度值，本实验数据是以主动轴的转角为同步信号采集，每一点的采集间隔为 6°。右边用曲线显示主动轴和从动轴速度波动。界面下方的文字框中将显示所选实验机构传动轴的最大、最小、平均转速和回转不匀率。

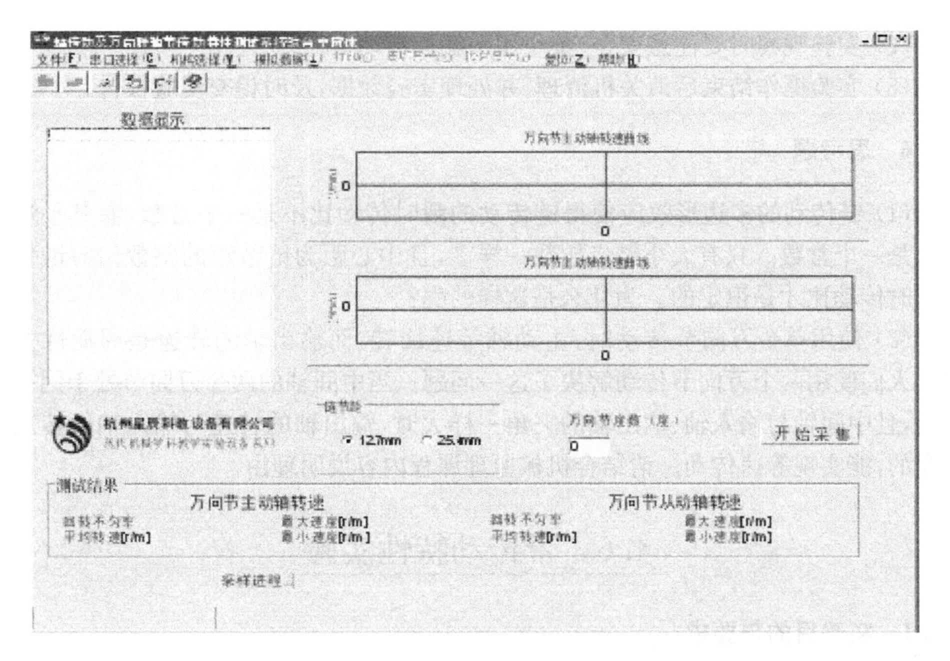

图 4.5.4　链条、万向节实验系统程序界面

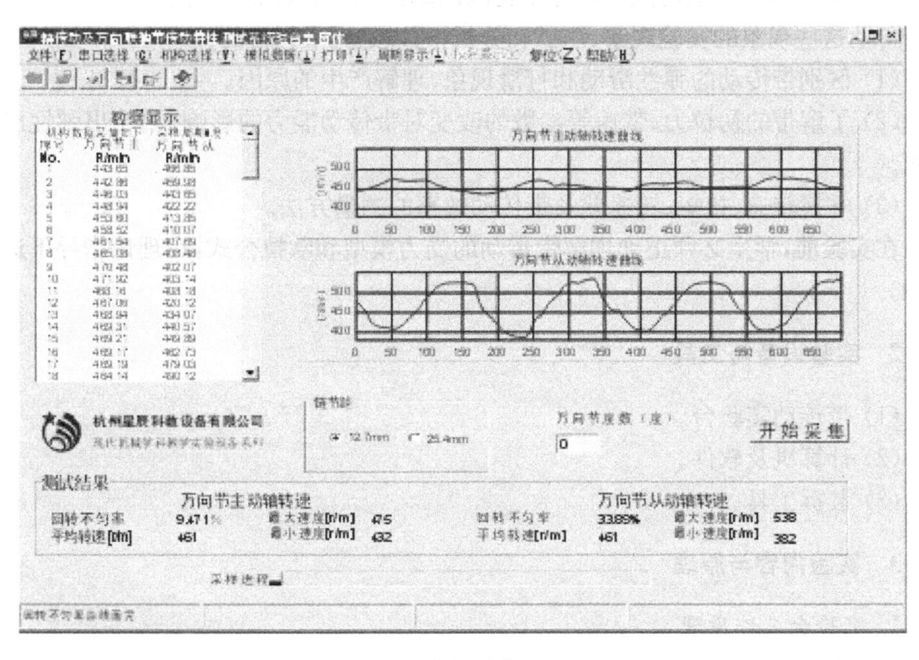

图 4.5.5　数据采集显示界面

4.5.5　注意事项

（1）开机操作必须在教师指导下进行，开机顺序及要求一定要理清，开机时小组内同学要相互提醒。

(2) 实验观察时要注意安全，禁止用手触摸活动机件。

(3) 实验操作结束后请关机清理，并处理实验数据，及时提交实验报告。

4.5.6 思考题

(1) 链传动的多边形效应使得链传动的瞬时传动比不是一个常数，而其平均传动比是一个常数。只有大小链齿轮数一样多，且中心距为链节距的整数倍时链传动的瞬时传动比才是恒定的。为什么是这样的呢?

(2) 使用单个万向节传动时，主动轴等速回转，而输出轴的转速是周期性变化的。人们使用两个万向节传动解决了这一问题。当中间轴的两个万向节处于同一平面内，且中间轴与输入轴、输出轴的夹角一样大时，输出轴的转速与输入轴的转速是一样的，能实现等速传动。请结合机械原理课程内容说明理由。

4.6 带传动特性实验

4.6.1 实验目的与要求

带传动的弹性滑动、打滑、带与带轮间的摩擦能量损耗是带传动的机械特性，通过带传动这些现象的实验观察、测试和分析，可以达到下列目的：

(1) 区别带传动的弹性滑动和打滑现象，理解产生的原因。

(2) 了解带的初拉力、带速等参数的改变对带传动能力的影响，测绘出弹性滑动曲线。

(3) 掌握转速、扭矩、转速差及带传动效率的测量方法。

在实验前，学生必须正确理解带传动的受力模型和欧拉公式，在理论指导下进行实验。

4.6.2 实验设备与工具

(1) 带传动实验台。

(2) 计算机及软件。

(3) 装拆工具。

4.6.3 实验内容与原理

1. 实验台工作原理

带传动特性实验台结构如图 4.6.1 所示，电路框图如图 4.6.2 所示。传动带装在主动带轮 5 和从动带轮 9 上，分别与轮同轴的直流电动机和直流发电机的转子均由一对滚动轴承支承。电动机定子可绕轴线摆动，在定子上装有测力杠杆 2 和 10，杠杆 2、10 分别压在测力计 3 和 11 上，当电动机和发电机工作时，便能容易地测量出电动机和发电机的工作转矩。直流电动机安装在滑动支架上，在砝码重力的作用下，使电动机向左移动，传动带被张紧，在带中产生预拉力 F_0，改变砝码重量即可改变预拉力 F_0。采用可控硅调速装置对电动机进行无级调速，以实现转速改变。采用直流发电机和一组灯泡作为传动负载。

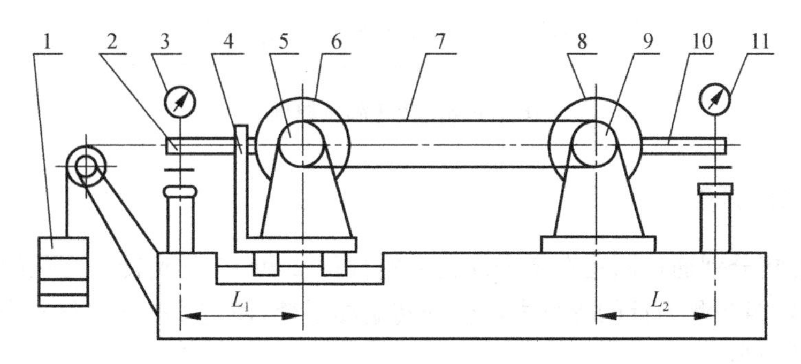

图 4.6.1 带传动实验台结构

1-砝码；2-杠杆；3-测力计；4-支架；5-主动带轮；6-直流电动机；7-传动带；8-直流发电机；9-从动带轮；10-杠杆；11-测力计

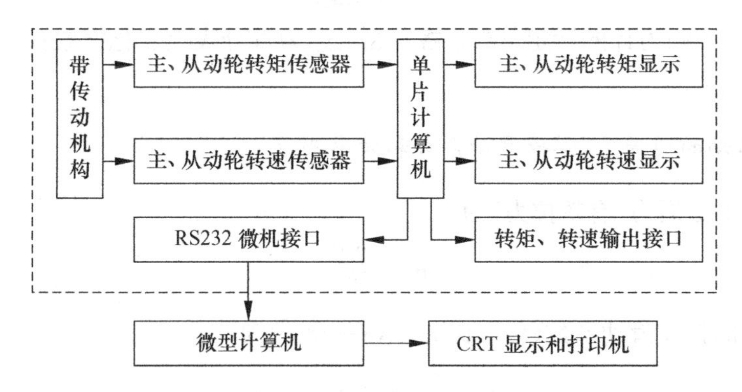

图 4.6.2 带传动实验台电路框图

整流、启动、调速、加载以及控制系统等电气部分，都装在机身内。带传动实验台还配有双路数显转速计和转矩测试装置，进行相应的转速和转矩测量。

2. 调速和加载

电动机的直流电源由可控硅整流装置供给，转动电位器可改变可控硅控制角，提供给电动机电枢不同的端电压，以实现无级调速电动机转速。

加载是通过改变发电机激磁电压实现的。逐个按动灯泡负载电阻开关，使发电机激磁电压加大，电枢电流增大，随之电磁转矩增大。由于电动机与发电机产生相反的电磁转矩，发电机的电磁转矩对电动机而言，即为负载转矩。所以改变发电机的激磁电压，也就实现了负载的改变。

3. 转速的测量

对主、从动带轮轴转速的测量，由光电传感器和双路数字转速计完成。其测试原理框图如图 4.6.3 所示。

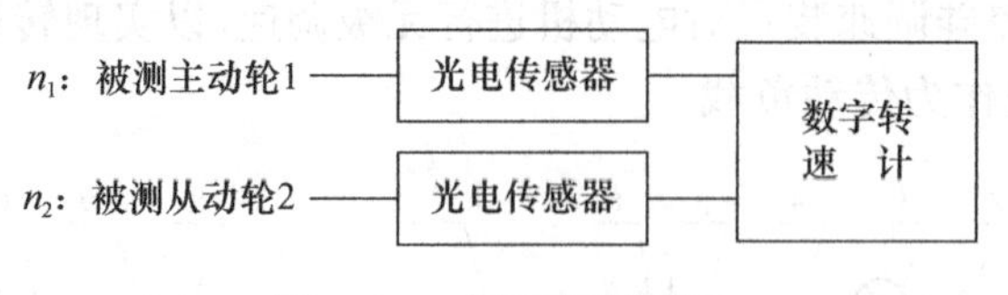

图 4.6.3　转速测量原理

4. 转矩的测量

转动力矩分别通过固定在定子外壳上的杠杆 2 和 10 受到转子力矩的反方向力矩测得，该转矩与测力计的支反力产生的转矩相平衡，使定子处于平衡状态。所以主动轮上的转矩为

$$T_1 = K_1 \Delta_1 L_1$$

从动轮上的转矩为

$$T_2 = K_2 \Delta_2 L_2$$

式中，K_1、K_2 为测力计的标定值(N/格)；Δ_1、Δ_2 为百分表上变化格数；L_1、L_2 为测力杠杆力臂长度(m)。

5. 带传动的圆周力、弹性滑动系数和效率测试

带传动的圆周力(有效拉力)为

$$F = \frac{2T_1}{D_1} \tag{1}$$

带传动的弹性滑动系数(传动比 $i=1,\alpha=180°$)为

$$\varepsilon = \frac{n_1 - n_2}{n_1} \times 100\% \tag{2}$$

带传动的效率为

$$\eta = \frac{P_2}{P_1} = \frac{T_2 n_2}{T_1 n_1} \times 100\% \tag{3}$$

式中，P_1 为主动轮功率；P_2 为从动轮功率；n_1 为主动轮转速；n_2 为从动轮转速。

随着负载的改变(即使 F 改变)，T_1、T_2、$\Delta n = n_1 - n_2$ 的值也改变，这样可获得一组 ε 和 η，然后以 F 为横坐标、ε 和 η 为纵坐标，绘制出滑动曲线和效率曲线，如图 4.6.4 所示。

从图 4.6.4 可以看出，当有效拉力 F 小于临界点 F' 时，滑动率 ε 与有效拉力 F 近似呈线性关系，带处于弹性滑动工作状态。当有效拉力 F 超过 F' 点以后，滑动率急剧上升，此时带处于弹性滑动与打滑同时存在的工作状态。当有效拉力等于 F_{max} 时，滑动率近于直线上升，带处于完全打滑的工作状态。同时当有效拉力增加时，传动效率逐渐提高，当有效拉力超过点 F' 以后，传动效率急剧下降。带传动最合理的状态，应使有效拉力 F 等于或稍低于临界点 F'，这时带传动的效率最高，滑动率 $\varepsilon=$

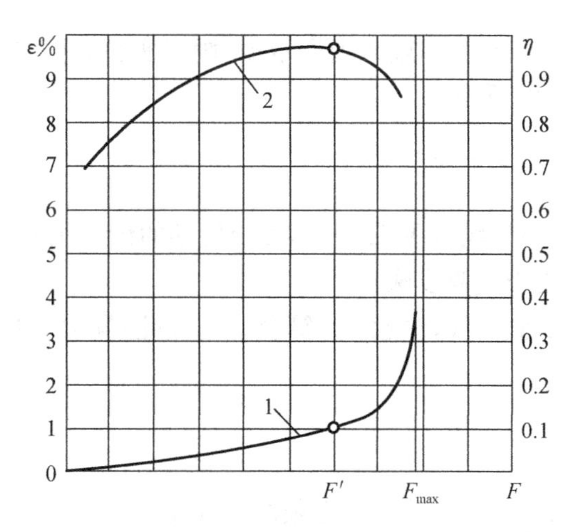

图 4.6.4　滑动曲线和效率曲线

1-滑动率曲线；2-效率曲线

1%～2%，并且还有余力负担短时间(如启动)的过载。

可以采用以下两种方法获得滑动率曲线和效率曲线：

(1) 利用实验装置的四路数字显示信息，在不同负载的情况下，手工抄录主动轮转速、主动轮转矩、从动轮转速、从动轮转矩，然后根据此数据计算并绘出弹性滑动率曲线和传动效率曲线。

(2) 利用 RS232 串行线，将实验装置与 PC 机直接连通。随带传动负载的逐级增加，计算机能根据专用软件自动进行数据处理与分析，并输出滑动率曲线、效率曲线和所有的数据。

6. 改变带传动类型的测量

对带传动特性实验台的升级新产品，通过更换不同形式的带轮即可完成平带、V带、同步带及圆带传动特性实验，以便测量并比较不同带传动的传动特性。

4.6.4　实验过程

1. 平皮带传动特性实验步骤(传动比 $i=1$，$\alpha=180°$)

(1) 开关接通前，检查调速旋钮是否处在“零”位置。

(2) 加上砝码，使带加上预紧张力。

(3) 把测力杠杆压在测力计上，把百分表指针调“零”。

(4) 接通电源，平稳调节调速旋钮，使转速达到某一定值。测出 n_1 和 n_2，并读下百分表读数 Δ_1 和 Δ_2，记录在实验报告中。

(5) 把负载箱接在发电机的输出端。通过开关改变接入发电机输出电路中灯泡的数目，即可改变负载，每增加一次负载，调节调速旋钮使主动轮转速保持为一定值。测出 n_1 和 n_2，并记录百分表 Δ_1 和 Δ_2，直到发生打滑为止。

(6) 开启计算机,运行程序,输入所测数据,画出实验数据曲线,并讨论实验曲线的变化规律,分析其中的原理。

2. V带传动特性实验步骤

(1) 首先更换大、小带轮和V带型号,使带传动的传动比 $i \neq 1, \alpha \neq 180°$。

(2) 参照上述平皮带实验步骤。

(3) 分析并绘制实验曲线,注意 ε 计算公式的变化;同时分析参数变化对实验数据的影响。

4.6.5 注意事项

(1) 实验台为开式传动,实验人员必须注意安全。

(2) 调节调速旋钮时,不要突然使速度增大或减小,以免产生较大冲击力,以防损坏测力计。

(3) 为强化实验效果,提高学生数据处理能力,要求学生手工绘制实验曲线,然后再与计算机处理结果比较。

(4) 对于研究性学习强的学生,引导在相同条件下单独改变预紧力或包角(增设张紧轮)后实验,并分析比较实验结果。

4.6.6 思考题

(1) 带传动的弹性滑动与带的初始张紧力有什么关系?与带上的有效工作拉力有什么关系?

(2) 带传动为什么会发生打滑失效?针对带传动的打滑失效,可采用哪些技术措施予以改进?带传动的传动比对带中的应力分布有何影响,可以采用哪些措施来提高传动带的疲劳寿命?

(3) 带传动的效率实验结果是否仅代表带和带轮之间摩擦损耗?如何正确理解实验结果?

(4) 带传动初始张紧和包角对传动有什么影响?

(5) 在正常传动时,欧拉公式是否能求带的拉力?

4.7 封闭功率流齿轮传动效率的测定

4.7.1 实验目的与要求

实验目的是使学生通过动手实验,分析记录数据、绘制实验曲线,使学生基本理解、掌握:

(1) 封闭功率流式齿轮实验台的基本原理、特点及测定齿轮传动效率的方法。

(2) 机械功率、效率计算公式推导和应用。

通过本实验,学生有关机械传动特性的理论知识得到巩固和拓展,工程观察能力、动手能力和知识综合应用能力得到加强。

4.7.2 实验设备与工具

(1) 封闭功率流式齿轮传动效率实验台。

(2) 微机系统。

4.7.3 实验内容与原理

1. CLS-Ⅱ型齿轮实验台工作原理

1) 机械结构

实验台的结构如图 4.7.1 所示,由定轴齿轮副、悬挂齿轮箱、扭力轴、双万向联轴器等组成一个封闭机械系统。两对齿轮具有相同速比和相同中心距(模数为 2,齿数均为 38)。

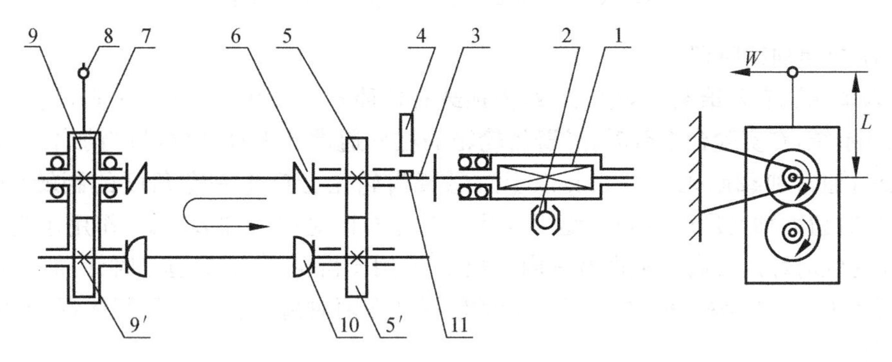

图 4.7.1 齿轮实验台结构简图

1-悬挂电动机;2-转矩传感器;3-浮动联轴器;4-霍耳传感器;5、5′-定轴齿轮副;6-刚性联轴器;7-悬挂齿轮箱;8-砝码;9、9′-悬挂齿轮副;10-万向联轴器;11-永久磁钢

此外,驱动电动机 1 采用外壳悬挂结构,通过浮动联轴器 3 和齿轮 5 相连,与电动机悬臂相连的转矩传感器 2 把电动机转矩信号送入实验台电测箱,在数码显示器上直接读出。电动机转速由霍耳传感器 4 测出,同时送往电测箱中显示。

2) 操作部分

操作部分主要集中在电测箱正面的面板上,面板的布置如图 4.7.2 所示。

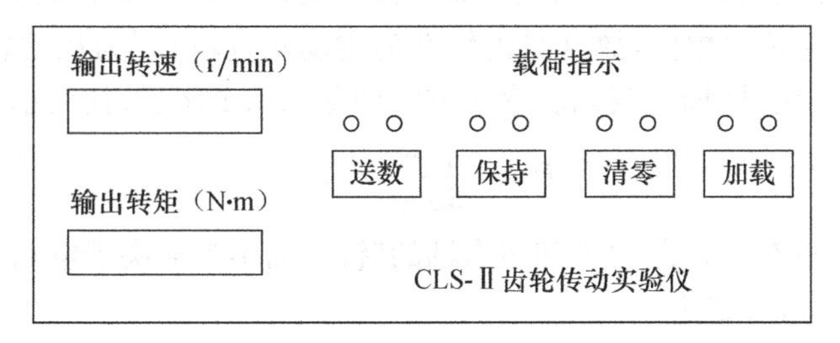

图 4.7.2 面板布置图

在电测箱背面备有微机RS232接口，转矩、转速输入接口等，其布置情况如图4.7.3所示。

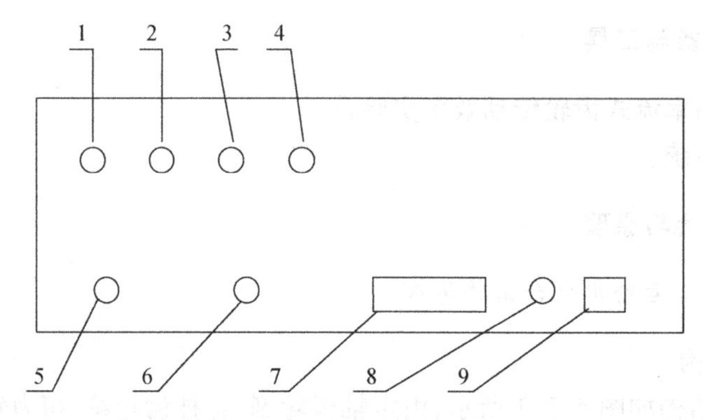

图4.7.3　电测箱后板布置图

1-调零电位器；2-转矩放大倍数电位器；3-力矩输出接口；4-接地端子；5-转速输入接口；6-转矩输入接口；7-RS232接口；8-电源开关；9-电源插座

3）封闭加载原理

效率测试需要给被测对象加载，但加载有各种方式。由图4.7.1可知，仅考虑封闭机械系统，在实验台空载时，悬臂齿轮箱的杠杆通常处于水平位置；当加上一定载荷之后(通常加载砝码是0.5kg以上)，悬臂齿轮箱会产生一定角度的翻转(逆时针)，这时扭力轴变形产生内力矩T_9，从而对左右两对齿轮加载。T_9作用于齿轮9(方向为顺时针)，万向节轴也有一内力矩T_9'作用于齿轮9′(方向也顺时针，如忽略摩擦，$T_9'=T_9$)。于是杠杆所加载荷引起的转矩便在两对齿轮上的齿面间体现，形成封闭加载。

2. **齿轮传动效率测试**

1）封闭功率流方向的确定

尽管上述加在齿轮上的是内力矩，但齿轮转动时也要做功，此功率在封闭机械系统中按一定方向流动，称为封闭功率流。因此，由于杠杆外加载荷已体现为封闭的系统内力，故电动机提供的动力，主要用于克服系统在传动过程中摩擦阻力，能耗比较小。

根据加载方向，齿轮受的扭矩方向以及电动机转向，可以确定封闭系统中主从关系，从而确定功率流方向。当电动机也顺时针方向以角速度ω转动时，T_9与ω的方向相同，T_9'与9′轮转向相反，故这时齿轮9为主动轮，齿轮9′为从动轮，同理齿轮5′为主动轮，齿轮5为从动轮，封闭功率流方向如图4.7.1所示，其大小为

$$P_a=\frac{T_9 n_9}{9550}=P_9'$$

该功率流的大小取决于加载力矩和扭力轴的转速，而不是取决于电动机。

2）齿轮传动效率确定

电动机提供的功率P_1仅为封闭传动中损耗功率，即封闭功率输入端与输出端

功率之差

$$P_1 = P_9 - P_9\eta_{总}$$

则

$$\eta_{总} = \frac{P_9 - P_1}{P_9} = \frac{T_9 - T_1}{T_9}$$

设两对齿轮效率相同，则对单对齿轮

$$\eta = \sqrt{\frac{T_9 - T_1}{T_9}}$$

若 $\eta=95\%$，则电动机供给的能量，其值约为封闭功率值的 1/10，是一种节能高效的实验方法。

3）封闭力矩 T_9 的确定

由图 4.7.1 可以看出，当悬挂齿轮箱杠杆加上载荷后，齿轮 9、齿轮 9′的轴上就会产生扭矩，其方向都是顺时针，大小相等，故对悬挂齿轮箱建立平衡方程即得到封闭扭矩 T_9 为

$$T_9 = \frac{WL}{2}$$

式中，W 为所加砝码重量(N)；L 是加载杠杆长度，L=0.3m。则平均效率为

$$\eta = \sqrt{\eta_{总}} = \sqrt{\frac{T_9 - T_1}{T_9}} = \sqrt{\frac{\frac{WL}{2} - T_1}{\frac{WL}{2}}}$$

因此，齿轮传动效率就可由加载砝码与电动机输出转矩 T_1 确定。注意电动机为顺时针旋转，如方向不同，则功率流方向改变，效率计算公式不同。

4.7.4 实验过程

1. 人工记录操作方法

1）系统连接及接通电源

首先将电动机调速旋钮逆时针转至最低速“0 速”位置，将传感器转矩信号输出线及转速信号输出线分别插入电测箱后板和实验台上相应接口上，然后开启电源开关接通电源。打开电测箱后板上的电源开关，并按一下“清零”键，此时，输出转速显示为“0”，输出转矩显示数“.”，实验系统处于“自动校零”状态。校零结束后，力矩显示为“0”。

2）转矩零点及放大倍数调整

（1）零点调整。在齿轮实验台不转动及空载状态下，使用万用表接入电测箱后板力矩输出接口 3(见图 4.7.3)上，电压输出值应为 1～1.5V，否则应调整电测箱后板上的调零电位器(若电位器带有锁紧螺母，则应先松开锁紧螺母，调整后再锁紧)。

零点调整完成后按一下“清零”键，待转矩显示“0”后表示调整结束。

（2）放大倍数调整。“调零”完成后，将实验台上的调速旋钮顺时针慢慢向“高

速”方向旋转，电动机启动并逐渐增速，同时观察电测箱面板上所显示的转速值。当电动机转速达到 1000r/min 左右时，停止转速调节，此时输出转矩显示值应为 0.98～1N·m(此值为出厂时标定值)，否则通过电测箱后板上的转矩放大倍数电位器加以调节。调节电位器时，转速与转矩的显示值有一段滞后时间。一般调节后待显示器数值跳动两次即可达到稳定值。

3) 加载

为保证加载过程中机构运转比较平稳，建议先将电动机转速调低。一般实验转速调到 500～800r/min 为宜。待实验台处于稳定空载运转后(若有较大振动，要按一下加载砝码吊篮或适当调节一下电动机转速)，在砝码吊篮上加上第一个砝码。观察输出转速及转矩值，待显示稳定(一般加载后转矩显示值跳动 2～3 次即可达稳定值)后，按一下“保持”键，使当时的转速及转矩值稳定不变，记录下该组数值。然后按一下“加载”键，第一个加载指示灯亮，并脱离“保持”状态，表示第一点加载结束。

在吊篮上加上第二个砝码，重复上述操作，直至加上 8 个砝码，8 个加载指示灯亮，转速及转矩显示器分别显示“8888”表示实验结束。

根据所记录下的 8 组数据便可作出齿轮传动的传动效率 η-T_9 曲线及 T_1-T_9 曲线。

注意：在加载过程中，应始终使电动机转速基本保持在预定转速左右。

在记录下各组数据后，应先将电动机调速至零，然后再关闭实验台电源。

2. 与计算机接口实验方法

在 CLS-Ⅱ型齿轮传动实验台电控箱后板上设有 RS232 接口，通过所附的通信连接线和计算机相连，组成智能齿轮传动实验系统，操作步骤如下。

1) 系统连接及接通电源

在关电源的状态下将随机携带的串行通信连接线的一端接到实验台电测箱的 RS232 接口，另一端接入计算机串行输出口(串行口 1# 或 2# 均可，但无论连线或拆线时，都应先关闭计算机和电测箱电源，否则易烧坏接口元件)。其余方法同前。

2) 转矩零点及放大倍数调整

方法同前。

3) 打开计算机

打开计算机，运行齿轮实验系统。首先对串口进行选择，如有必要，在串口选择下拉菜单中有一栏机型选择，选择相应的机型，然后单击“数据采集”功能，等待数据的输入。

4) 加载

同样，加载前就先将电动机调速至 500～800r/min，并在加载过程中应始终使电动机转速基本保持在预定值。

(1) 实验台处于稳定空载状态下，加上第一个砝码，待转速及转矩显示稳定后，按一下“加载”键(注意：不需按“保持”键)第一个加载指示灯亮。加第二个砝码，显示稳定后再按一下“加载”键,第二个加载指示灯亮,第二次加载结束。如此重复操作,直至加上8个砝码,按8次“加载”键,8个加载指示灯亮。转速、转矩显示器都显示“8888”,表明所采数据已全部送到计算机。将电动机调速至“0”并卸下所有砝码。

(2) 当确认传送数据无误(否则再按一下“送数”键)后,单击选择“数据分析”功能,屏幕所显示本次实验的曲线和数据,如图4.7.4所示。接下来就可以进行数据拟合等一系列的工作了。如果在采集数据过程中,出现采不到数据的现象,请检查串口是否接牢,然后重新选择另一串口,重新采集,如果采集的数据有错,请重新用实验台产生数据,再次采集,或者重新选择机型,建议选择较好的机型。

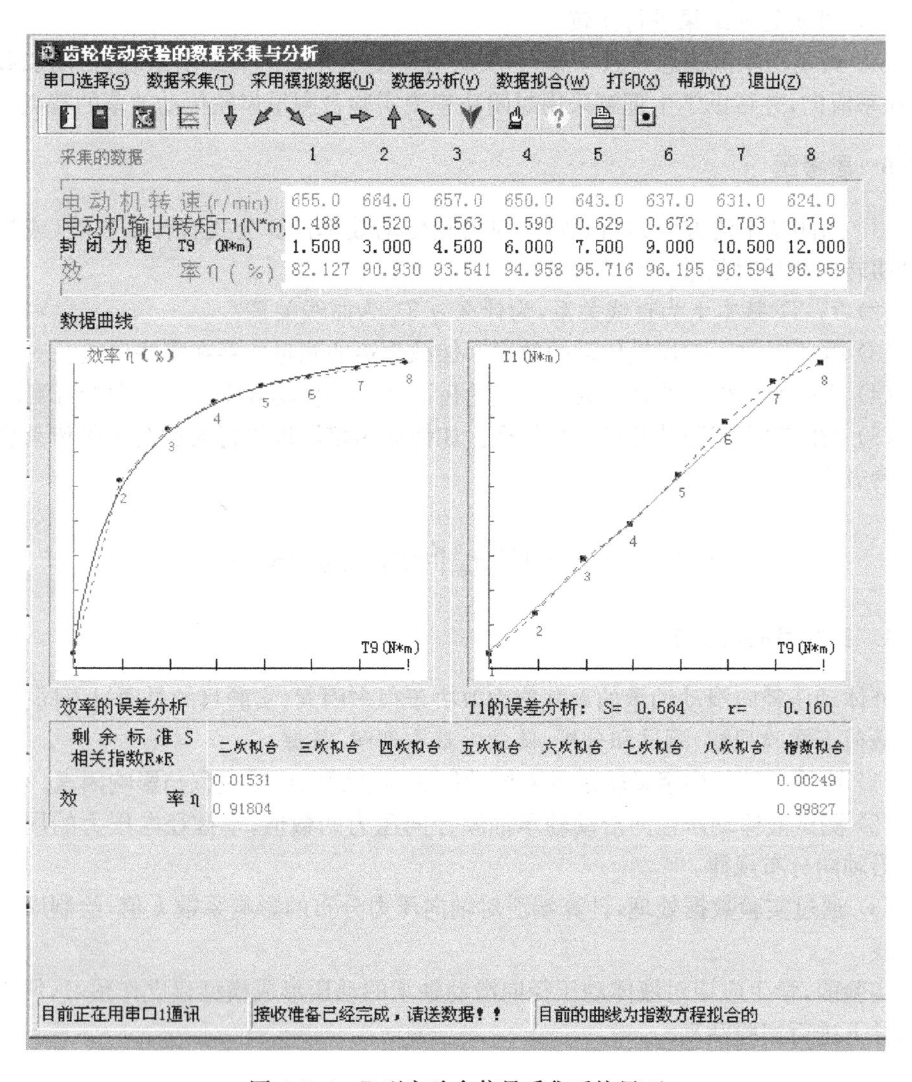

图4.7.4 B型实验台信号采集系统界面

(3) 移动功能菜单的光标至“打印”功能,打印机将打印实验曲线和数据。

(4) 实验结束后,用单击“退出”菜单,即可退出齿轮实验系统。退出后应及时关闭计算机及实验台电测箱电源。

注意:如需拆、装 RS232 串行通信线,必须将计算机及实验台的电源关断。

4.7.5 注意事项

(1) 计算机的开启与关闭必须按计算机操作方法进行,不得任意地删除计算机中的程序文件。

(2) 实验台传动轴为开式时,须注意人身安全。

(3) 为强化实验效果,提高学生数据处理能力,要求学生手工绘制实验曲线,然后再与计算机处理结果进行比较。

(4) 封闭功率流概念是教学难点,实验时应重点介绍讲清封闭系统、封闭加载原理、功率流向,并帮助学生理解采用封闭功率流实验台测量齿轮传动效率的特点。

4.7.6 思考题

(1) 封闭功率流方向如何确定?对齿轮传动效率计算公式有什么影响(或推导电动机转向相反时的效率计算公式)?

(2) T_1-T_9 基本上为直线关系,为什么 η-T_9 为曲线关系?

(3) 哪些因数影响齿轮传动的效率?加载力矩的测量中存在哪些误差?

(4) 实验所测得到的是否为一对齿轮齿面啮合的传动效率?工程中能否测试?

(5) 封闭功率流测试的优点是什么?如何应用该原理进行大载荷齿轮传动疲劳实验台方案设计。

4.8 液体动压径向滑动轴承实验

4.8.1 实验目的与要求

液体动压径向滑动轴承的承载能力取决于很多因素,实验目的是通过不同速度、不同载荷下实验观察、测试和分析,使学生基本理解、掌握:

(1) 液体动压径向滑动轴承的液体动压润滑油膜的形成过程与影响因素。

(2) 测试液体动压径向滑动轴承油膜径向压力的数值,掌握径向压力的周向分布及沿轴向分布规律。

(3) 通过实验数据处理,计算端泄对轴向压力分布的影响系数 k 值,绘制摩擦特性曲线。

实验前,学生应该对液体动压径向滑动轴承的动压形成模型建立作预习,便于理论指导下进行实验活动。

4.8.2 实验设备与工具

(1) 立式滑动轴承实验台。

(2) 台式滑动轴承实验台。

4.8.3 实验内容与原理

1. 滑动轴承实验台结构及工作原理

1) 立式滑动轴承实验台

实验台总体布置如图 4.8.1 所示，包括轴承箱、变速箱、调速电动机、液压加载装置等主要系统。

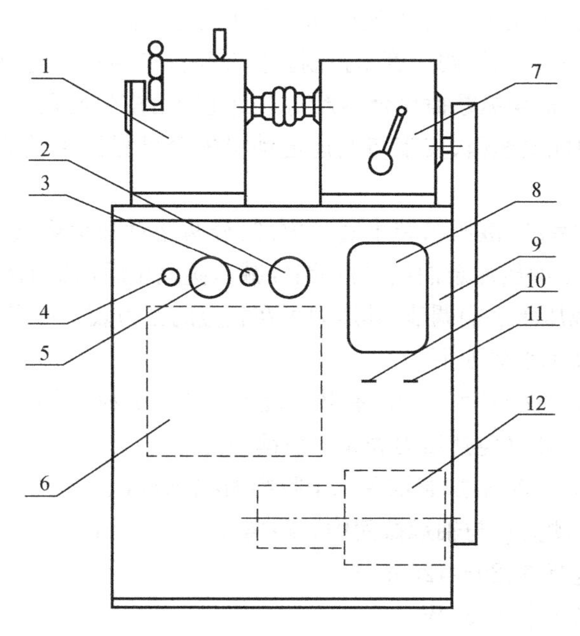

图 4.8.1 总体布置图

1-轴承箱；2-轴承供油压力表；3、4-溢流阀；5-加载油腔压力表；6-液压箱；7-变速箱；8-调速电动机控制器；9-底座；10-油泵电动机开关；11-主电动机开关；12-调速电动机

(1) 轴承箱：如图 4.8.2 所示，3 为主轴，由两只 D 级滚动轴承支承。7 为轴承（轴瓦），空套在主轴上，在中间截面即有效长度 1/2 处的截面上沿周向开有 7 个测压

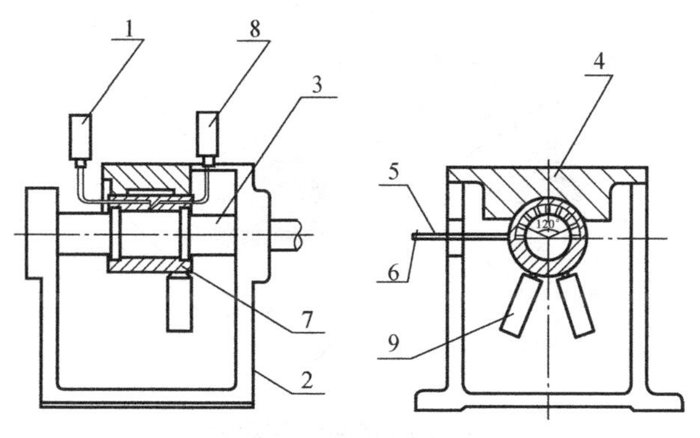

图 4.8.2 轴承箱

1、8-压力表；2-实验箱；3-主轴；4-加载盖板；5-测杆；6-环；7-轴承；9-平衡锤

孔，在120°内均匀分布；距中间截面1/4有效长度处(距周向测压孔15mm)在铅直方向开有一个测压孔。图中1为7只压力表与7个周向测压孔相连，8为一只压力表与轴向测压孔相连。4为加载盖板，固定在箱体上，有加载油腔。轴承外圆左侧装有测杆5，环6装在测杆上供测量摩擦力矩用。轴承外圆上装有二平衡锤9，用以在轴承安装前做静平衡，箱体左侧装有一重锤式拉力计，测量摩擦力矩时将拉力计上的吊钩与环6连接即可。

(2) 变速系统：采用JZT型调速电动机无级变速，速度范围为120～1200r/min，由控制器(见图4.8.1)上的调速旋钮控制。变速箱内有两对齿轮，其速比各为24/60及60/25，由变速手柄操纵摩擦离合器控制。变速箱由皮带与调速电动机连接，皮带传动比为2.5。因此变速箱、皮带与调速电动机配合可得到主轴20～1200r/min的无级变速。

(3) 液压加载系统：液压箱装于底座内部，分两路对轴承箱供油，一路由溢流阀控制进油压力，供给静压加载油垫，另一路经减压阀减压后供给轴承。两路油的压力分别由溢流阀及减压阀手柄调节，其压力可在相应的压力表上读出(见图4.8.1)。

实验台主要技术参数如下。

(1) 轴承参数：直径d=60mm，有效长度L=60mm，材料ZQSn6-6-3。

(2) 轴承自重：8kg(包括压力表及平衡锤等)。

(3) 加载范围：3000N，加载油腔水平投影面积60cm^2。

(4) 测力杆上测力点与轴承截面中心距离：L_0=150mm。

(5) 主轴转速范围：20～1200r/min。

(6) 主电动机功率：0.8kW。

2) 台式滑动轴承实验台

如图4.8.3所示，包括传动装置、轴与轴瓦(轴承)间的油膜压力测量装置、加载装置等主要系统。

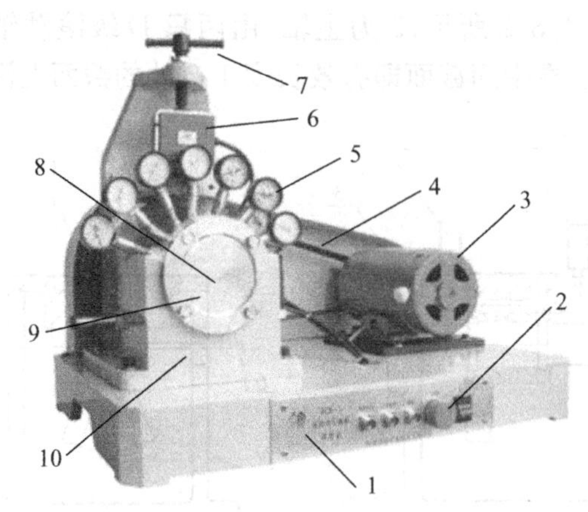

图4.8.3　滑动轴承实验台

1-操作面板；2-调速旋钮；3-直流电动机；4-V带；5-油压表(7个)；
6-压力传感器；7-加载螺旋机构；8-主轴；9-轴瓦；10-主轴箱

(1) 实验台的传动装置：主轴箱 10 安装在机座上，位于主轴箱内部的主轴 8 由两个深沟球轴承支承，实验轴瓦 9(剖分式)支承于主轴上，直流电动机 3 通过 V 带 4 驱动主轴运转。主轴由无级调速器实现无级调速，主轴的转速由数码管直接读出。

(2) 轴与轴瓦间的油膜压力测量装置：主轴的下半部浸泡在润滑油中。在轴瓦的一个径向平面内沿圆周钻有 7 个小孔，每个小孔沿圆周相隔 20°，每个小孔连接一只压力表 8，用来测量该径向平面内相应点的油膜压力，根据测定的油压大小，可以绘制出轴瓦中间截面上沿半径(圆周)方向的油膜压力分布曲线。

(3) 加载装置：轴瓦由加载装置 7 提供载荷，加载装置由螺旋机构、压力传感器 6 及测试装置构成。螺杆前端通过压力传感器与实验轴瓦外圆表面正上方母线中点接触，旋转螺杆可调节轴瓦承受载荷的大小，载荷值由压力传感器和测试装置测定，并直接显示在操作面板的数码管上。

实验台主要技术参数如下。

(1) 实验轴瓦参数：内径 $d=70$mm，有效长度 $L=125$mm，粗糙度 $Ra=3.2$，材料 ZQSn6-6-3。

(2) 电动机额定功率：$P=400$W，调速范围：0～500r/min。

(3) 加载范围：$W=0\sim2000$N。

(4) 油压表量程：0～1MPa；加载传感器量程：0～2000N；摩擦力传感器量程：0～60N。

2. 实验原理

1) 润滑油膜的形成

当轴颈静止时，轴颈与轴瓦直接接触，轴颈与轴承的配合面之间形成一收敛的楔形间隙。

由于润滑油具有黏性而附着于零件表面的特性，因而当轴颈回转时，依靠附着在轴颈上的油层带动润滑油挤入楔形间隙。

随着轴颈的转速增大，带入楔形间隙的油量增多。因为通过楔形间隙的润滑油质量不变(流体连续运动原理)，而楔形中的间隙截面逐渐变小，润滑油分子间相互挤压，从而使油膜产生流体动压力，将轴颈托起并与外载荷平衡。

当压力与外载荷平衡时，轴与轴瓦之间形成稳定的油膜。这时轴的中心相对轴瓦的中心处于偏心位置 e，最小油膜厚度 h_{min} 存在于轴颈与轴承孔的中心连线上，轴与轴瓦之间处于完全液体摩擦润滑状态。

液体动压润滑油膜形成过程及油膜压力分布形状如图 4.8.4 所示，外力 F 作用在轴瓦上。

2) 周向油膜压力分布曲线

按照图 4.8.5 所示取直径为轴承内径 d 的半圆周代表轴瓦表面，先在圆周上定出 7 只压力表所接油孔位置；然后通过这些点沿半径延长方向以一定比例(如 0.1MPa/5mm)量出所测得的相应压力表读数值，用曲线板将各压力向量末端连

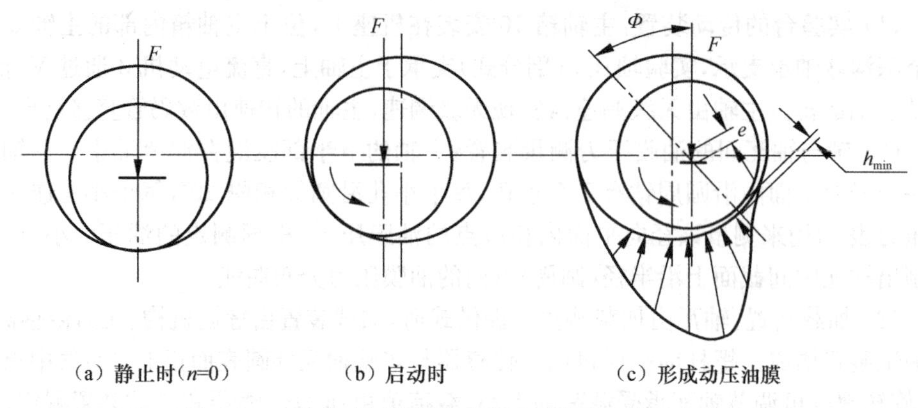

图 4.8.4　液体动压润滑油膜形成过程及油膜压力分布

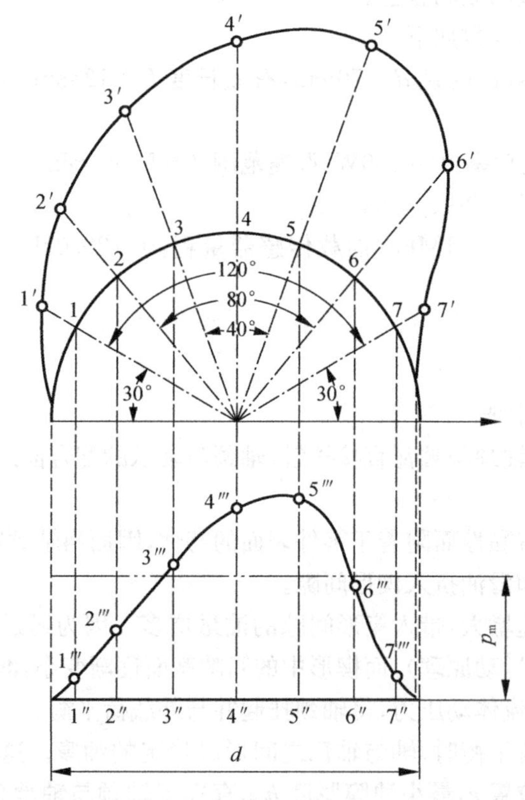

图 4.8.5　滑动轴承的径向油膜压力分布曲线和承载曲线

成一光滑曲线并与轴径圆相切，这曲线就是所测轴承中间截面的油膜径向压力分布曲线，如图 4.8.5 上半部曲线所示。

由油膜压力周向分布曲线可求得轴承中间截面上的平均单位压力。如图 4.8.5 所示，将圆周上 1，2，3，…，7 各点投影到另一水平直线上，将代表各点的油膜径向压力值的向量 p_i（i=1，2，…，7）向加载方向（垂直方向）进行投影（也可以直接计算），得到各点压力在载荷方向的分量，再将各分量平移到轴瓦直径上的对应点 1″，2″，…，7″

处，得到 $1''$-$1'''$，$2''$-$2'''$，…，$7''$-$7'''$，光滑连接各点所形成的曲线即为中间截面油膜压力承载曲线，如图 4.8.5 下半部曲线所示。求出此曲线所围的面积（用求积仪求出或数方格近似地求出），然后取矩形高 p_m 使其所围矩形面积与所求得的面积相等，此 p_m 值即为轴承中间截面上油膜的平均单位压力。

3）轴向油膜压力分布曲线

由于油会从轴承两个端面流出，因此实际使用中还要考虑端泄造成的承载损失。此时，油膜压力沿轴承宽度（轴向）呈抛物线分布，端泄影响与轴瓦宽径比（L/d）有关，L/d 越大，端泄越小；L/d 越小，端泄越大。

取其长度为轴承有效长度 L 的一水平线，在中点的垂直上按一定的比例尺画出该点的压力 p_4（端点为 $4'$），在距两端 $L/4$ 处沿垂线方向各画压力 p_8（图 4.8.2 中压力表 8 的读数），轴承两端压力为 0，将 0、$8'$、$4'$、$8'$、0 五点连成一光滑曲线（见图 4.8.6），此曲线即为轴承油膜压力轴向分布曲线，用前述方法可求其平均压力 p_a。

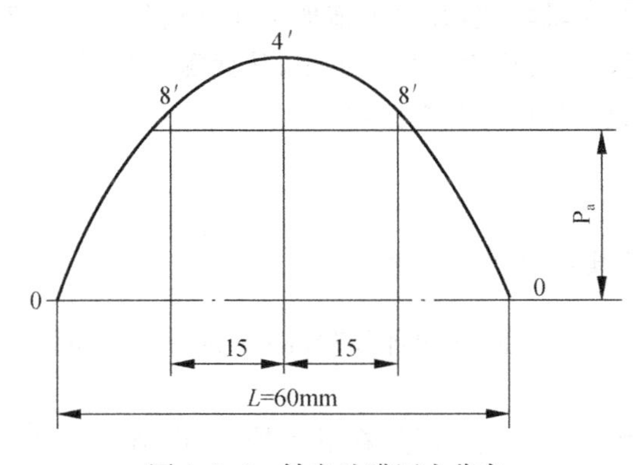

图 4.8.6　轴向油膜压力分布

4）实测 k 值

k 为端泄时的沿轴向油膜压力分布的影响系数。

$$k = \frac{p_a}{p_\phi} \tag{1}$$

式中，p_a 为任一轴承纵断面油膜轴向平均压力；p_ϕ 为该断面中点的压力。

也可由周向压力分布曲线求 k 值，即

$$W = kp_m Ld \tag{2}$$

式中，W 为承载量，可按实际载荷计。

将所求两个 k 值加以比较，并判断其是否符合抛物线分布规律。

5）轴承摩擦特性系数

液体动压润滑能否建立，通常用图 4.8.7 所示 f-λ 曲线来判别。其中 f 为轴颈与轴承之间的摩擦系数，λ 为表示工作状态的轴

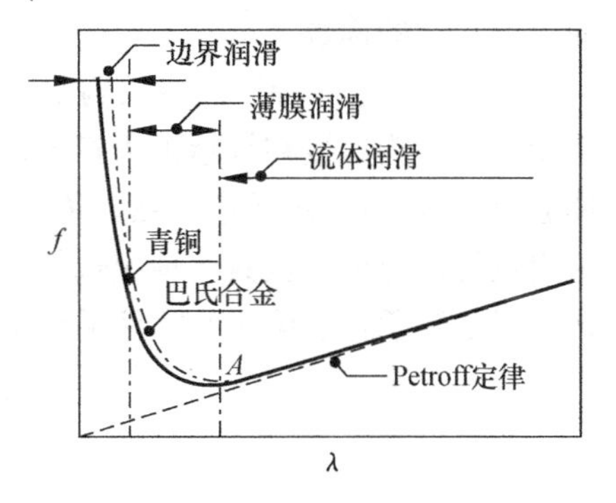

图 4.8.7　摩擦特性曲线（Stribeck 曲线）

承特性系数，它与轴的转速 n，润滑油动力黏度 η（单位为 Pa · s 可实测，也可根据油温查表计算）、润滑油压强 p 之间的关系为

$$\lambda = \eta n / p \tag{3}$$

式中，$p=\frac{F_r}{Ld}(\mathrm{N/mm^2})$，其中 F_r 是轴承承受的径向载荷。

特性曲线上的 A 点是轴承由混合润滑向流体润滑转变的临界点。此点的摩擦系数为最小，此点相对应的轴承特性系数称为临界特性系数，以 λ_0 表示。A 点之右，即 $\lambda>\lambda_0$ 区域为流体润滑状态；A 点之左，即 $\lambda<\lambda_0$ 区域称为边界润滑状态。

根据不同条件所测得的 f 和 λ 之值，就可以作出 f-λ 曲线，用以判别轴承的润滑状态，能否实现在流体润滑状态下工作。

3. 实验内容

启动电动机，控制主轴转速，并逐步施加工作载荷运转一定时间，轴承中形成的油膜承载能力可以通过相关压力表显示出来，从而测量出轴承表面周向和轴向的油膜压力值，绘制出油膜实际压力分布曲线。

4.8.4 实验过程

1. 立式滑动轴承实验台实验步骤

(1) 开启油泵，调节溢流阀手柄，使加载油腔压力及轴承供油压力均在 0.1MPa 以下。

(2) 将变速手柄杆放在左边，即放在低速挡上，调节控制器旋钮，使转速指针在最低速。

(3) 开主电动机开关，然后调节控制器旋钮，使指针读数为 100～200r/min。

(4) 再将变速手柄扳到高速挡，逐渐调高转速，使主轴转速达到 800r/min 左右。

(5) 将轴承左侧的测力杆用挡块调至大致水平位置，观察 8 只压力表示数。

(6) 加载荷：调节溢流阀手柄，将加载供油压调到 $p_0=0.4\mathrm{MPa}$，此时载荷 $W=2480\mathrm{N}$，运转几分钟，待各压力表示数稳定后自左至右依次记录 7 只压力表及轴向压力表 8 的读数。

(7) 轴承摩擦特性曲线的测定。在上述载荷条件下将主轴转速调至 1000r/min，将拉力计吊钩连接在轴承测力杆定端的吊环上（见图 4.8.1），放下挡块，观察拉力计读数，待稳定后记录其值。然后依次将主轴转速调至 800、600、200、100、50、20（临界值附近的转速可根据具体情况选择），记录各转速时之拉力计读数。最后列表计算各转速时之轴承特性值 λ 及摩擦系数 f。λ 计算按式(3)，f 的计算公式为

$$f=\frac{F\times L_0}{\frac{d}{2}\times W} \tag{4}$$

式中，F 为拉力计读数；W 为所加载荷。

根据所得之 f 及 λ 值绘制轴承特性曲线(见图 4.8.8)。接着改变载荷,将加载油垫供油压力调到 0.2MPa,重复上述实验,将所测得 f-λ 曲线与第一次实验曲线相比较(两次做出的实验应重合),以证明摩擦系数仅与 λ 有关。

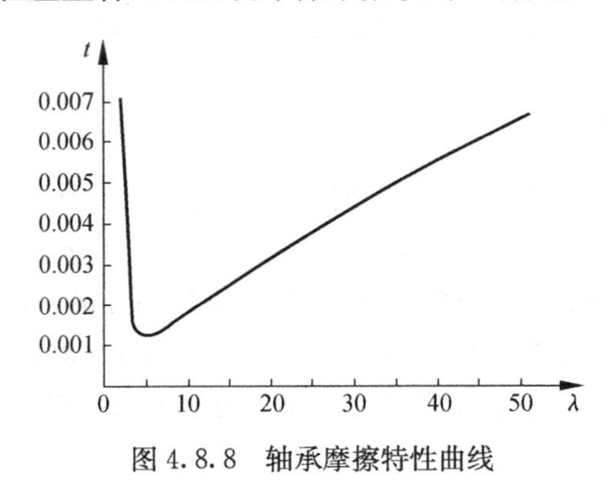

图 4.8.8　轴承摩擦特性曲线

2. 台式滑动轴承实验台实验步骤

(1) 松开实验台上螺旋加载杆。

(2) 按下实验台及实验仪的电源开关,接通电源。

(3) 按下实验仪后板上的“复位”键,实验台面板上工作载荷显示为“0”。

(4) 按下实验仪面板上的“清零”键,摩擦力矩显示窗口显示为“0”。

(5) 启动电动机,缓慢将主轴转速调整到 300r/min 左右;再缓慢转动螺旋加载杆,并注意观察工作载荷显示窗口,一般加载至 1800N 左右。

(6) 待各压力表的压力值稳定后,由左至右依次记录各压力表的压力值,然后按一定比例绘制径向油膜压力分布曲线与承载曲线,如图 4.8.5 所示。

4.8.5　注意事项

(1) 立式实验台启动前检查杠杆挂钩是否钩住,启动时先开油泵,停车时先卸载,不要低速启动(100r/min 以下)。

(2) 台式实验台在启动电动机转动之前请确认载荷为空,即要求先启动电动机再加载。

(3) 台式实验台在实验结束后如需要重新开始实验,先顺时针旋动轴瓦上端的螺钉,顶起轴瓦将油膜先放干净,以确保下次实验数据准确性。

(4) 因为油膜形成需要一小段时间,所以在开机实验或变化载荷或转速后,待其稳定后(一般等待 10s 即可)再采集数据。

(5) 在长期使用过程中须确保实验油的充足和清洁。油量不足或被污染都会影响实验数据的精度,并会造成油压传感器堵塞等问题。

4.8.6　思考题

(1) 结合机械设计课程相关内容,探讨油膜承载能力与什么因素有关?

(2) 工件载荷变化时，油膜承载能力和油膜厚度如何变化？

(3) 正确理解润滑状态与各参数 η、n、p 之间的关系。

4.9 机械传动综合实验

4.9.1 实验目的与要求

机械传动采用各种类型的装置，如何综合出符合应用要求且性能良好的传动系统是工程设计中的难点。通过本实验的方案验证、测试和分析，可以达到下列目的：

(1) 掌握机械传动合理布置的基本要求，机械传动方案设计的一般方法，并利用机械传动综合实验台对机械传动系统组成方案的性能进行测试，分析方案的特点。

(2) 掌握机械传动性能综合测试的工作原理和方法，掌握计算机辅助实验的新方法。

(3) 测试常用机械传动装置在传递运动与动力过程中的特性参数曲线（速度曲线、转矩曲线、功率曲线及效率曲线等），加深对常用机械传动的性能的认识和理解。

4.9.2 实验设备与工具

(1) 机械传动综合实验台。

(2) 装拆工具和测量工具。

4.9.3 实验内容与原理

1. 实验台及工作原理

机械传动综合实验台由变频调速电动机、待测传动装置、联轴器、加载装置和工控机等组成，采用模块化结构，各组成部件的结构布局如图 4.9.1 所示。其中传动装置可根据选择或设计的实验方案和内容，自行进行组合连接。提供的主要装置有动力部分、测试部分、被测部分和加载部分。

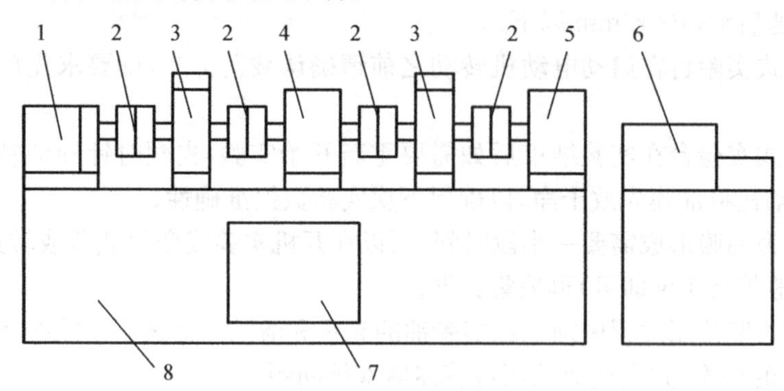

图 4.9.1 实验台的结构布局

1-变频调速电动机；2-联轴器；3-转矩转速传感器；4-待测传动装置；5-加载与制动装置；6-工控机；7-电器控制柜；8-实验台座

1) 动力部分

(1) 三相感应变频电动机:额定功率 0.55kW;同步转速 1500r/min;输入电压380V。

(2) 变频器:输入规格 AC 3PH 380～460V 50/60Hz,输出规格 AC 0～240V,1.7kVA,4.5A,变频范围 2～200Hz。

2) 测试部分

(1) ZJ10 型转矩转速传感器:额定转矩 10N·m,转速范围 0～6000r/min。

(2) ZJ50 型转矩转速传感器:额定转矩 50N·m,转速范围 0～5000r/min。

(3) TC-1 转矩转速测试卡:扭矩测试精度±0.2%FS,转速测量精度±0.1%。

(4) PC-400 数据采集控制卡。

3) 被测部分

(1) 直齿圆柱齿轮减速器:减速比 1∶5;齿数 $z_1=19$,$z_2=95$;模数 $m=1.5$;中心距 $a=85.5$mm。

(2) 摆线针轮减速器:减速比 1∶9。

(3) 蜗轮减速器:减速比 1∶10,蜗杆头数 $z_1=1$;中心距 $a=50$mm。

(4) 同步带传动:L 型同步带 3×14×80,3×14×95,带轮齿数 $z_1=18$,$z_2=25$,节距 $L_p=9.525$。

(5) V 带传动:O 型带,$d_1=70$mm,$d_2=115$mm,$L_d=900$mm;
O 型带,$d_1=76$mm,$d_2=145$mm,$L_d=900$mm;
O 型带,$d_1=70$mm,$d_2=88$mm,$L_d=630$mm。

(6) 链传动:链轮 $z_1=17$,$z_2=25$;
滚子链 08A-1×72 GB/T 6069—2002;
滚子链 08A-1×52 GB/T 6009—2002;
滚子链 08A-1×66 GB/T 6009—2002。

4) 加载部分

FZ-5 型磁粉制动(加载)器:额定转矩 50N·m,激磁电流 0～2A,允许滑差功率1.1kW。

实验台采用自动控制测试技术设计,所有电动机程控启停,转速程控调节,负载程控调节,用扭矩测量卡替代扭矩测量仪,整台设备能够自动进行数据采集处理,自动输出实验结果,具有高度智能化。其控制系统主界面如图 4.9.2 所示。

实验台的测控原理如图 4.9.3 所示。实验台能自动测试出机械传动装置的转速 n(r/min)、扭矩 M(N·m)、功率 N(kW)等主要性能参数,采用两个扭矩测量卡进行采样,测量精度±0.2%FS,由计算机进行实时数据分析与处理,并自动绘制出各种性能参数曲线。

无论哪类实验,其基本内容都是通过对某种机械传动装置或传动方案性能参数曲线的测试,来分析机械传动的性能特点。本实验台能自动测试出机械传动的性能

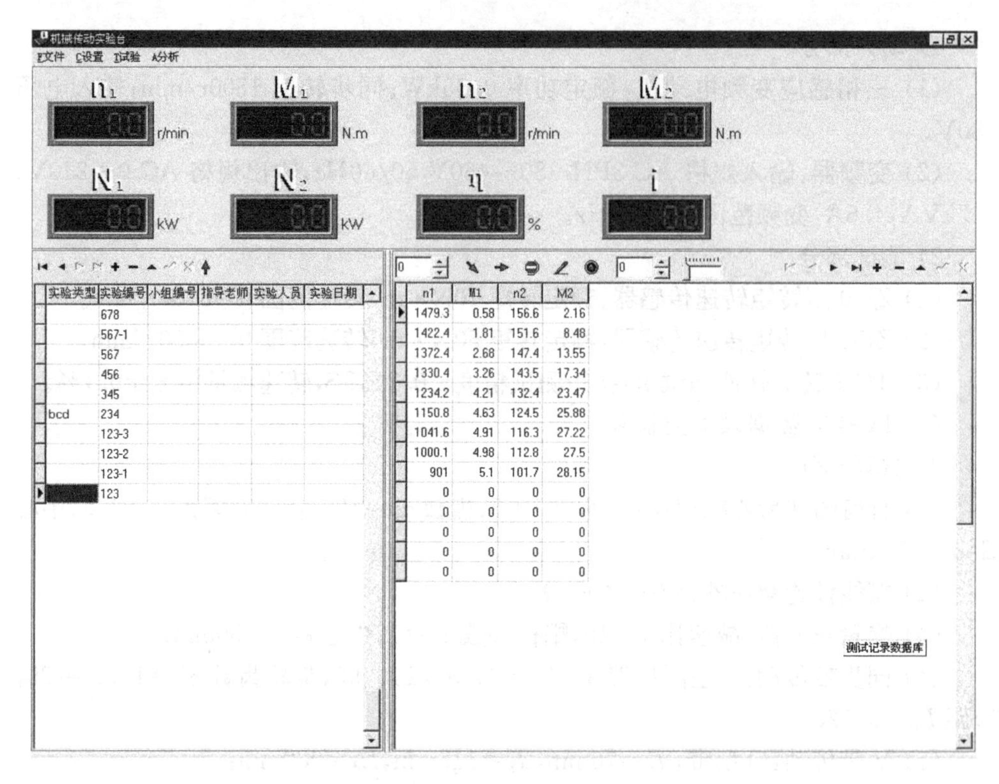

图 4.9.2　实验台控制系统主界面

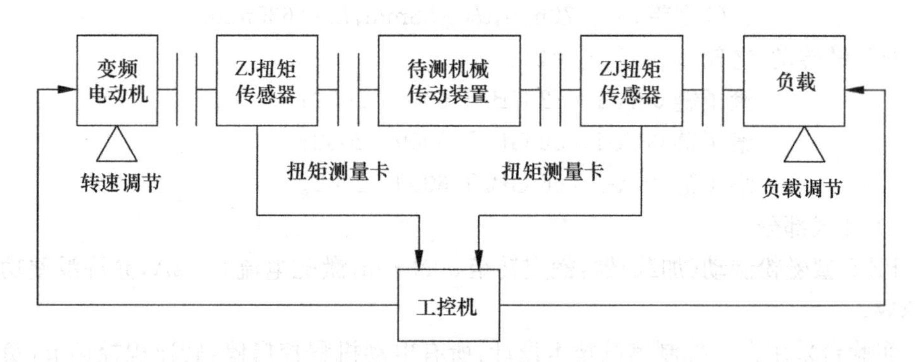

图 4.9.3　实验台的工作原理

参数，如转速 n(r/min)、扭矩 M(N·m)、功率 N(kW)，并按照以下关系自动绘制参数曲线。

(1) 传动比：$i=n_1/n_2$。

(2) 扭矩：$M=9550N/n$。

(3) 传动效率：$\eta=\dfrac{N_2}{N_1}=\dfrac{M_2 n_2}{M_1 n_1}\times 100\%$。

根据参数曲线(图 4.9.4 为示例)可以对被测机械传动装置或传动系统的传动性能进行分析。

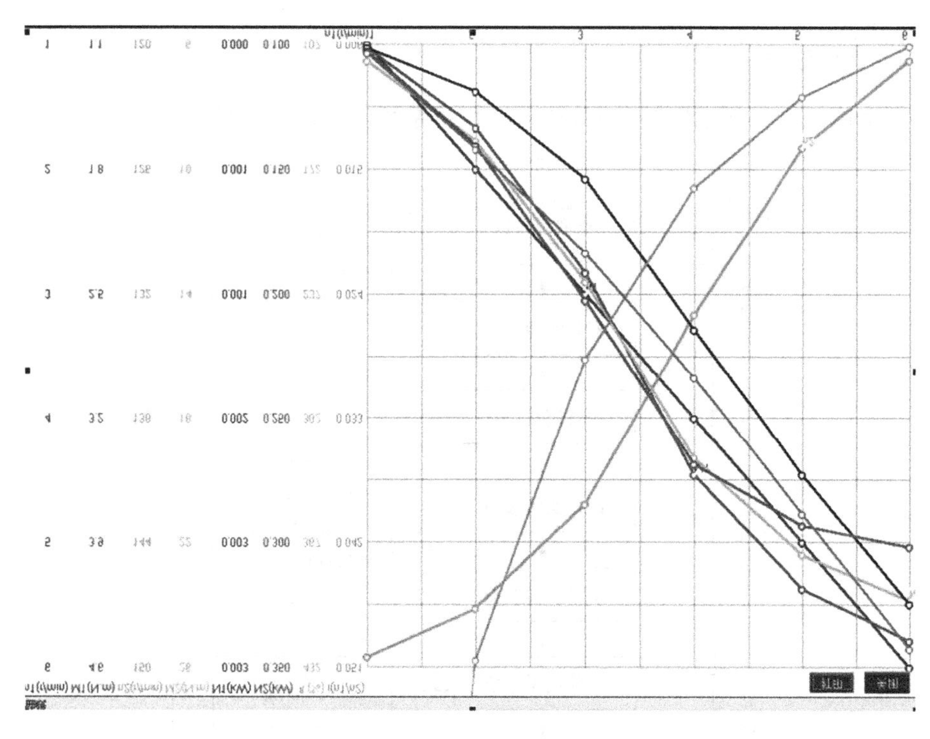

图 4.9.4　参数曲线示例

2. 实验内容

实验台能完成多类实验项目(见表 4.9.1),指导教师可根据专业特点和实验教学改革需要指定,也可由学生自主选择或按要求设计传动组合方案与实验内容。

表 4.9.1　实验项目

类型编号	实验项目名称	被测装置	备　注
A	典型机械传动装置性能测试实验	在带传动、链传动、齿轮传动、摆线针轮传动、蜗杆传动等中选择	
B	组合传动系统布置方案优化实验	由典型机械传动装置按设计思路组合	部分被测装置由教师提供,或另购拓展性实验设备
C	新型机械传动性能测试实验	新开发研制的机械传动装置	被测装置由教师提供,或另购拓展性实验设备

实验台采用模块化结构,学生可利用传动部分中不同部件的选择、组合搭配,通过支承连接,构成链传动实验台、V 带传动实验台、同步带传动实验台、齿轮传动实验台、蜗杆传动实验台、齿轮—链传动实验台、带—齿轮传动实验台、链—齿轮传动实验台、带—链传动实验台等多种单级典型机械传动及两级组合机械传动的性能综合测试系统。

4.9.4 实验过程

参考图 4.9.5 所示实验步骤，结合计算机系统用鼠标和键盘进行实验操作。

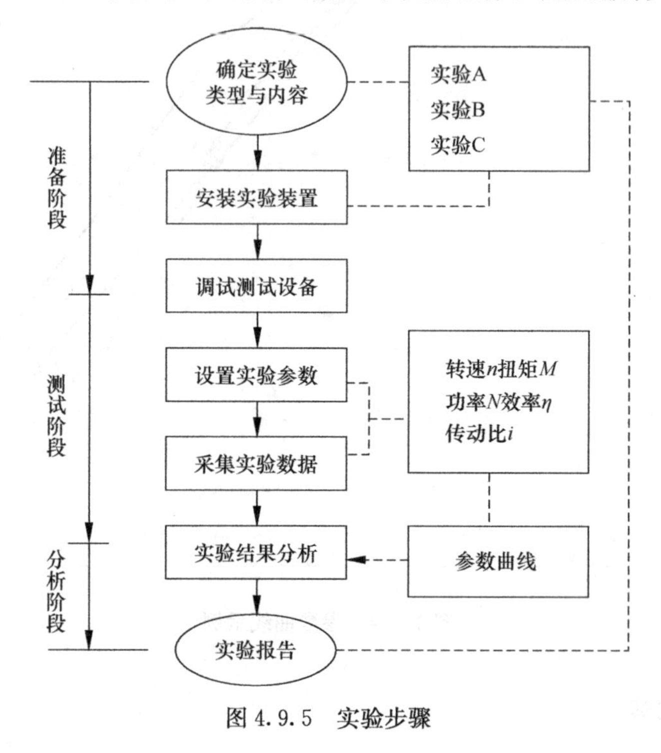

图 4.9.5 实验步骤

1. 准备阶段

(1) 确定实验类型与实验内容。

实验 A：选择实验 A(典型机械传动装置性能测试实验)时，可从 V 带传动、同步带传动、套筒滚子链传动、圆柱齿轮减速器、蜗杆减速器中，选择 1～2 种进行传动性能测试实验。

实验 B：选择实验 B(组合传动系统实验)时，则要确定选用的典型机械传动装置及其组合布置方案，如表 4.9.2 所示，并进行方案比较实验。

表 4.9.2 组合传动系统实验

实验内容编号	组合布置方案 a	组合布置方案 b
B1	V 带传动—齿轮减速器	齿轮减速器—V 带传动
B2	同步带传动—齿轮减速器	齿轮减速器—同步带传动
B3	链传动—齿轮减速器	齿轮减速器—链传动
B4	带传动—蜗杆减速器	蜗杆减速器—带传动
B5	链传动—蜗杆减速器	蜗杆减速器—链传动
B6	V 带传动—链传动	链传动—V 带传动
B7	V 带传动—摆线针轮减速器	摆线针轮减速器—V 带传动
B8	链传动—摆线针轮减速器	摆线针轮减速器—链传动

实验C:选择实验C(新型机械传动性能测试实验)时,首先要了解被测机械的功能与结构特点。

(2) 布置、安装被测机械传动装置(系统)。注意选用合适的调整垫块,确保传动轴之间的同轴线要求。

(3) 按《实验台使用说明书》要求对测试设备进行调零,以保证测量精度。

2. 测试阶段

(1) 打开实验台电源总开关和工控机电源开关。

(2) 单击“Test”显示测试控制系统主界面,熟悉主界面的各项内容。

(3) 键入实验教学信息标:实验类型、实验编号、小组编号、实验人员、指导老师、实验日期等。

(4) 单击“设置”,确定实验测试参数:转速 n_1、n_2,扭矩 M_1、M_2 等。

(5) 单击“分析”,确定实验分析所需项目:曲线选项、绘制曲线、打印表格等。

(6) 启动主电动机,开始实验。使电动机转速加快至接近同步转速后,进行加载。加载时要缓慢平稳,否则会影响采样的测试精度;待数据显示稳定后,即可进行数据采样。分级加载,分级采样,采集数据10组左右即可。

(7) 从“分析”中调看参数曲线,确认实验结果。

(8) 打印实验结果。

(9) 结束测试。注意逐步卸载,关闭电源开关。

3. 分析阶段

(1) 对实验结果进行分析:对于实验A和实验C,重点分析机械传动装置传递运动的平稳性和传递动力的效率。对于实验B,重点分析不同的布置方案对传动性能的影响。

(2) 整理实验报告:实验报告的内容主要包括测试数据(表)、参数曲线;对实验结果的分析;实验中的新发现、新设想或新建议。

4.9.5 注意事项

(1) 开动电动机之前,要先检查实验装置,包括线路连接、装置搭接的正确与可靠。

(2) 测试时加载一定要平稳缓慢,否则将影响采样的测试精度。在施加实验载荷时,“手动”应平稳地旋转电流微调旋钮,“自动”也应平稳地加载,并注意输入传感器的最大转矩分别不应超过其额定值的120%。

(3) 无论做何种实验,均应先启动主电动机后加载荷,严禁先加载荷后开机。

(4) 在实验过程中,如遇电动机转速突然下降或者出现不正常的噪声和振动时,必须卸载或紧急停车(关掉电源开关),以防电动机温度过高,烧坏电动机、电器及其他意外事故。

(5) 测试结果如果误差较大,应检查实验装置是否正确安装,转速转矩传感器的调零是否正确。

(6) 实验台采用的是风冷式磁粉制动器,注意其表面温度不得超过 80℃,实验结束后应及时卸除载荷。

(7) 实验台有数十种搭接形式,但其中有些形式在实际中很少采用或是不宜采用。例如滚子链运转时噪声大、磨损后易发生跳齿,链速一般控制在 15m/s 以下,因此实验时,电动机转速不宜太高,或在做多级传动测试时宜置于低速级。又如在做多级传动实验时,如果置 V 带或同步带于低速级,转速越低,则带的负载越大,这样 V 带易打滑、同步带由于强度不够易运动失效。

(8) 变频器出厂前设定完成,若需更改,必须由专业技术人员或熟悉变频器之技术人员担任,因不适当的设定将造成人身安全和损坏机器等意外事故。

4.9.6 思考题

(1) 查阅资料,调研在工程设计中传动装置的设计主要是根据什么要求进行的?

(2) 传动装置效率实测值和理论值是否有差别?为什么?

(3) 采用什么措施或什么样的传动类型组合能够提高传动装置的效率?

参 考 文 献

范垂本. 1979. 齿轮的强度和试验. 北京:机械工业出版社

方文中. 1993. 同步带传动设计·制造·使用. 上海:上海科学普及出版社

伏尔默 J. 1983. 凸轮机构. 郭连声等译. 北京:机械工业出版社

姜琪. 1999. 机械运动方案及机构设计. 北京:高等教育出版社

李华敏,韩元莹,王知行. 1985. 渐开线齿轮的几何原理与计算. 北京:机械工业出版社

李玉盛. 1993. 带传动可靠性设计. 重庆:重庆大学出版社

濮良贵等. 2001. 机械设计. 7 版. 北京:高等教育出版社

日本机械学会. 1984. 齿轮强度设计资料. 北京:机械工业出版社

王白琴,陈录如,陈先峰. 1991. 高强度螺栓连接. 北京:冶金工业出版社

希格利 J E,米切尔 L D. 1988. 机械工程设计. 全永昕,余长庚,汝元功等译. 北京:高等教育出版社

仙波正庄. 1984. 齿轮强度计算. 北京:化学工业出版社

徐溥滋,陈铁鸣,韩永春. 1988. 带传动. 北京:高等教育出版社

杨昂岳. 2009. 实用机械原理与机械设计实验技术. 长沙:国防科技大学出版社

张策. 2000. 机械动力学. 北京:高等教育出版社

张锡山,徐铁华. 1988. 带传动技术. 北京:纺织工业出版社

周仁睦. 1992. 转子动平衡——原理、方法和标准. 北京:化学工业出版社

第 5 章　创新性、研究性实验

5.1　典型机械设备认知与方案创新实验

5.1.1　实验目的与要求

实验目的是通过亲身观察实验对象即典型机械设备的工作过程，以及必要的动手，使学生基本理解、掌握：

(1) 认识其工作原理，从而进行功能分析，绘制功能结构图。

(2) 由功能要求拟定机械运动方案(技术系统)。

(3) 实际机器的机构运动简图绘制和工作循环图绘制。

通过本实验，学生对设计的系统性与工程化体验能够得到加强，观察能力、动手能力和知识综合应用能力、创新思维能力可以得到很好的锻炼；同时也接触到典型行业机械设备及其工作原理，积累经验，丰富工程领域的专业知识。

在实验中，要求学生仔细观察实验对象的动力传递路线，各种工艺动作及相互配合；此外，还要求所学设计知识的综合应用，创新思维的积极开展，以及创新技法的灵活运用。

5.1.2　实验设备与工具

(1) 双扭结糖果包装机、饮料灌装生产线、插秧机及其他实验室所具有的各种行业典型机械设备(学生自选)。

(2) 刻度盘指针、尺寸测量等辅助工具，扳手等拆装工具。

5.1.3　实验内容与原理

1. 机器组成、工作过程观察

不管工业用还是家用，机器在工作过程中能替代或减轻人的劳动，甚至可以代替人的脑力劳动。那么它们是如何组成的？又是如何工作的？

机器主要由具有确定相对运动的机构和其他辅助零部件所组成，在动力输入后能实现预期的机械运动，可用来完成有用的机械功或转换机械能。其中利用机械能来完成有用功的机器称为工作机，如车床、纺织机、糖果包装机等；将其他形式的能量转换为机械能的机器称为原动机，如发动机、电动机。

现代机器从传动路线结构上分析主要由 4 部分组成：原动机、传动系统、执行机构和控制系统，如图 5.1.1 所示。原动机提供机器的动力，驱动整个机器完成预定的功能，通常一台机器用一个或几个原动机。传动系统把动力或运动根据需要传递到执行系统，如减速、增速、调速、改变转矩以及运动形式等，从而满足执行机构的各种要求。执行机构完成机器预定的工艺动作，是机器中直接完成工作任务的部分。控制系统则完成机器工作期间以上各部分的检测、调节等功能，使机器准确、可靠地完成工作任务。此外，有的机器还有一些附加辅助机构，如保险安全机构等。

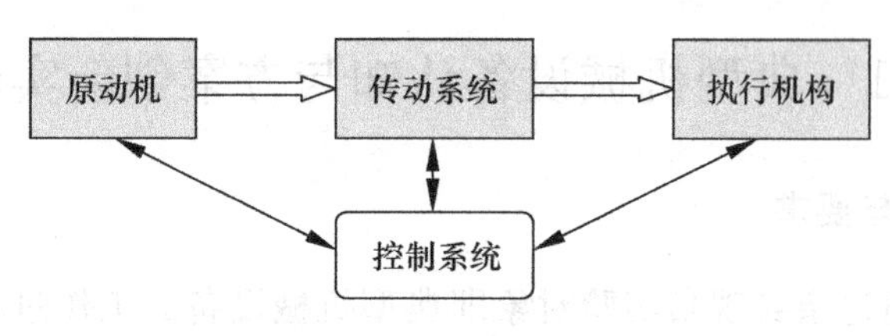

图 5.1.1　机器组成

在观察实验对象工作过程时，必须指出机器的传动路线实际上是运动和动力的传递过程，即代表着机器的工作原理，不仅决定了主要能量的传递路线，而且决定了物料的传递和转换。因此，为符合认知思路，观察的路线应该是从原动机到执行机构。另外，还需关注现代机器工作过程中的信息传递。

2. *功能分析及功能结构图绘制*

如果从功能结构上来分析，现代机器总功能可以用图 5.1.2 表示，即通过机器内部技术系统可以将外部输入（信息、能量和物料）传递或转换成为某种输出（新的信息、能量和物料）。

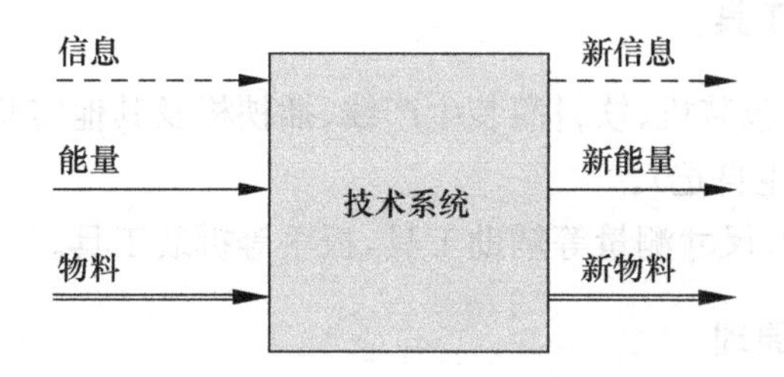

图 5.1.2　总功能图

从系统的观点来看，机器总功能可以逐级分解成各分功能，如图 5.1.3 为回转型真空灌装机的功能树（分解图）。这样，对应的技术系统也可以分解成承载各分功能的子系统，子系统之间通过信息流、能量流和物料流三者有机地联系起来，从而可以实现机器的总功能。

功能结构图是指表示各分功能之间联系与配合关系的框图，如图 5.1.4 为回转型真空灌装机的功能结构图。它是在描述总功能的黑箱图和功能分解的基础上，进一步分析为实现总功能，各主要分功能之间应有的先后次序或相互保证关系，借助于信息流、能量流和物料流关系构建起来的。

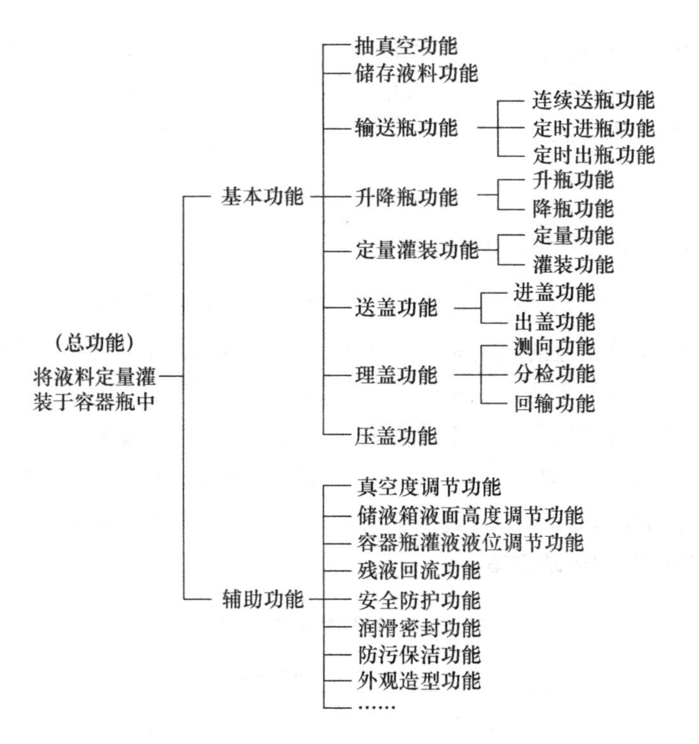

图 5.1.3　回转型真空灌装机功能分解图

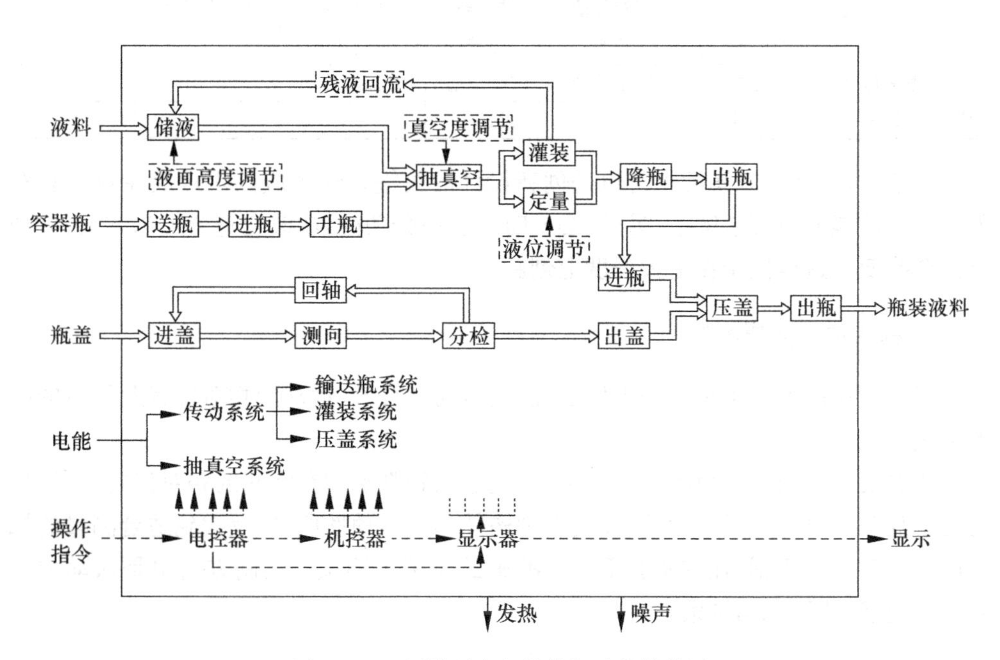

图 5.1.4　回转型真空灌装机功能结构图

在分析机器功能与绘制功能结构图时，重点观察实验对象末端执行的工作过程，深刻领会各工艺动作的必要性、时序性和协调性。作为设计原则，对于新设计，功能结构应构建得越简单越好，并尽可能便于寻找各分功能的原理解或载体。因此，机器的一些工艺动作能否整合或工艺方案能否创新是开发的关键，因而也最终决定机器性能、成本等指标的不同。对于实验对象，应该通过创新思维积极开展这方面的创新训练。

3. 机器运动方案创新与拟制

机器运动方案拟订通常有三步。首先，对各分功能求原理解，即寻找实现各分功能的作用原理，以及相应的技术系统。求解方法可以利用查资料、经验类比、头脑风暴、联想创新法等多种方法。对每一分功能，应该扩散思路力求多解。然后，将各分功能对应的原理解，通过形态学矩阵来表达。表 5.1.1 为挖掘机形态学矩阵。最后，从每个分功能的解法中取一个解，并按分功能顺序组合，得到一个实现总功能的原理组合解，即机器的运动方案。一般解有很多个，需对众多的方案进行比较评价，选择最佳方案作为机器的运动方案。

表 5.1.1　挖掘机形态学矩阵

分功能		分功能解法					
		1	2	3	4	5	6
A	动力源	电动机	汽油机	柴油机	蒸汽透平	液动机	气动马达
B	移动传动	齿轮传动	蜗轮传动	带传动	链传动	液力耦合器	—
C	移位	轨道及车轮	轮胎	履带	气垫	—	—
D	取物传动	拉杆	绳索传动	气缸传动	液压缸传动	—	—
E	取物	挖斗	抓斗	钳式斗		—	—

注意，机器运动方案的拟订也是创新设计的关键。学生应该重点放在对实验对象主要分功能的原理求解上；另外，必要时整合原分功能，或改变整个工艺方案(分功能完全改变)，这样便于在更大程度上创新。

4. 机构运动简图测绘

机构运动简图表示机器的工作原理，用运动副符号、运动副相对位置及简单的线条来表示。

机器实际机构运动简图测绘的关键，是运动副判别和在空间的相对位置。所以，需要手盘观察机器的慢速运动，以便判别构件相对运动性质，以及找到适合测量的机构位置。对于凸轮副，在本实验不进行准确的轮廓点测试。绘制方向也是从动力源开始，一直到执行机构结束。

5. 自拟运动方案与实际方案的比较与评价

对于自拟实验对象运动方案，与测绘结果进行比较，然后通过查阅资料文献，从制造成本、技术特点与可行性等方面进行简要评价。

6. 工作循环图绘制

机器的工作循环图是表示机器各执行机构的运动循环，以及在工作循环内各执行机构相互关系的示意图，通常也称为机器的运动循环图。机器的生产工艺动作顺序是通过拟定机器工作循环图选用各执行机构来实现的。因此，工作循环图是设计机器的控制系统和进行机器调试的依据。目前用得比较多的是圆形运动循环图和直角坐标运动循环图形式，分别如图 5.1.5(有梭织机运动循环图)和图 5.1.6(自动切书机运动循环图)所示。

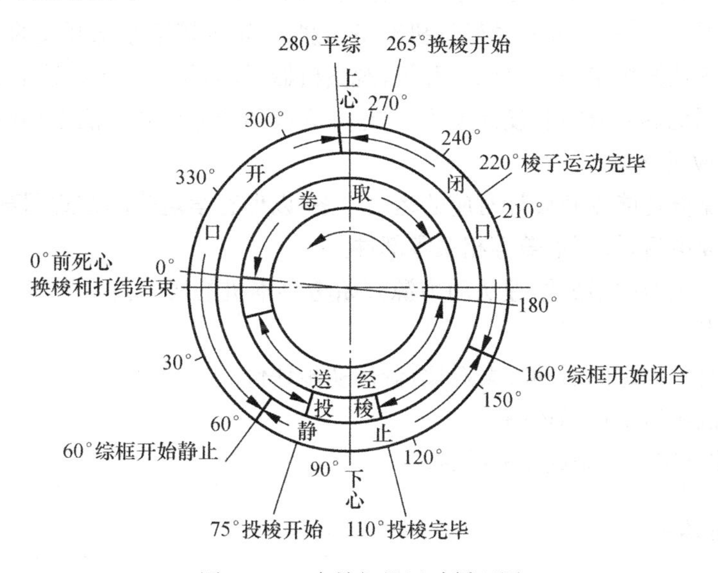

图 5.1.5　有梭织机运动循环图

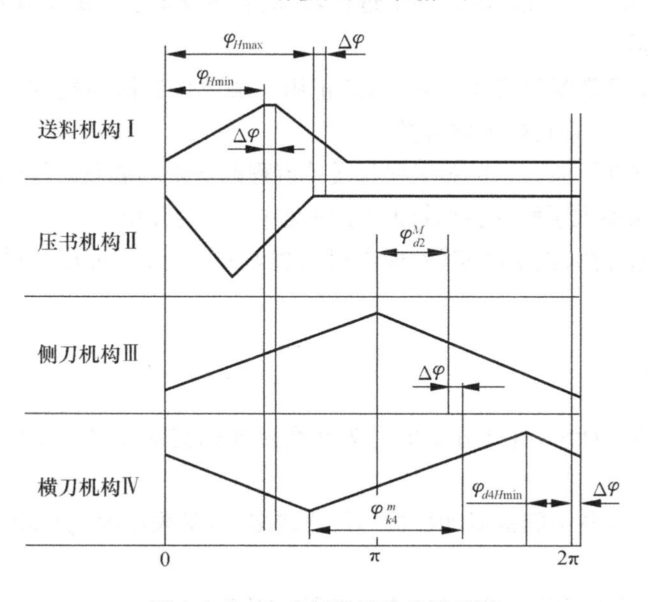

图 5.1.6　自动切书机运动循环图

绘制工作循环图时，按同一时间(通常按转角)比例绘制，通常选择以某一主要执行机构的主动轴起点为基准，此时其轴上固定刻度盘调整到“0”刻度，其余各执行机构的运动循环表示相对于该主要执行机构的动作顺序，以观察工艺动作组合实现机器总功能的可靠性。

5.1.4 实验过程

本实验以典型行业机械设备为实验对象，在实验机器选定后，实验步骤如下：

(1) 教师对实验对象在行业生产中背景知识讲授。

(2) 学习开机操作程序，做好开机准备，同时一定要搞清紧急开关的位置。

(3) 在确认开机步骤和要求后开机，观察机器运动，从而提出机器的总功能。

(4) 根据机器的分析和设计流程，讨论并完成功能分析和功能结构图的绘制，或进一步提出改进建议。

(5) 根据分功能创新设计对应的运动方案，以形态学矩阵的方式用草图表示。

(6) 在断电后，拆下罩盖等相关零部件。

(7) 按照机器的组成原理从动力源开始考察本机的实际技术方案的实现，并绘制机构运动简图。

(8) 与自己拟定的运动方案对比，做出初步评价。

(9) 绘制机器工作循环图。

(10) 按规定格式完成实验报告。

5.1.5 注意事项

(1) 开机操作必须在教师指导下进行，开机顺序及要求一定要理清，开机时小组内同学要相互提醒。

(2) 打开罩壳观察时要注意安全，禁止用手触摸机器活动机件。当机器进行调整和故障检修时，必须切断电源开关。

(3) 实验重点是加强学生对工程化设计流程的认识和创新思维的训练。难点是学生对创新技法不太了解，指导教师应该对此作一定的介绍。

(4) 作为综合性、创新性实验，面向机械类本科生开放，可在“机械原理”课程教学后进行。

5.1.6 思考题

(1) 在机器设计中，各部分集成时为什么要强调空间和时间上的协调？应该从哪些方面考虑。

(2) 在机械设备中间歇运动机构用得比较多，也常采用固定凸轮的结构，请举例说明。

(3) 机器工作循环图设计时应该考虑哪些因素？

5.2　机构运动方案创意设计模拟实验

5.2.1　实验目的与要求

机构创新是机械产品创新的关键，本实验是一个基于机构组成原理的机构创新设计的实物模拟实验。通过实验达到以下目的：

(1) 加深学生对机构组成原理的理解，特别是杆组概念，为机构创新设计奠定良好的基础。

(2) 利用若干不同的杆组实物拼接各种不同的平面机构，强化结构设计能力。

(3) 了解位移、速度、加速度和转速及回转不匀率等运动特性的测定方法。

(4) 通过运动参数测试验证设计的机构运动方案的可行性，及作机构运动特性的评价。

(5) 训练学生的工程动手实践能力，培养学生机构运动创新设计意识及综合设计的能力。

实验重点是创新训练，因此要求学生了解机械设计方法学的基本原理及创新技能，以便在实验过程中应用。

5.2.2　实验设备与工具

(1) 框架型实验台(有多个厂家提供的各种类型)及测试分析系统。

(2) 一字螺丝刀、十字螺丝刀，M5、M6、M8 内六角扳手，6 或 8 英寸活动扳手等拆装工具。

(3) 钢板尺、1m 卷尺、游标卡尺等测量辅助工具。

5.2.3　实验内容与原理

1. 实验台组成结构及工作原理

图 5.2.1 所示实验台为平面封闭型钢结构形式，机构刚度好，机架结构为立柱型式，每根立柱上部装有滚动轴承，使立柱沿机架平面水平方向移动时，灵活平稳。实验台配备 70 余种近 900 个零部件，零部件分门别类存放在 4 个零件箱内。

实验台另有一套多功能传感器安装支架，在机构搭接完成后安装上传感器，通过配套的测试分析仪与软件，同时检测机构中单个或多个机构的位移、速度、加速度、角位移、角速度、角加速度、主传动轴转速及回转不匀率等运动参数，并可在计算机上清晰直观地观察运动参数变化曲线。

图 5.2.1　机构实验台

实验台软件提供多种典型机构三维结构拼装

图、拼装爆炸图，提供相应的机构三维运动仿真图及三维运动仿真功能。

机构运动方案创新设计实验台的运动副拼接方法如下(图示中的编号与“机构运动方案创新设计实验台组件清单”序号相同)。

1) 实验台机架

如图 5.2.2 所示，实验台机架有 5 根铅垂立柱，它们可沿 X 方向移动。移动时用双手推动，并尽可能使立柱在移动过程中保持铅垂状态。立柱移动到预定的位置后，将立柱上、下两端的螺栓锁紧(不允许将立柱上、下两端的螺栓卸下，在移动立柱前只需将螺栓拧松即可)。立柱上的滑块可沿 Y 方向移动。将滑块移动到预定的位置后，用螺栓将滑块紧定在立柱上。按上述方法即可在 X、Y 平面内确定活动构件相对机架的连接位置。面对操作者的机架铅垂面称为拼接起始参考面。

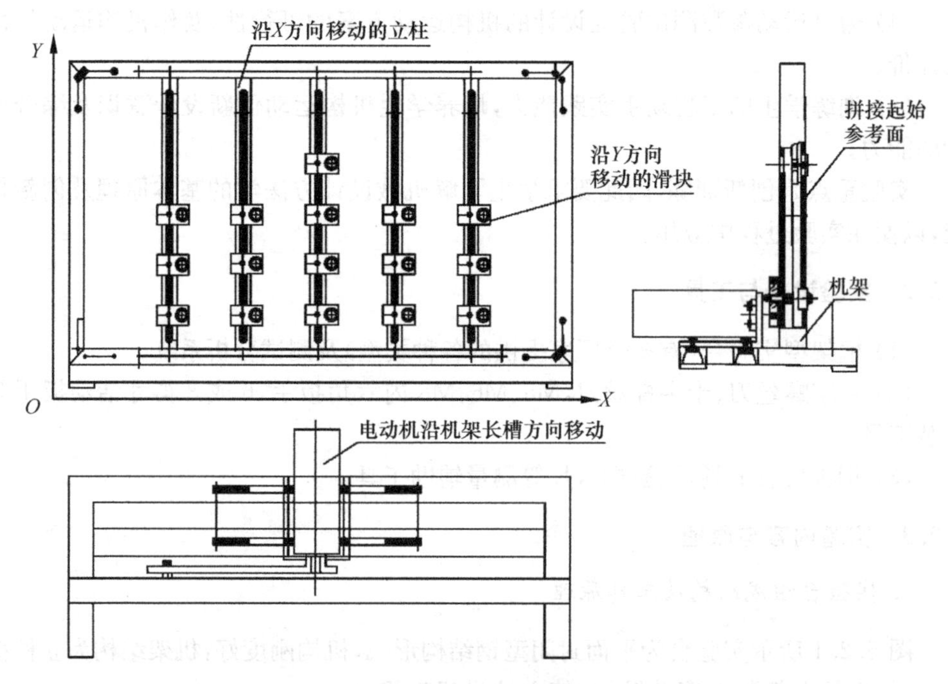

图 5.2.2 实验台机架组装

2) 轴相对机架的拼接

有螺纹端的轴颈可以插入滑块 28 上的铜套孔内，通过平垫片、防脱螺母 34 的连接与机架形成转动副或与机架固定。若按图 5.2.3 拼接后，6 或 8 轴相对机架固定；若不使用平垫片 34，则 6 或 8 轴相对机架做旋转运动。

扁头轴 6 为主动轴，8 为从动轴，主要用于与其他构件形成移动副或转动副，也可将盘类构件锁定在扁头轴颈上。

3) 转动副的拼接

若两连杆间形成转动副，按图 5.2.4 所示方式拼接。其中，转动副轴 14 的扁平轴颈可分别插入两连杆 11 的圆孔内，用压紧螺栓 16、带垫片螺栓 15 与 14 端面上的

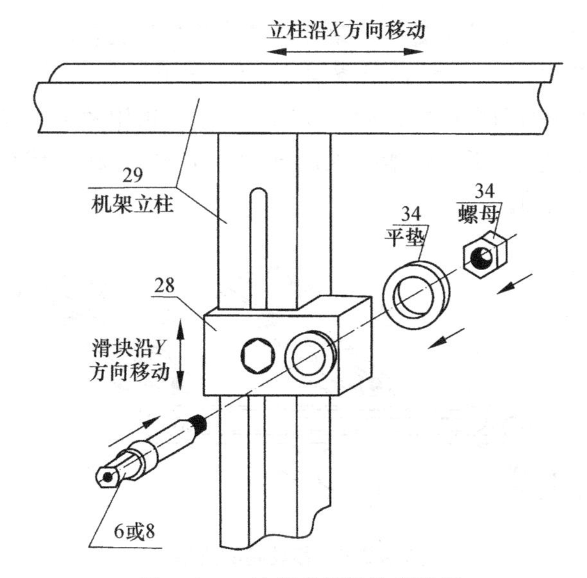

图 5.2.3　轴相对机架的拼接图

螺孔连接。这样,连杆被 16 固定在 14 的轴颈上,而与 15 相连接的 14 相对另一连杆转动。

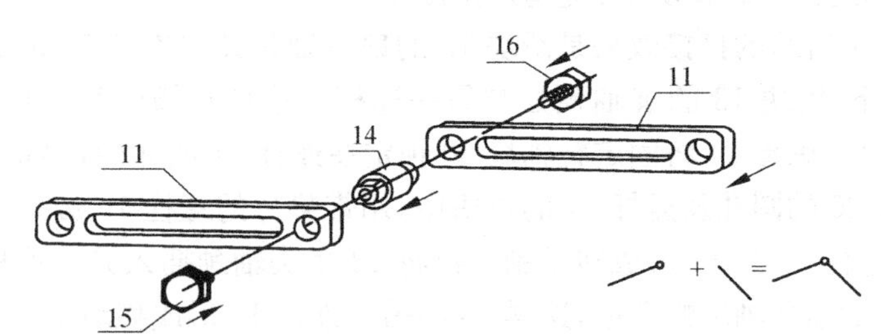

图 5.2.4　转动副拼接图

提示:根据实际拼接层面的需要,件 14 可用件 7 转动副轴 3 代替,由于件 7 的轴颈较长,此时须选用相应的运动构件层面限位套 17 对构件的运动层面进行限位。

4) 移动副的拼接

如图 5.2.5 所示,转动副轴 24 的圆轴颈端插入连杆 11 的长槽中,通过带垫片的螺栓 15 的连接,24 可与 11 形成移动副。

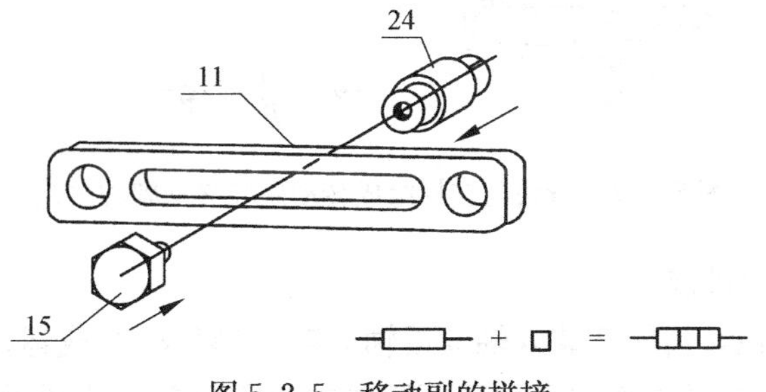

图 5.2.5　移动副的拼接

提示：转动副轴 24 的另一扁平轴颈可与其他构件形成转动副或移动副。根据实际拼接的需要，也可选用件 7 或 14 代替件 24 作为滑块。

另一种形成移动副的拼接方式如图 5.2.6 所示。选用两根轴(6 或 8)，将轴固定在机架上，然后再将连杆 11 的长槽插入两轴的扁平颈端，旋入带垫片螺栓 15，则连杆相对机架做移动运动。

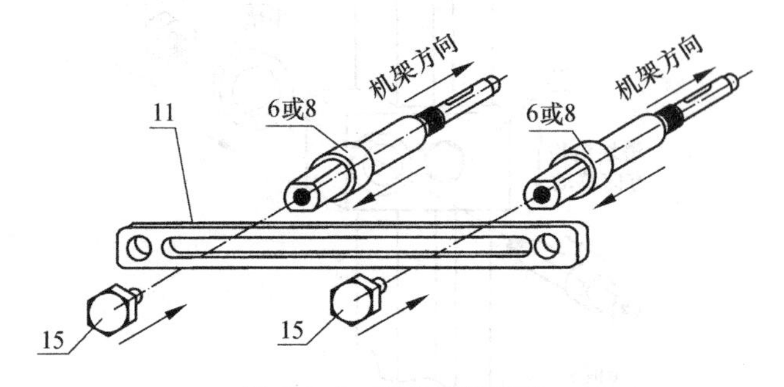

图 5.2.6　移动副的拼接

提示：根据实际拼接的需要，若选用的轴颈较长，此时需选用相应的运动构件层面限位套 17 对构件的运动层面进行限位。

5) 滑块与连杆组成转动副和移动副的拼接

如图 5.2.7 所示的拼接效果是滑块 13 的扁平轴颈处与连杆 11 形成移动副，在 20、21 的帮助下，滑块 13 的圆轴颈处与另一连杆在连杆长槽的某一位置形成转动副。首先用螺栓、螺母 21 将固定转轴块 20 锁定在连杆 11 的侧面，再将转动副轴 13 的圆轴颈插入 20 的圆孔及连杆 11 的长槽中，用带垫片的螺栓 15 旋入 13 的圆轴颈端的螺孔中，这样 13 与 11 形成转动副。再将 13 扁头轴颈插入另一连杆的长槽中，将 15 旋入 13 的扁平轴端螺孔中，这样 13 与另一连杆 11 形成移动副。

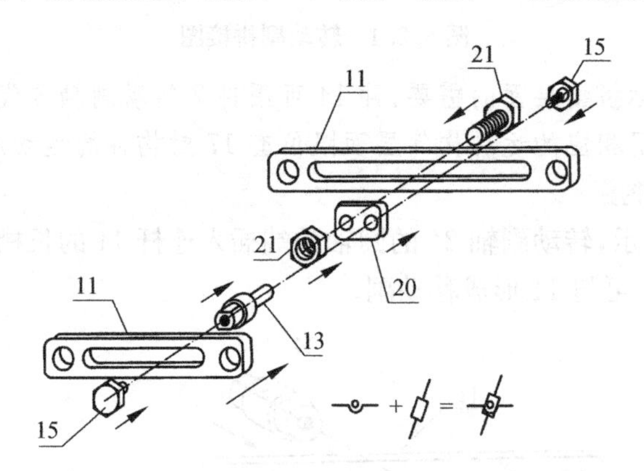

图 5.2.7　滑块与连杆组成转动副和移动副的拼接

6) 齿轮与轴的拼接

如图 5.2.8 所示，齿轮 2 装入轴 6 或轴 8 时，应紧靠轴(或运动构件层面限位套 17)的根部，以防止造成构件的运动层面距离的累积误差。按图示连接好后，用内六角紧定螺钉 27 将齿轮固定在轴上(注意:螺钉应压紧在轴的平面上)。这样,齿轮与轴形成一个构件。

若不用内六角紧定螺钉 27 将齿轮固定在轴上,欲使齿轮相对轴转动,则选用带垫片螺栓 15 旋入轴端面的螺孔内即可。

如图 5.2.9 所示拼接,连杆 11 与齿轮 2 形成转动副。根据所选用盘杆转动轴 19 的轴颈长度不同,决定是否需用运动构件层面限位套 17。

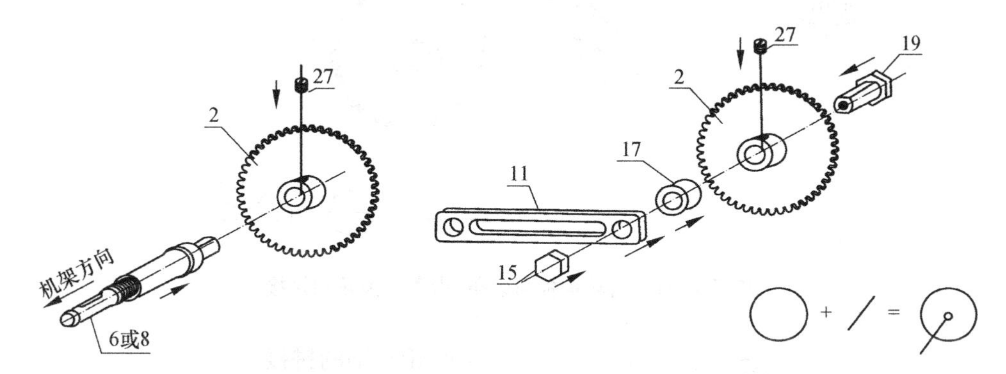

图 5.2.8　齿轮与轴的拼接图　　　　图 5.2.9　齿轮与连杆形成转动副的拼接

若选用轴颈长度 $L=35\text{mm}$ 的盘杆转动轴 19,则可组成双联齿轮,并与连杆形成转动副,如图 5.2.10 所示;若选用 $L=45\text{mm}$ 的盘杆转动轴 19,同样可以组成双联齿轮,与前者不同的是要在盘杆转动轴 19 上加装一运动构件层面限位套 17。

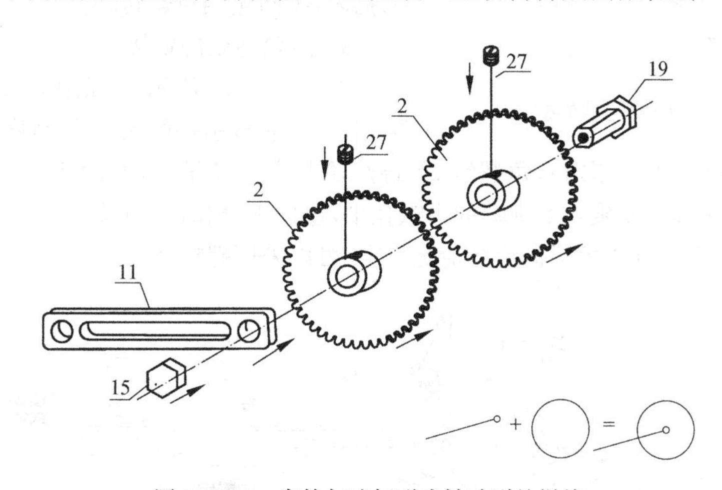

图 5.2.10　齿轮与连杆形成转动副的拼接

7) 齿条护板与齿条、齿条与齿轮的拼接

如图 5.2.11 所示,当齿轮相对齿条啮合时,若不使用齿条导向板,则齿轮在运动时会脱离齿条。为避免此种情况出现,在拼接齿轮与齿条啮合运动方案时,需选用两根齿条导向板 23 和螺栓螺母 21 按图示方法进行拼接。

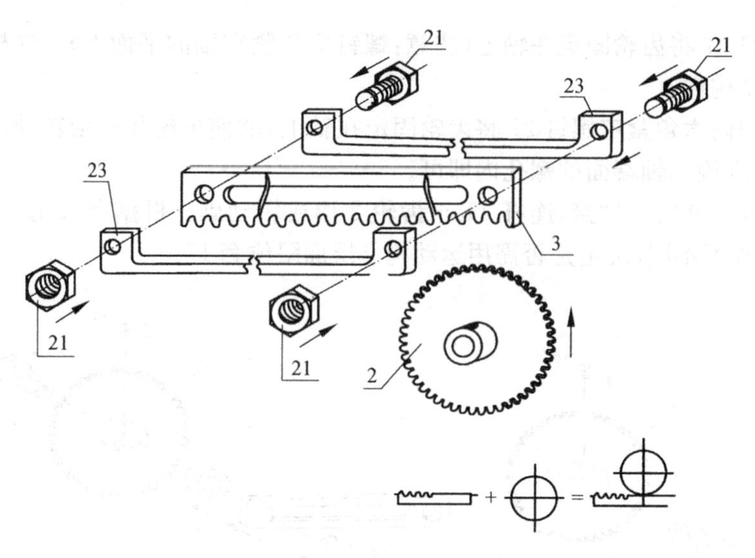

图 5.2.11 齿轮护板与齿条、齿条与齿轮的拼接

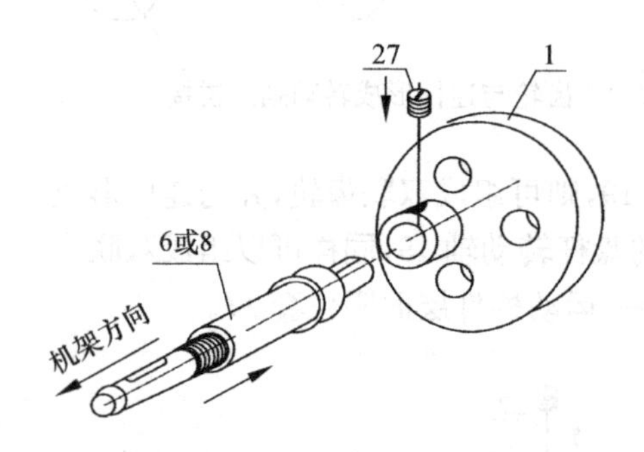

图 5.2.12 凸轮与轴的拼接

8）凸轮与轴的拼接

按图 5.2.12 所示拼接好后，凸轮 1 与轴 6 或 8 形成一个构件。

若不用内六角紧定螺钉 27 将凸轮固定在轴上，而选用带垫片螺栓 15 旋入轴端面的螺孔内，则凸轮相对轴转动。

9）凸轮高副的拼接

如图 5.2.13 所示，首先将轴 6 或 8 与机架相连，然后分别将凸轮 1、从动件连杆 11 拼接到相应的轴上去。用内六角螺钉 27 将凸轮紧定在 6 轴上，凸轮 1 与 6 轴同步转动；将带垫片螺栓 15 旋入 8 轴端的内螺孔中，连杆 11 相对 8 轴做往复移动。高副锁紧弹簧 17 的安装方式可根据拼接情况自定，可以采用螺栓 21。

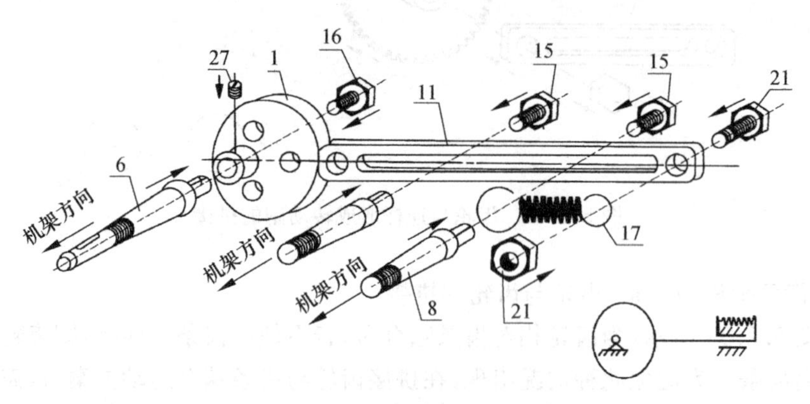

图 5.2.13 凸轮高副的拼接

提示:用于支撑连杆的两轴间的距离应与连杆的移动距离(凸轮的最大升程为30mm)相匹配。欲使凸轮相对轴的安装更牢固,还可在轴端的内螺孔中加装压紧螺栓15。

10) 曲柄双连杆部件的使用

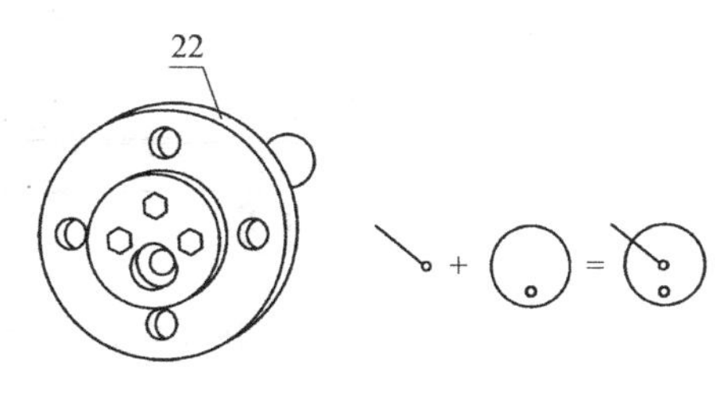

图5.2.14 曲柄双连杆部件的使用

曲柄双连杆部件22是由一个偏心轮和一个活动圆环组合而成,如图5.2.14所示。在拼接类似内燃机机构运动方案时,需要用到曲柄双连杆部件,否则会产生运动干涉。参看图5.2.31所示,活动圆环相当于 ED 杆,活动圆环的几何中心相当于转动副中心 D。欲将一根连杆与偏心轮形成同一构件,可将该连杆与偏心轮固定在同一根6或8轴上,此时该连杆相当于机构运动简图中的 AB 杆(曲柄)。

11) 槽轮副的拼接

图5.2.15为槽轮副4和5的拼接示意图。通过调整两轴6或8的间距使槽轮5的运动传递灵活。

提示:为使盘类零件相对轴更牢靠地固定,除使用内六角螺钉27紧固外,还可以加用压紧螺栓16。

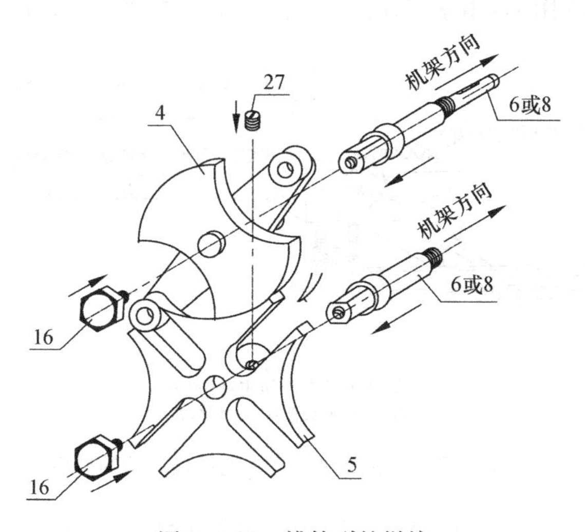

图5.2.15 槽轮副的拼接

12) 滑块导向杆相对机架的拼接

如图5.2.16所示,将轴6或轴8插入滑块28的轴孔中,用平垫片、防脱螺母34将轴6或8固定在机架29上,并使轴颈平面平行于直线电动机齿条的运动平面;将滑块导向杆11通过压紧螺栓16固定在16或18轴颈上。这样,滑块导向杆11与机架29成为一个构件。

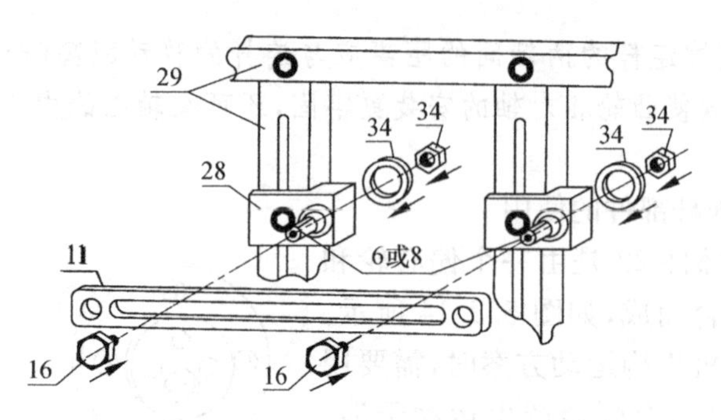

图 5.2.16　滑块导向杆相对机架的拼接

13）主动滑块与直线电动机齿条的拼接

输入主动运动为直线运动的构件称为主动滑块。主动滑块相对直线电动机的安装如图 5.2.17 所示。首先将主动滑块座 10 套在直线电动机的齿条上，再将主动滑块插件 9 上铣有一个平面的轴颈插入主动滑块座 10 的内孔中，铣有两平面的轴颈插入起支撑作用的连杆 11 的长槽中（这样可使主动滑块不做悬臂运动），然后，将主动滑块座调整至水平状态，直至主动滑块插件 9 相对连杆 11 的长槽能做灵活的往复直线运动为止，此时用螺栓 26 将主动滑块座固定。起支撑作用的连杆 11 固定在机架 29 上的拼接方法，参看图 5.2.16。最后，根据外接构件的运动层面需要调节主动滑块插件 9 的外伸长度，并用内六角紧定螺钉 27 将主动滑块插件 9 固定在主动滑块座 10 上。

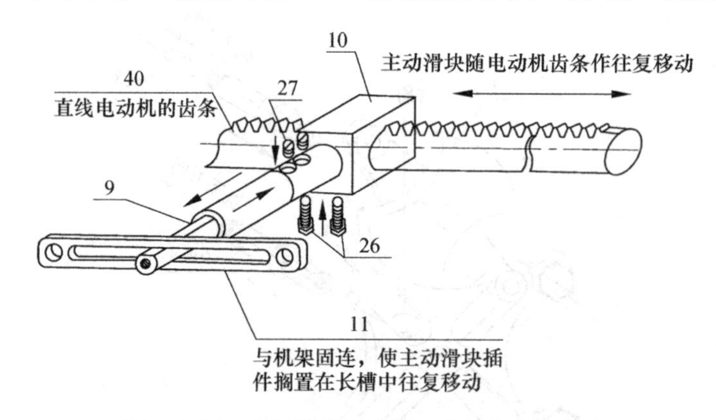

图 5.2.17　主动滑块与直线电动机齿条的拼接

提示：图 5.2.17 所接的部分仅为某一机构的主动运动，后续拼接的构件还将占用空间，因此，在拼接图示部分时尽量减少占用空间，以方便往后的拼接需要。具体做法是将图示拼接部分尽量靠近机架的最左边或最右边。

2. 实验基本原理

机构组成原理：任何平面机构都是由若干个基本杆组（阿苏尔杆组）依次连接到原动件和机架上而构成的。这是机构创新的基础。

机构具有确定运动的条件：机构的原动件数目等于机构的自由度数目。

1) 杆组的概念

任何机构都是由机架、原动件和从动件系统，通过运动副连接而成。而整个从动件系统又往往可以分解为若干个不可再分的，自由度为零的构件组，简称为杆组，或称阿苏尔杆组。

对于平面机构，基本杆组应满足的条件

$$F = 3n - 2P_5 - P_4 = 0$$

其中活动构件数 n，低副数 P_5 和高副数 P_4 都必须是整数。

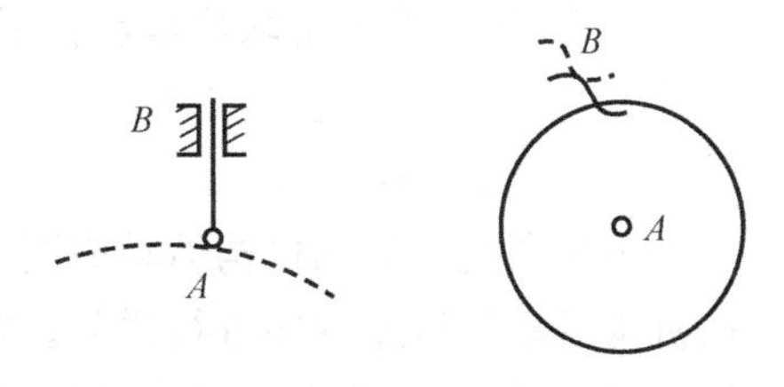

图 5.2.18 单构件高副杆组

当 $n=1, P_5=1, P_4=1$ 时即可获得单构件高副杆组(见图 5.2.18)，常见的有如下几种：

当 $P_4=0$ 时，称之为低副杆组，即

$$F = 3n - 2P_5 = 0$$

因此满足上式的构件数和运动副数的组合为：$n=2,4,6\cdots$；$P_5=3,6,9\cdots$。

最简单的杆组为 $n=2$、$P_5=3$，称为Ⅱ级组，由于杆组中转动副轴和移动副的配置不同，Ⅱ级杆组共有如图 5.2.19 所示 5 种形式。

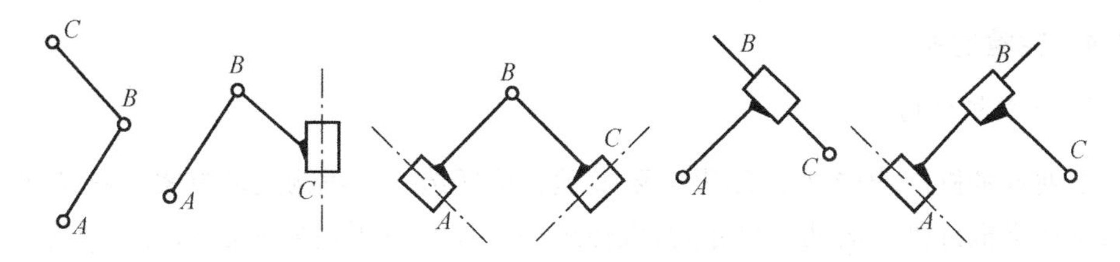

图 5.2.19 平面低副Ⅱ级组

$n=4$、$P_5=6$ 的杆组称为Ⅲ级杆组，其形式较多，图 5.2.20 所示的是几种常见的Ⅲ级杆组。

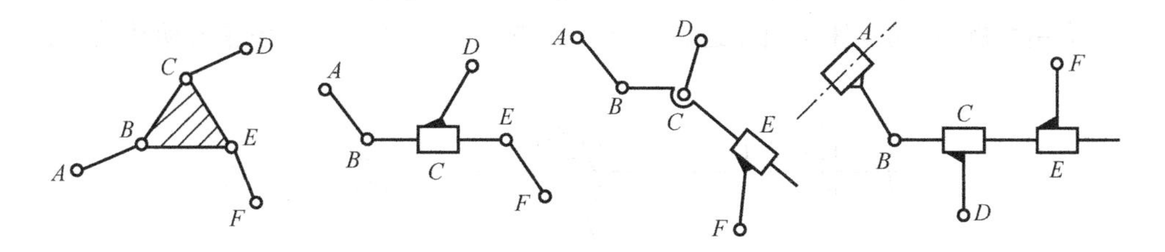

图 5.2.20 平面低副Ⅲ级杆组

如上所述，任何平面机构均可以用零自由度的杆组依次连接到机架和原动件上的方法而形成。这是机构创新设计拼装实验的基本原理。

2) 杆组的正确拆分

杆组正确拆分应参照如下步骤：

(1) 正确计算机构的自由度(注意去掉机构中的虚约束和局部自由度)，并确定原动件。

(2) 从远离原动件的构件开始拆杆组。先试拆Ⅱ级组，若拆不出Ⅱ级组，再试拆Ⅲ级组。

(3) 正确拆分的判别标准：每拆分出一个杆组后，留下的部分仍应是一个与原机构有相同自由度的运动链，直至全部杆组拆出只剩下原动件和机架为止。

注意：同一机构所取的原动件不同，有可能成为不同级别的机构。但当机构的原动件确定后，杆组的拆法是唯一的，即该机构的级别一定。

3) 杆组的正确拼装

根据事先拟定的机构运动简图，利用机构运动方案创新设计实验台提供的零件按机构运动的传递顺序进行拼装。拼装时，通常先从原动件开始，按运动传递规律进行拼装。拼接时，首先要分清机构中各构件所占据的运动平面，这样可避免各运动构件之间的干涉，保证各构件均在相互平行的平面内运动，同时保证各构件运动平面与轴的轴线垂直。拼装应以机架铅垂面为拼接的起始参考平面，由里向外拼装。

注意：为避免连杆之间运动平面相互紧贴而摩擦力过大或发生运动干涉，在装配时应相应装入层面限位套。所拼接机构的外伸运动层面数越少，运动越平稳，为此，建议机构中各构件的运动层面以交错层的排列方式进行拼接。

5.2.4 实验过程

1. 典型机构搭接

下列各种机构均选自于工程实践，实验者可任选一个机构运动方案，根据机构运动简图初步拟订机构运动学尺寸后(机构运动学尺寸也可由实验法求得)，再进行机构杆组的拆分，完成机构拼接设计实验。

1) 自动车床送料机构

结构说明：由凸轮与连杆组合成组合式机构。

工作特点：一般凸轮为主动件，能够实现较复杂的运动规律。

应用举例：自动车床送料及进刀机构。如图 5.2.21 所示，由平底直动从动件盘

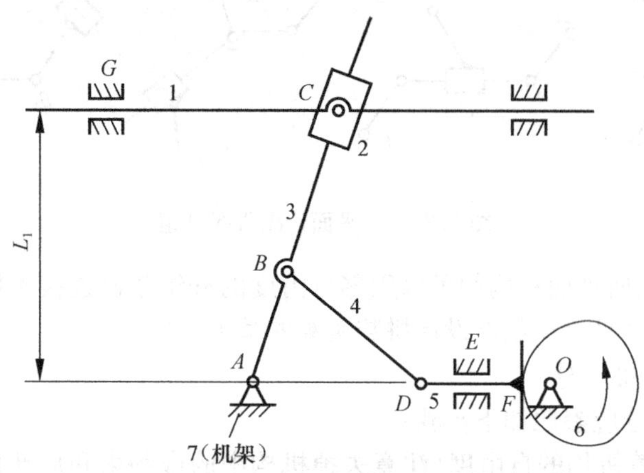

图 5.2.21 自动车床送料机构

状凸轮机构与连杆机构组成。当凸轮转动时，推动杆 5 往复移动，通过连杆 4 与摆杆 3 及滑块 2 带动从动件 1(推料杆)做周期性往复直线运动。

2) 六杆机构

结构说明：如图 5.2.22 所示，由曲柄摇杆机构 1-2-3-6 与摆动导杆机构 3-4-5-6 组成六杆机构。曲柄 1 为主动件，摆杆 5 为从动件。

工作特点：当曲柄 1 连续转动时，通过杆 2 使摆杆 3 做一定角度的摆动，再通过导杆机构使摆杆 5 的摆角增大。

应用举例：用于缝纫机摆梭机构。

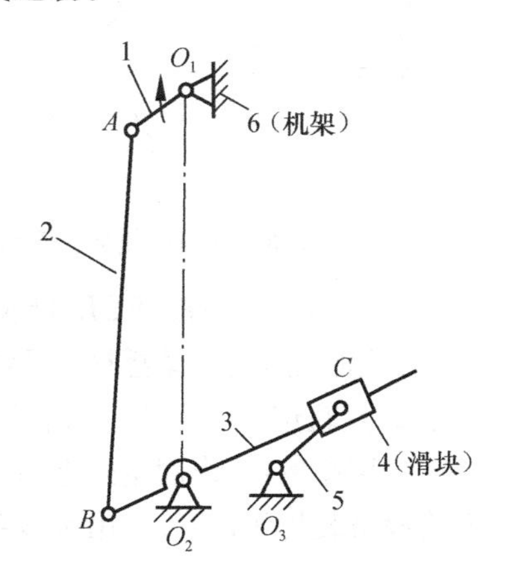

图 5.2.22　六杆机构

3) 双摆杆摆角放大机构

结构说明：如图 5.2.23 所示，主动摆杆 1 与从动摆杆 3 的中心距 a 应小于摆杆 1 的半径。

工作特点：当主动摆杆 1 摆动 α 角时，从动杆 3 的摆角 β 大于 α，实现摆角增大。

各参数之间的关系为

$$\beta = 2\arctan \frac{\frac{r}{a}\tan\frac{\alpha}{2}}{\frac{r}{a} - \sec\frac{\alpha}{2}}$$

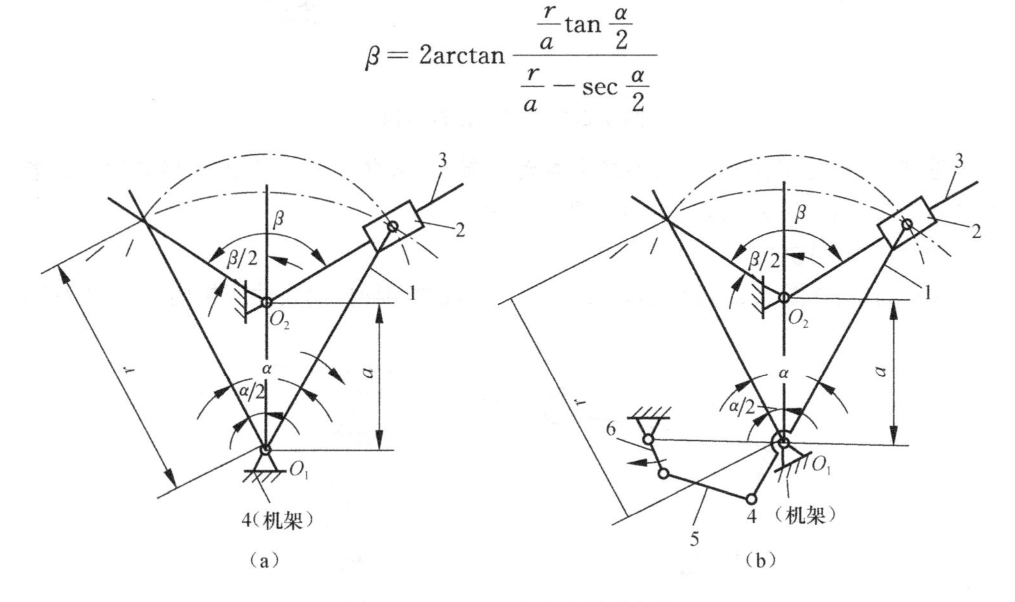

图 5.2.23　双摆杆摆角放大机构

注意：由于是双摆杆，所以不能用电动机带动，只能用手动方式观察其运动。若要电动机带动，则可按图 5.2.23(b)所示方式拼接。

4) 转动导杆与凸轮放大升程机构

结构说明：如图 5.2.24 所示，曲柄 1 为主动件，凸轮 3 和导杆 2 固连。

工作特点：当曲柄 1 从图示位置顺时针转 90°时，导杆和凸轮一起转 180°。

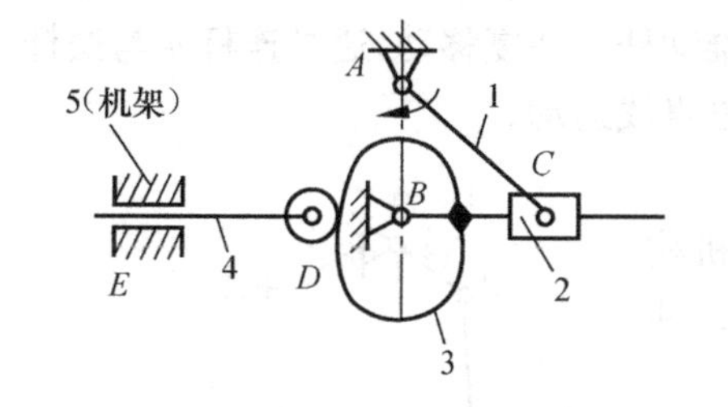

图 5.2.24　转动导杆与凸轮放大升程机构

图 5.2.24 所示机构常用于凸轮升程较大，而升程角受到某些因素的限制不能太大的情况。该机构制造安装简单，工作性能可靠。

5）铰链四杆机构

结构说明：如图 5.2.25 所示，双摇杆机构 $ABCD$ 的各构件长度满足条件：机架 $AB=0.64BC$，摇杆 $AD=1.18BC$，连杆 $DC=0.27BC$，E 为连杆 CD 延长线上的点，且 $DE=0.83BC$。BC 为主动摆杆。

工作特点：当主动摇杆 BC 绕 B 点摆动时，E 点轨迹为图 5.2.25 中点画线所示，其中 E 点轨迹有一段为近似直线。

应用举例：可作固定式港口用起重机，E 点处安装钓钩，利用 E 点的轨迹的近似直线段吊装货物，能符合吊装设备的平稳性要求。

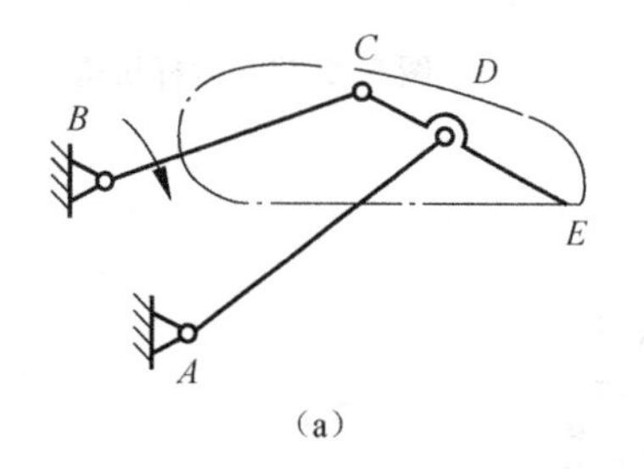

(a)

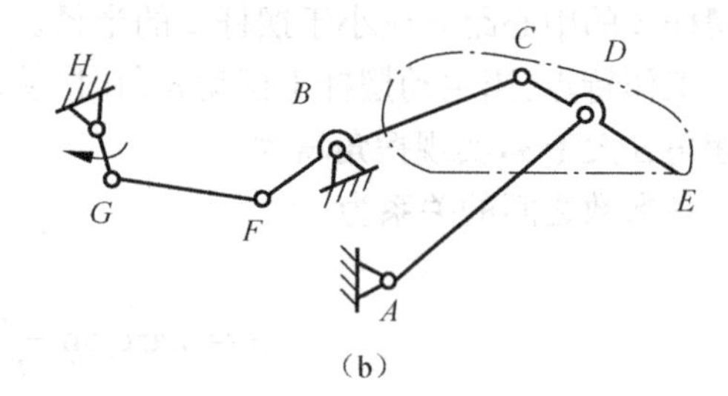

(b)

图 5.2.25　铰链四杆机构

注意：由于是双摇杆，所以不能用电动机带动，只能用手动方式观察其运动。若要电动机带动，则可按图 5.2.25(b)所示方式拼接。

6）冲压送料机构

结构说明：如图 5.2.26 所示，1-2-3-4-5-9 组成摆动导杆滑块冲压机构，由 1-8-7-6-9

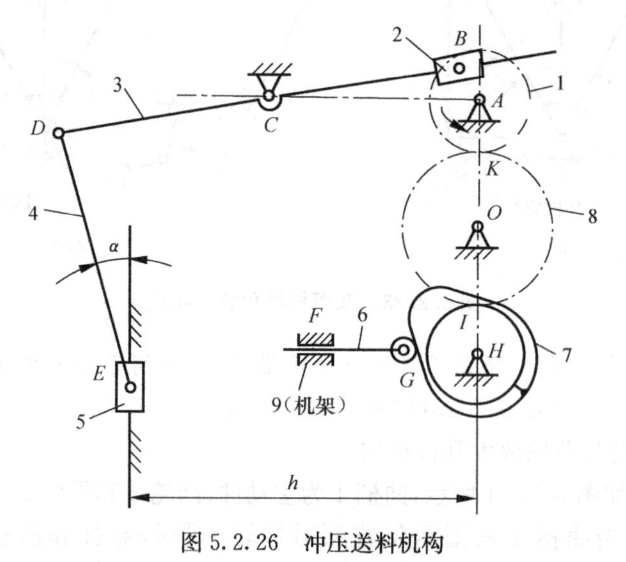

图 5.2.26　冲压送料机构

组成齿轮凸轮送料机构。冲压机构是在导杆机构的基础上串联一个摇杆滑块机构组合而成的。

工作特点:导杆机构按给定的行程速度变化系数设计,它和摇杆滑块机构组合可达到工作段近于匀速的要求。适当选择导路位置,可使工作段压力角 α 较小。在工程设计中,按机构运动循环图确定凸轮工作角和从动件运动规律,则机构可在预定时间将工件送至待加工位置。

7) 铸锭送料机构

结构说明:如图 5.2.27 所示,滑块为主动件,通过连杆 2 驱动双摇杆 $ABCD$,将从加热炉出料的铸锭(工作)送到下一工序。

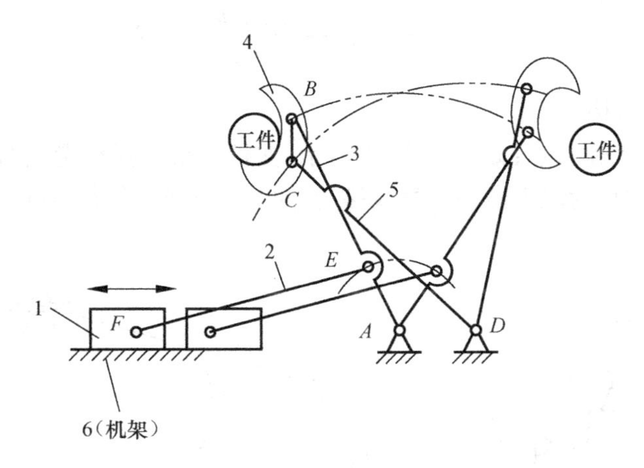

图 5.2.27 铸锭送料机构

工作特点:图 5.2.27 中粗实线位置为炉铸锭进入装料器 4 中,装料器 4 即为双摇杆机构 $ABCD$ 中的连杆 BC,当机构运动到细实线位置时,装料器 4 翻转 180°把铸锭卸放到下一工序的位置。

应用举例:加热炉出料设备、加工机械的上料设备等。

8) 插床的插削机构

结构说明:如图 5.2.28 所示,在 ABC 摆动导杆机构的摆杆 BC 反向延长线的 D 点上加二级杆组连杆 4 和滑块 5,成为六杆机构。在滑块 5 固接插刀,该机构可作为插床的插削机构。

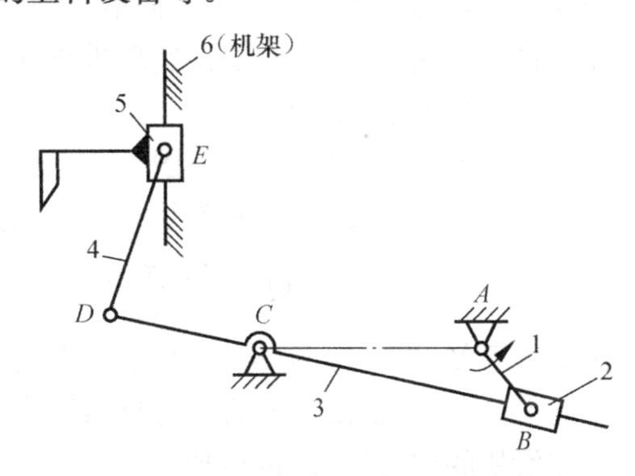

图 5.2.28 插床的插削机构图

工作特点:主动曲柄 AB 匀速转动,滑块 5 在垂直 AC 的导路上往复移动,具有较大急回特性。改变 ED 连杆的长度,滑块 5 可获得不同的规律。

9) 插齿机主传动机构

结构说明及工作特点:图 5.2.29 所示为多杆机构,可使它既具有空回行程的急

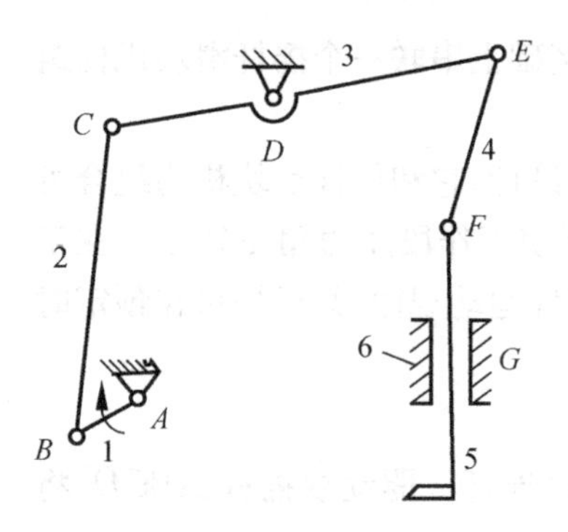

图 5.2.29 插齿机主传动机构

回特性，又具有工作行程的等时性。

应用举例：应用于插齿机的主传机构。该机构是一个六杆机构，利用此六杆机构可使插刀在工作行程中得到近于等速的运动。

10）刨床导杆机构

结构说明及工作特点：如图 5.2.30 所示，牛头刨头的动力是由电动机经皮带、齿轮传动使齿轮 1 绕轴 A 回转，再经滑块 2、导杆 3、连杆 4 带动装有刨刀的滑枕 5 沿床身 6 的导轨槽做往复直线运动，从而完成刨削工作。显然，导杆 3 为三副构件，其余为二副构件。

11）内燃机机构

结构说明及工作特点：如图 5.2.31 所示，曲柄滑块与摇杆滑块组合机构。当曲柄 1 做连续转动时，滑块 6 做往复直线移动，同时摇杆 AD 做往复摆动带动滑块 5 做往复直线移动。

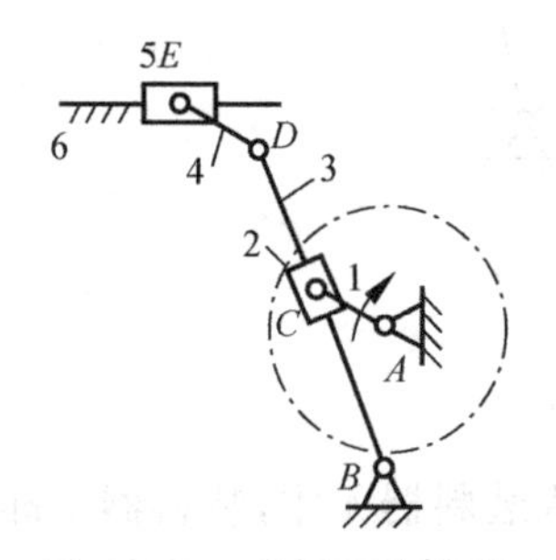

图 5.2.30 刨床导杆机构

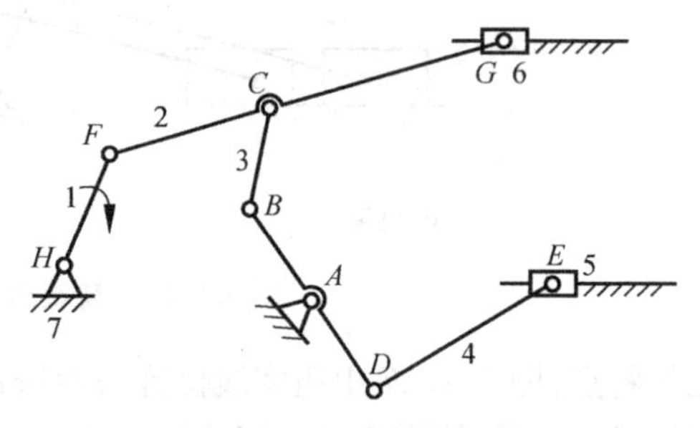

图 5.2.31 内燃机机构

应用举例：该机构用于内燃机中，滑块 6 在压力气体作用下做往复直线运动（故滑块 6 是实际的主动件），带动曲柄 1 回转并使滑块 5 往复运动使压力气体通过不同路径进入滑块 6 的左、右端并实现进排气。

12）曲柄增力机构

结构说明及工作特点：如图 5.2.32 所示机构，当 BC 杆受力 F，CD 杆受力 P，则滑块产生的压力

$$Q=\frac{FL\cos\alpha}{S}$$

由上式可知，减小 α 和 S 与增大 L 均能增大增力倍数。因此设计时，可根据需要的增力倍数决定 α 和 S 与 L，即决定滑块的加力位置，再根据加力位置决定 A 点位置和有关的构件长度。

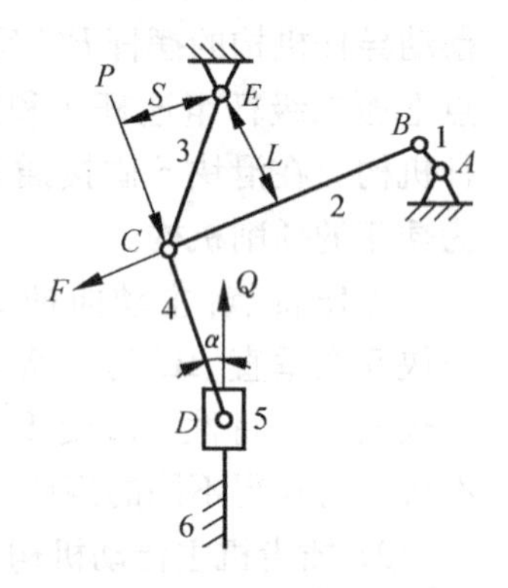

图 5.2.32 曲柄增力机构

13）曲柄滑块机构与齿轮齿条机构的组合

结构说明：图 5.2.33 所示机构由偏置曲柄滑块机构

与齿轮齿条机构串联组合而成。其中下齿条为固定齿条，上齿条做往复移动。

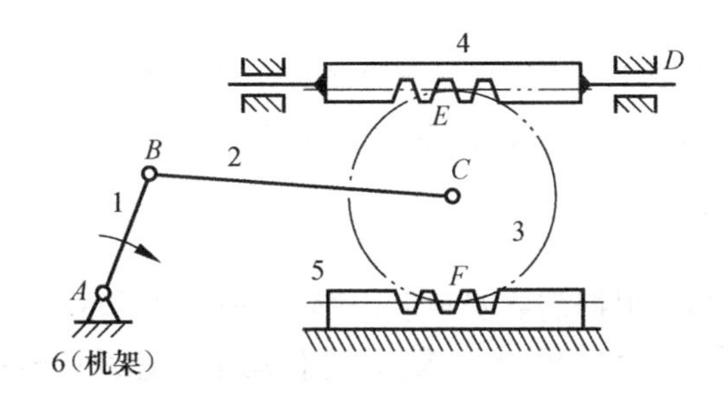

图 5.2.33 曲柄滑块机构与齿轮齿条机构的组合

工作特点：此组合机构最重要的特点是上齿条的行程比齿轮 3 的铰接中心点 C 的行程大一倍。此外，由于齿轮中心 C 的轨迹对于点 A 偏置，所以上齿条和往复运动有急回特性。

当主动件曲柄 1 转动时，通过连杆 2 推动齿轮 3 与上、下齿条啮合传动。下齿条 5 固定，上齿条 4 做往复移动，齿条移动行程 $H=4R$（R 为齿轮 3 的半径），故采用此种机构可实现行程放大。

2. 机构方案创新设计和拼装

在完成上述基本实验要求的基础上，实验者也可利用不同的杆组进行机构运动方案创新实验。

学生在掌握机构运动原理的基础上充分发挥想象力，自拟定机构运动创新方案，并完成方案的正确拼接，达到开发学生创造性思维的目的。也可选用工程实际机械中应用的各种平面机构，根据机构运动简图，进行拼接实验，培养学生的自学与实际动手能力。

3. 机构搭接实验操作步骤

(1) 掌握实验原理，并熟悉实验台的使用和零件组成、零件功用及搭接技术。

(2) 拟订机构运动方案，或选择典型机构运动方案，并根据机构组成原理按杆组进行正确拆分，用机构运动简图表示之。

(3) 按杆组运动传递先后顺序拼接机构。

(4) 手动运转机构，观察机构运动情况：

① 机构的设计方案和结构组装是否合理。

② 机构的各个构件有无相互干涉。

③ 机构运动能否实现预定的位置或轨迹。

④ 机构是否灵活可靠地连续运动。

⑤ 机构需要几个原动件。

⑥ 传动角、压力角是否使机构受力状态合理，是否会产生自锁。

(5) 对机构进行必要的调整和改进。直到机构灵活可靠地按照设计要求运动，启动电动机。

(6) 确立最终机械设计方案，按比例绘制确定的机构简图。

(7) 拆卸机构，点清零件数目，将零件按给定位置放入工具箱中。

4. 机构运动规律测试

在机构搭接完成后，根据需要安装上传感器，通过配套的测试分析仪与软件，同时检测机构中单个或多个机构的运动参数、主传动轴转速及回转不匀率等运动参数。

1) 测试软件主界面

测试系统的主界面如图 5.2.34 所示。根据功能分为 4 个区：菜单栏、测试设置显示区、特征值区和信息框。

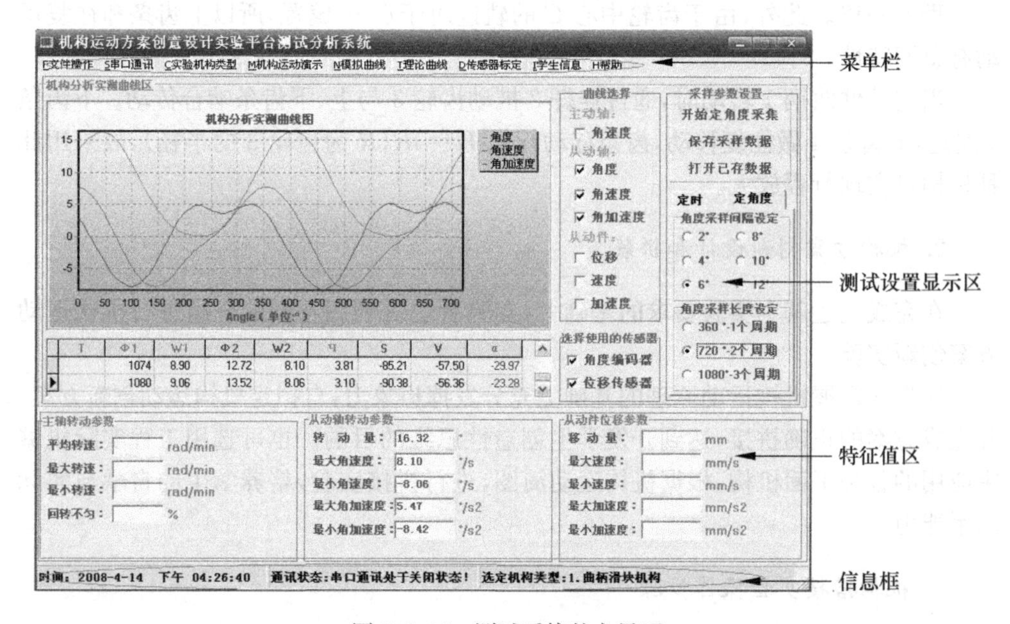

图 5.2.34 测试系统的主界面

(1) 菜单栏。根据功能，系统的菜单操作分为文件操作、串口通讯、实验机构类型、模拟曲线、理论曲线、机构运动仿真、传感器标定、学生信息和帮助等部分。

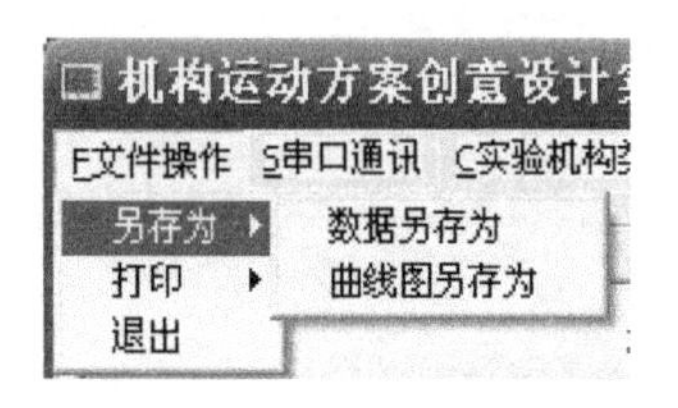

图 5.2.35 文件操作菜单

① 文件操作：包含“另存为”、“打印”和“退出”三部分功能，界面如图 5.2.35 所示。“另存为”包括数据另存为 Word 格式文件和曲线图另存为 bmp 格式图片。“打印”具有打印预览、打印机设置和打印的功能。“退出”退出整个测试系统。

② 串口通讯：可以选择 COM1 口和 COM2 口。波特率默认为 19200，界面如图 5.2.36 所示。

③ 实验机构类型：实验机构类型可以选择 14 个典型机构，也可以选择自定义机构。

图 5.2.36　串口通讯菜单

④ 模拟曲线:可以在测试曲线显示设置区显示选定机构和其他典型机构的模拟曲线。

⑤ 理论曲线:理论计算设定机构参数的运动,界面如图 5.2.37 所示。

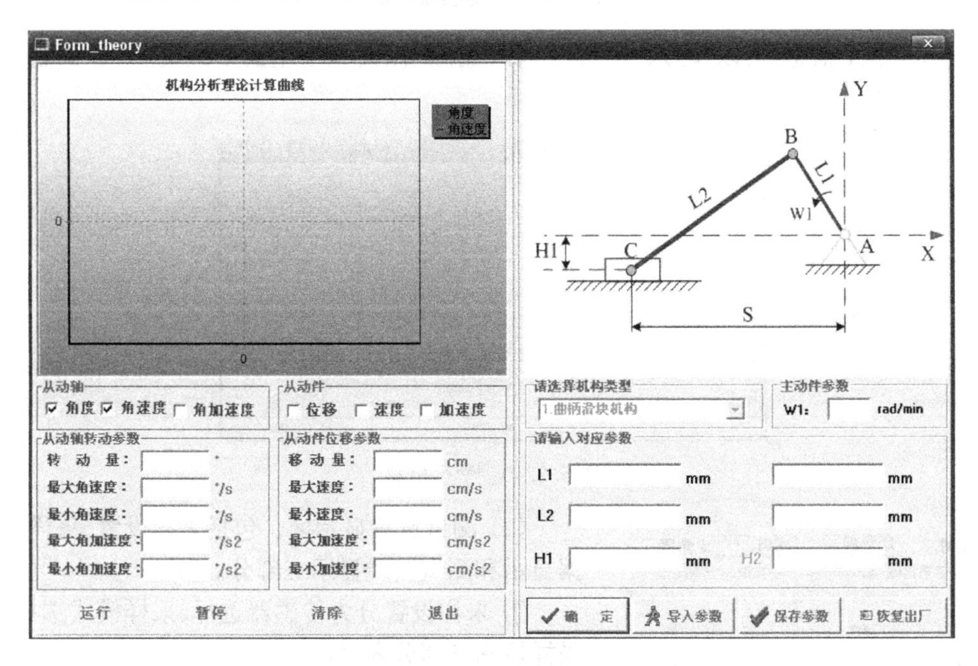

图 5.2.37　理论计算界面

⑥ 机构运动仿真:提供了 15 种典型机构的三维结构拼装图、拼装爆炸图,并具有机构三维运动仿真功能,可以动画演示典型机构的运动,界面如图 5.2.38 所示。

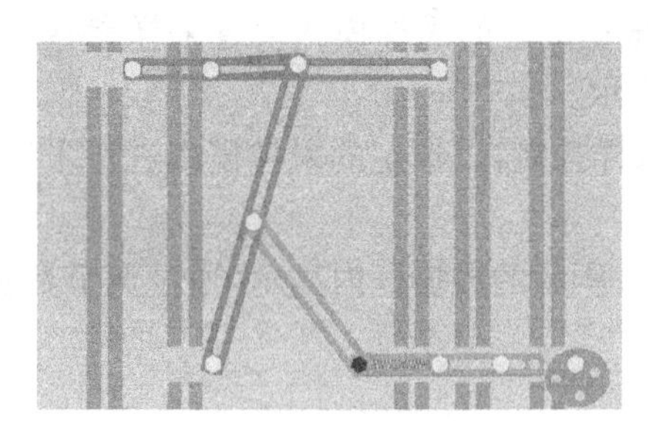 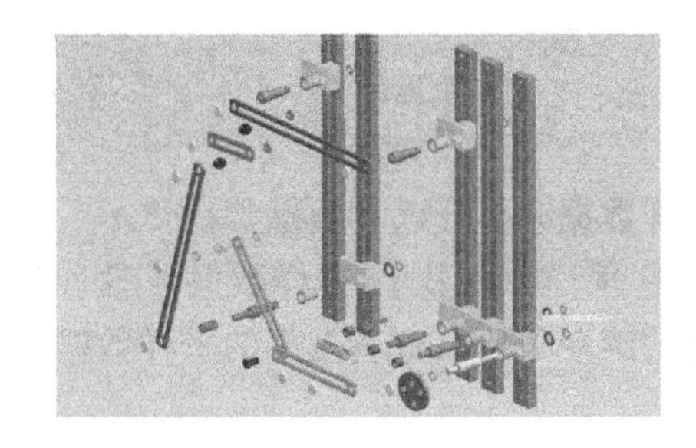

图 5.2.38　送料机机构运动仿真界面

⑦ 传感器标定:包括“角度编码器光栅数设定”和“位移传感器标定系数修正”,

界面如图 5.2.39 所示。

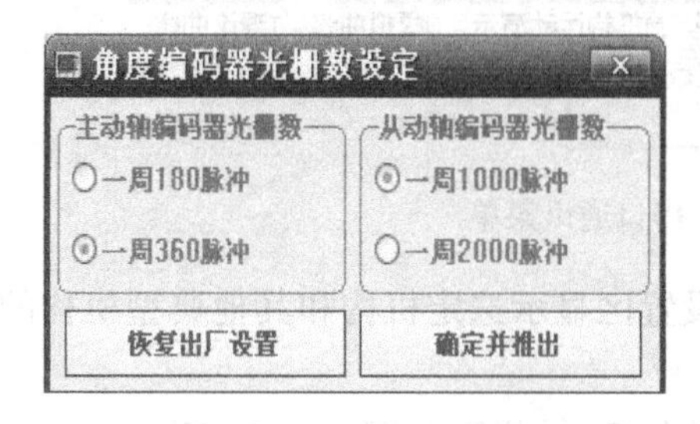

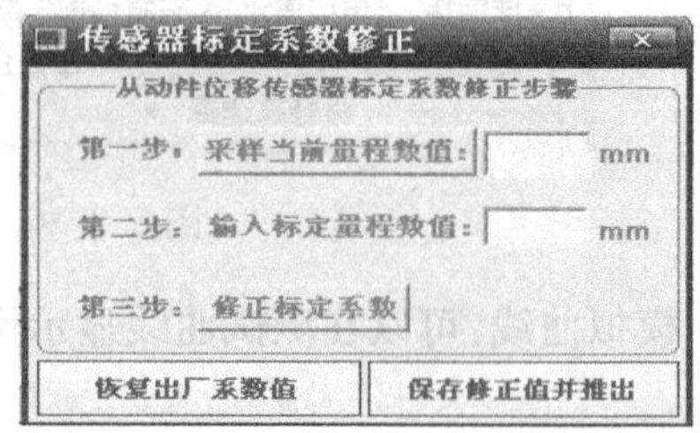

图 5.2.39　传感器标定

⑧ 学生信息：可以“输入”、“修改”和“删除”做实验学生的个人资料，界面如图 5.2.40 所示。

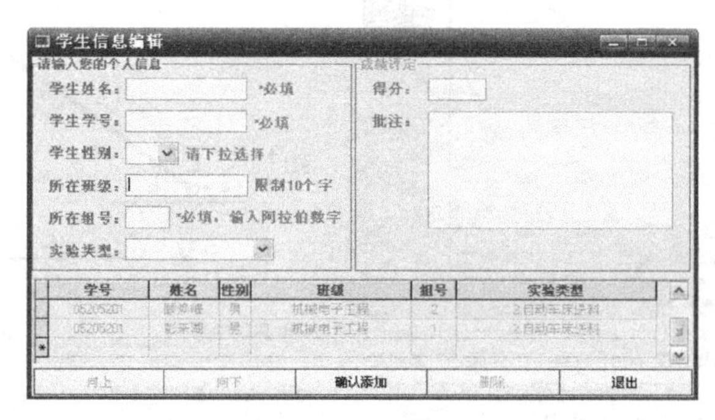

图 5.2.40　学生信息

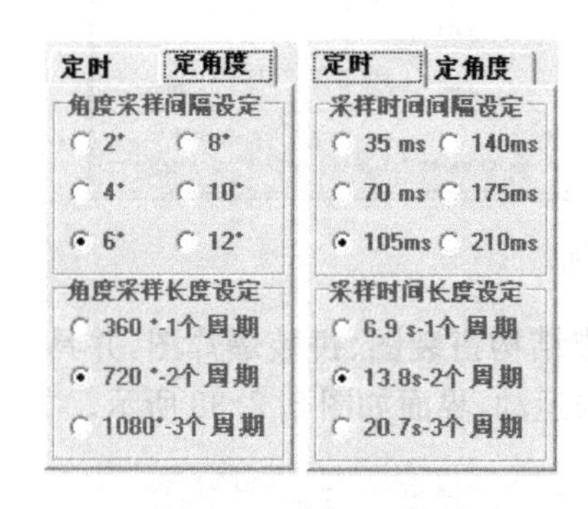

图 5.2.41　采样模式

(2) 测试设置显示区。包括采样设置、采样数据显示和测试曲线显示三部分。

① 采样设置分为传感器选择、采样模式选择、采样控制三部分内容。

a. 传感器选择：可以选择使用角度编码器和位移传感器两种类型的传感器。

b. 采样模式选择：采样模式分为定时和定角度两种，根据选定的采样模式设置采样参数，如图 5.2.41 所示。

c. 采样控制：以选定的采样模式进行采样，保存采样数据和打开已存数据等操作。

② 采样数据显示：采样数据在图 5.2.42 所示的数据框内显示，通过调节数据框右边的滚动条可以查看全部的采样数据。

T	Φ1	W1	Φ2	W2	ψ	S	V	α
	1074	8.90	12.72	8.10	3.81	-85.21	-57.50	-29.97
	1080	9.06	13.52	8.06	3.10	-90.38	-56.36	-23.28

图 5.2.42　采样数据

③ 测试曲线显示：包含曲线图显示和显示曲线选择两部分。如图 5.2.43 所示，曲线选择类型有主动轴角速度波动曲线，从动轴角度、角速度、角加速运动规律曲线，直动从动件位移、速度、加速度运动规律曲线。从动轴运动规律曲线和直动从动件的运动规律曲线可以重叠显示，主动轴与从动轴、直动从动件的运动规律曲线互斥显示。曲线图的各色曲线根据曲线选择的类型显示或隐藏，并在图右侧标称当前显示的各色曲线的名称。

图 5.2.43　测试曲线

(3) 特征值区。特征值区显示的特征值有主轴转动参数、从动轴转动参数和直动从动件位移参数。界面如图 5.2.44 所示，主动轴转动参数有平均转速、最大转速、最小转速和回转不匀率。从动轴转动参数有转动量、最大角速度、最小角速度、最大角加速度和最小角加速度。直动从动件位移参数有移动量、最大速度、最小速度、最大加速度和最小加速度。特征值的显示与曲线显示相一致。

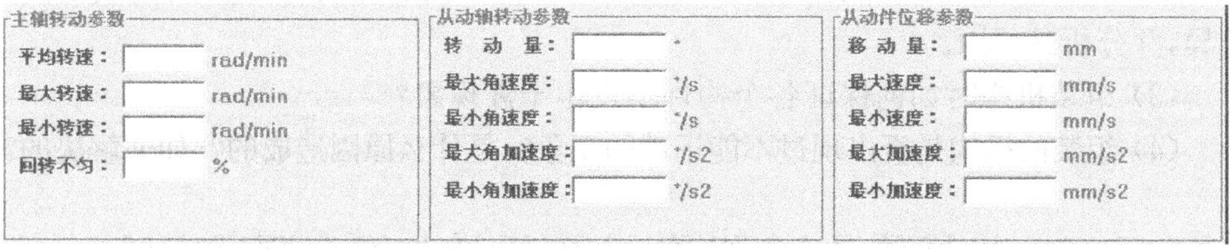

主轴转动参数
平均转速： rad/min
最大转速： rad/min
最小转速： rad/min
回转不匀： %

从动轴转动参数
转 动 量： °
最大角速度： °/s
最小角速度： °/s
最大角加速度： °/s2
最小角加速度： °/s2

从动件位移参数
移 动 量： mm
最大速度： mm/s
最小速度： mm/s
最大加速度： mm/s2
最小加速度： mm/s2

图 5.2.44　特征值区显示

(4) 信息框。信息框显示当前时间、通信状态和选定机构类型。

2) 测试实验操作步骤

(1) 熟悉配套的测试分析软件及使用方法。

(2) 拟订机构运动参数测试方案，选择所需传感器并了解传感器基本工作原理。

(3) 通过实验台提供的多功能传感器安装支架，将传感器与被测运动机构正确连接并要求运转正常灵活。

(4) 传感器与实验机构安装调试好后，将传感器信号输出线接入测试分析仪(JYCS-Ⅱ机构运动方案创新设计实验仪)，并通过 RS232 标准串行通信线与计算机连接，打开测试分析仪电源。

(5) 开启实验台电动机，待被测机构运转平衡后，在计算机桌面上单击测试系统软件图标，进入测试系统主界面，如图 5.2.34 所示。根据实验要求，选择采样模式(定时或定角度)、采样周期参数(采样时间间隔，角度采样间隔)及采样周期长度。单击“开始采样”，控制系统数据采集卡进行数据采集，并发送实时采集数据到计算机。系统软件进入数据接收和处理状态，采样进度条显示软件采样状态。采样结束后，在计算机终端显示器上显示被测机构运动规律曲线、所有采样数据及对应的各特征值(具体操作方法详见实验台配套使用说明书)。

(6) 通过理论运动曲线与实测运动曲线比较差异，并分析其原因。

5.2.5 注意事项

(1) 实验前应详细了解实验设备提供的零部件、传感器测试仪及测试软件。

(2) 正确拼装机构后应首先手动运行保证机构正常灵活无卡死现象，才能启动电动机。

(3) 启动电动机后，实验人员不要过于靠近运动零件，不得伸手触摸运动零件。

(4) 未搭接机构前、预设直线电动机的工作行程后，务必调整直线电动机行程开关相对齿条底部的高度，以确保电动机行程开关能灵活动作，从而防止齿条断齿或脱离电动机主体，防止所组装的零件被损坏和人身的安全。

5.2.6 思考题

(1) 根据所拆分的杆组，按不同的顺序排列杆组，可能组合的机构运动方案有哪些？要求用机构运动简图表示出来，就运动传递情况做方案比较，并简要说明。

(2) 搭出一种或多种典型机构，比较理论计算出的运动规律与实测曲线之间的差异，并分析其原因。

(3) 组装机构时如何保证各个构件不发生干涉现象？

(4) 组装的机构是否出现过不能运动的现象？是什么原因造成的？如何解决的？

5.3 机械传动(含机构)方案设计与综合测试实验

5.3.1 实验目的与要求

通过满足使用要求的传动方案设计和多种单级或多级机械传动装置的组装、调试，以及传动性能参数测试，达到如下目的：

(1) 从传动方案设计到安装调试，实现符合要求的传动效果，使学生将所学的理论在实践中得到运用，有助于加深对各种不同类型传动装置的传动性能特点的理解。

(2) 从实际操作技能的综合训练，有助于加深并了解实际安装中的零件加工精度对装配的影响，平行度、直线度、同轴度、定向、定位、跳动等各种形位公差的概念和作用。

(3) 掌握各种工卡量具及转速表、噪声计的使用方法。

(4) 掌握直动机构位移、速度、加速度，摆动机构角位移、角速度、角加速度及回转轴转速、回转不匀率等运动参数的测定方法。

(5) 了解不同传动机构的传动特性，进行各种不同布置的传动系统性能对比，并总结安装误差对测试结果的影响，能对照理论与实测的效果，分析找出其存在的问题。

5.3.2 实验设备与工具

(1) 实验台系统。

(2) 测量工具。

① 游标卡尺:0～150mm。

② 外径千分尺:0～25mm。

③ 宽座角尺:100mm,精度一级。

④ 塞尺:0.05～1mm。

⑤ 钳工水平仪:100mm,精度 0.02。

⑥ 百分表:0～10mm;磁性百分表座:CZ-6A。

⑦ 无接触数字式转速表。

⑧ 声级计。

⑨ 活络扳手(一套)。

⑩ 内六角扳手(一套)。

⑪ 组合工具包:8 件/套。

5.3.3 实验内容与原理

1) 实验台结构

实验台结构如图 5.3.1 所示,分为左、右两个实验操作工作区,分别由两台电动机传动,可同时供两组学生进行实验操作。左边工作区主要完成机械传动创新搭接及传动特性测试实验;而右边工作区主要完成机构运动创新搭接及运动特性测试实验。也可将平台左右创新搭接两部分组合,组成机械传动和机构运动创新搭接及运动测试分析综合实验。

图 5.3.1 实验台结构

2) 机械传动创新搭接及传动特性测试实验系统

实验平台采用标准 T 形槽铝合金型材拼接安装而成,可将配套的机械零件在安装平台灵活拼装搭接带传动、链传动、齿轮传动、万向节传动、定轴轮系,单轴、多轴组合传动等各种传动装置、不同类型的复杂机械传动系统。学生也可以自行设计元件，在安装平台组装创新作品。

实验系统组成框图如图5.3.2所示，主要由实验装置、光电编码器1、光电编码器2、数据采样卡、计算机、软件操作平台、打印机及CRT显示器所组成。数据采集卡以单片机最小系统为核心，外扩16位计数器，同时通过RS232标准接口与计算机进行串行通信。

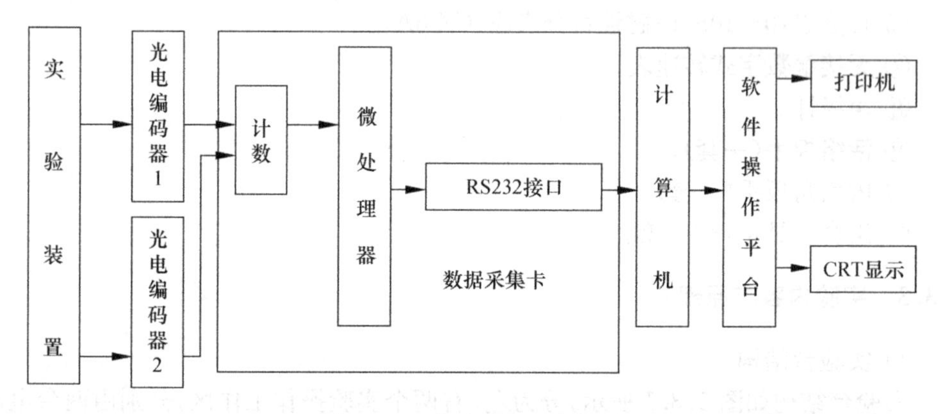

图5.3.2　实验系统组成框图

在实验装置的动态运动过程中，回转件转动通过光电脉冲编码器转换输出具有一定频率(频率与运动速度成正比)0～5V电平的两路脉冲信号，两路信号同时接入数据采集卡，通过微处理器进行初步处理运算并送入计算机进行处理，计算机通过软件系统在CRT上可显示出相应的数据和运动曲线图。因此，可以测试搭接的传动方案中传动轴转速及其波动规律，回转不匀率测试分析等。

3) 机构运动创新搭接及运动规律测试实验系统

实验系统组成框图如图5.3.3所示，主要由实验机构、光电编码器1、光电编码

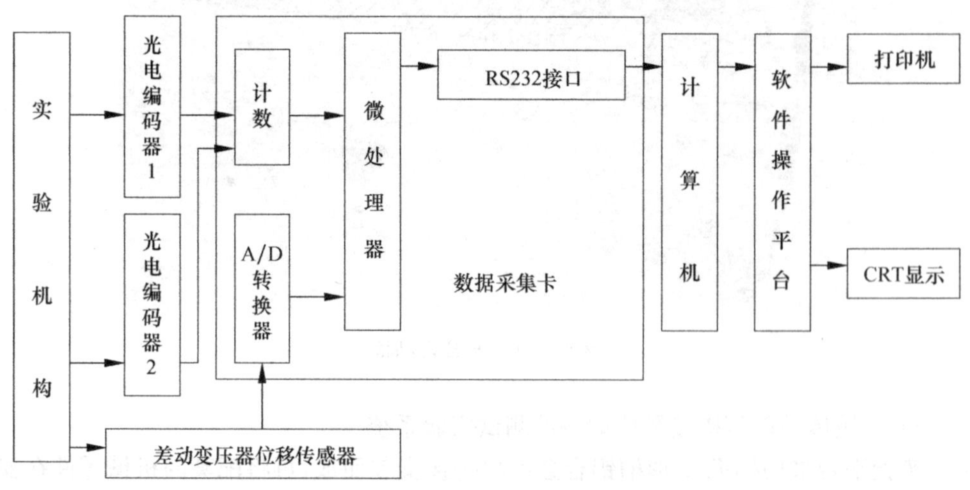

图5.3.3　实验系统组成框图

器 2、差动变压器位移传感器、数据采样卡、计算机、软件操作平台、打印机及 CRT 显示器所组成。

实验系统提供零部件散件，通过拆装可分别构成 4 种典型机构，即曲柄滑块机构、曲柄导杆滑块机构、平底直动从动杆凸轮机构、滚子直动从动杆凸轮机构（见图 4.1.1）。实验时可以调整某些参数，如曲柄长度、连杆长度、滚子偏心等，以考量参数变化对整个运动状态的影响。

数据采集卡以单片机最小系统为核心。外扩 16 位计数器及 12 位高速 A/D 转换器，同时通过 RS232 标准接口与计算机进行串行通信。机构的转动及摆动通过光电脉冲编码器转换输出具有一定频率（频率与运动速度成正比）0～5V 电平的两路脉冲信号，而机构的直线往复运动则通过差动变压器位移传感器转换测出、输出为 0～5V 的直流电压值。3 路信号同时接入数据采集卡，通过微处理器进行初步处理运算并送入计算机进行处理，计算机通过软件系统在 CRT 上可显示出相应的数据和运动曲线图。因此，系统可以测试搭接机构的直线位移、速度、加速度和角位移、角速度、角加速度，传动轴转速及转速波动规律，回转不匀率等。

4）测试系统软件

单击测试系统软件图标，进入测试系统主界面，如图 5.3.4 所示。根据功能分为 4 个区：菜单栏、测试配置区、特征值区和信息框。

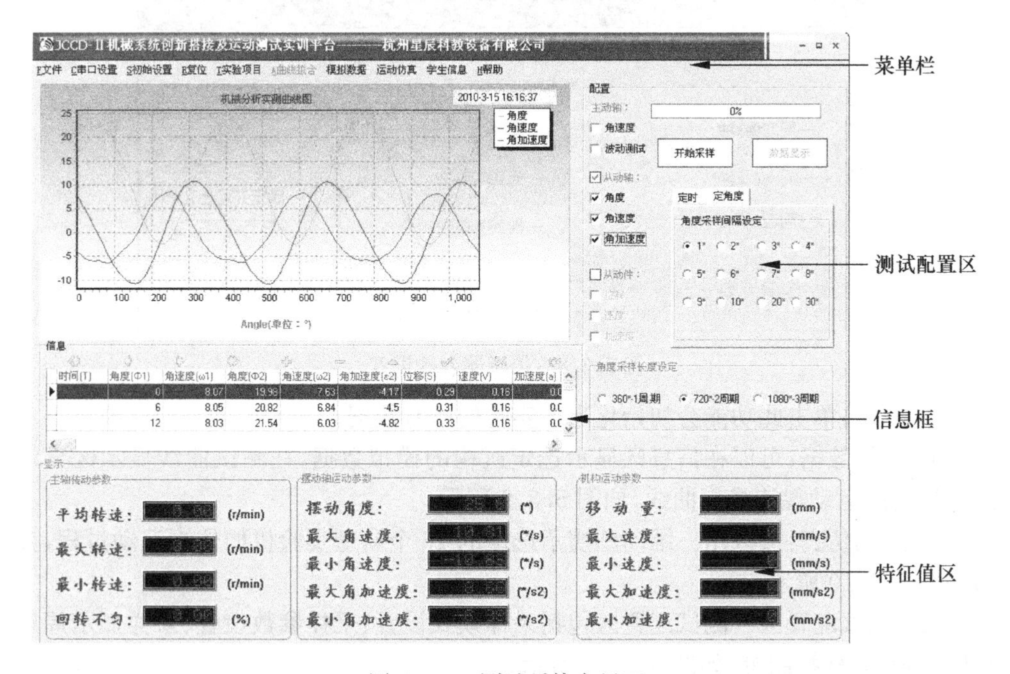

图 5.3.4　测试系统主界面

（1）菜单栏。根据功能，系统的菜单操作分为文件、串口设置、实验项目、初始设置、复位、模拟数据、运动仿真、学生信息和帮助等部分。

① 文件：包含“打开”、“保存数据”、“另存为”、“打印”和“退出”功能，界面如图

5.3.5 所示。

② 串口设置:可以选择 COM1 口、COM2 口、COM3 口、COM4 口。波特率默认为 19200,界面如图 5.3.6 所示。

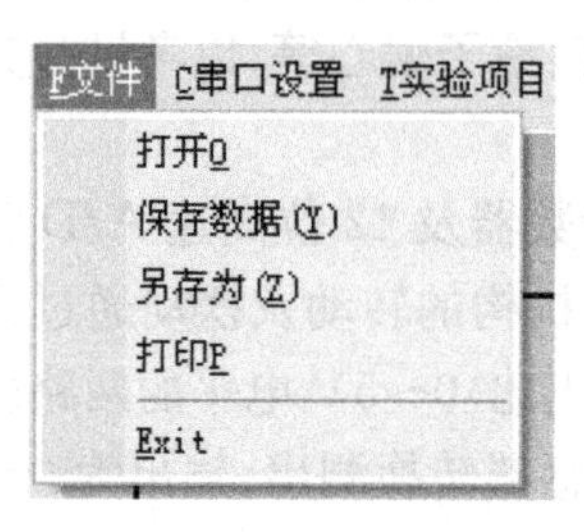

图 5.3.5　文件操作菜单

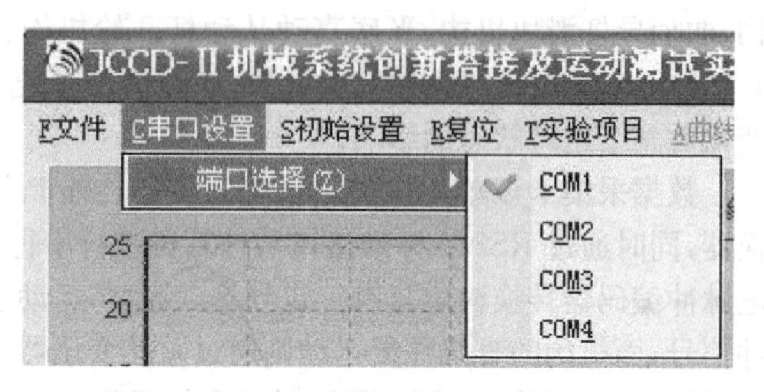

图 5.3.6　串口设置菜单

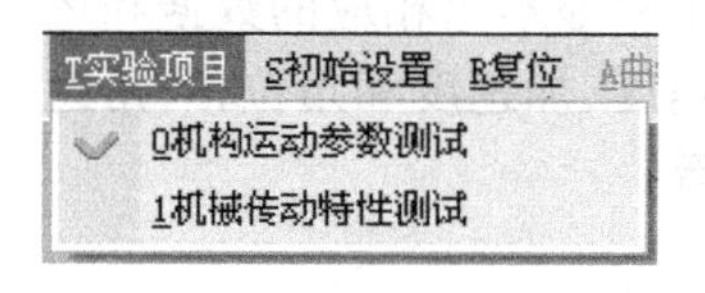

图 5.3.7　项目选择

③ 实验项目:本系统支持两种实验类型,可根据机械结构选择机构运动参数测试和机械传动特性测试,界面如图 5.3.7 所示。

④ 初始设置:包括“角度编码器光栅数设定”和“测试机构最大动程设定”,界面如图 5.3.8 所示。

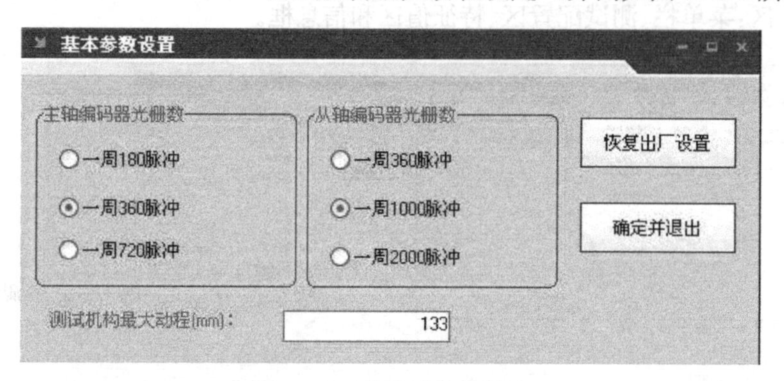

图 5.3.8　传感器参数设置

⑤ 复位:单击此功能会初始化当前实验的所有数据。

⑥ 模拟数据:可以在信息区显示选定机构的模拟数据,在测试曲线显示区显示选定机构的运动规律模拟曲线,如图 5.3.9 所示。

⑦ 运动仿真:可以用三维动画演示选定的 16 个典型实验机构仿真运动过程,界面如图 5.3.10 所示。

(2) 测试配置区。测试配置区包括采样模式设置、采样参数设置、采样显示周期长度设置、采样控制等,如图 5.3.11 所示。

① 采样模式设置:采样模式分为定时和定角度两种。

② 采样参数设置:根据选定的采样模式,在定时模式下(见图 5.3.11),采样周期可设置为 200μs～100ms;在定角度模式下(见图 5.3.12),采样间隔可选择为 1°～30°。采样长度可选择 1～3 个运动周期(对应主轴回转 360°～1080°)。

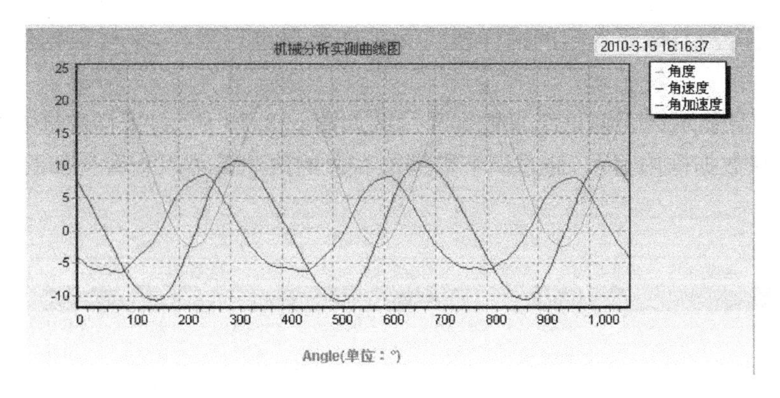

图 5.3.9　模拟曲线

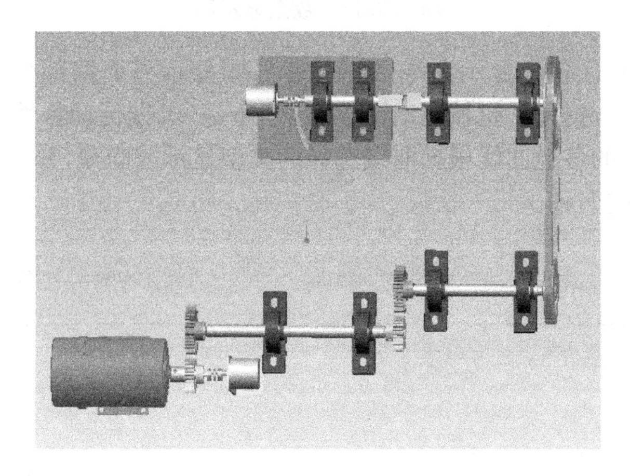

图 5.3.10　多轴复杂机械传动系统仿真

图 5.3.11　定时模式下测试配置区

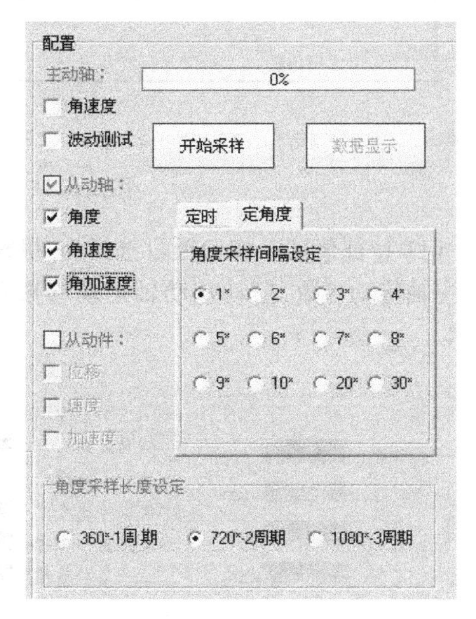

图 5.3.12　定角度模式下测试配置区

③ 采样控制:按照选定的采样模式和采样参数进行采样,采样数据保存在信息框中。

(3) 信息显示区。测试结果数据显示区如图 5.3.13 所示,采样数据及分析计算结果数据在数据框内显示,通过调节数据框右边的滚动条可以查看全部的采样数据。

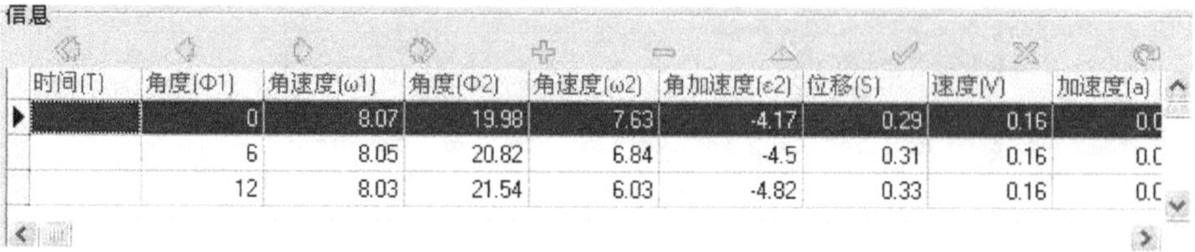

信息

时间(T)	角度(Φ1)	角速度(ω1)	角度(Φ2)	角速度(ω2)	角加速度(ε2)	位移(S)	速度(V)	加速度(a)
	0	8.07	19.98	7.63	-4.17	0.29	0.16	0.0
	6	8.05	20.82	6.84	-4.5	0.31	0.16	0.C
	12	8.03	21.54	6.03	-4.82	0.33	0.16	0.C

图 5.3.13　数据显示区

测试曲线显示区包含显示曲线选择和曲线图显示界面两部分,如图 5.3.14 所示。根据实验项目选择为“机械运动参数测试”还是“机械传动特性测试”,曲线类型各不相同,曲线图的各色曲线根据曲线选择的类型显示或隐藏,并在图右侧标称当前显示的各色曲线的名称。

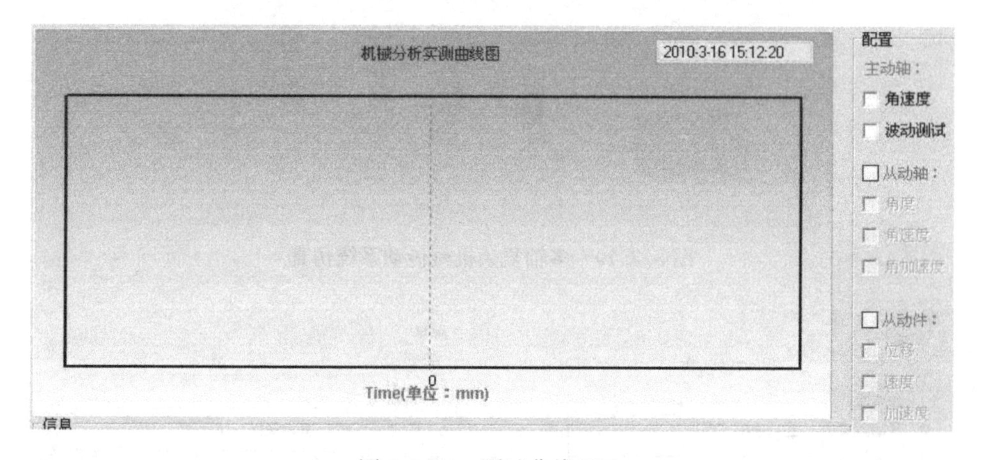

图 5.3.14　测试曲线显示

(4) 特征值区。实验项目选择为“机械运动参数测试”时特征值区显示的特征值有:主轴传动参数、摆动从动轴运动参数和直动从动件运动参数,界面如图 5.3.15 所示。

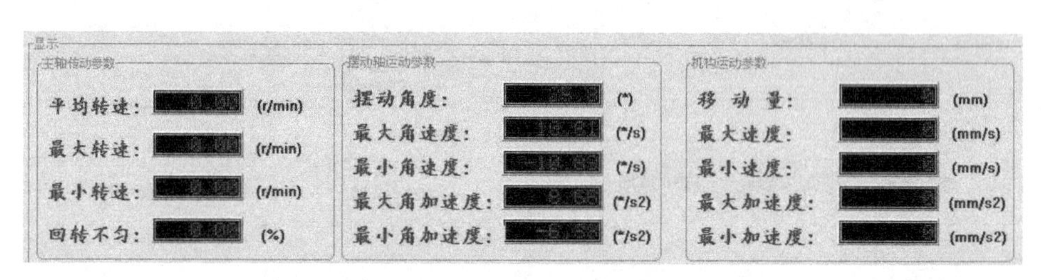

图 5.3.15　“机械运动参数测试”特征值

实验项目选择为“机械传动特性测试”时特征值区的特征值为主动轴的特征参数和从动轴的特征参数，界面如图 5.3.16 所示。

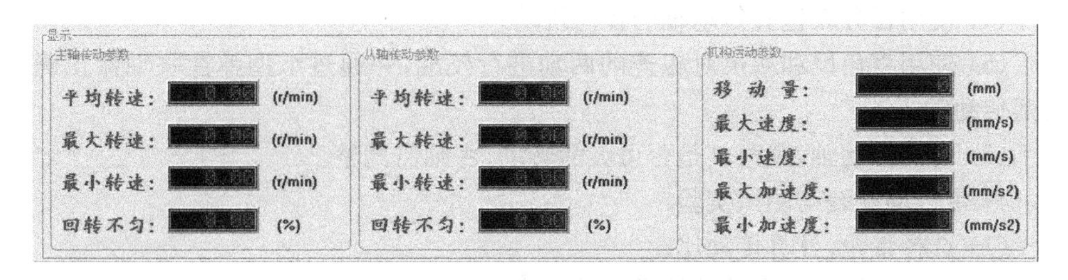

图 5.3.16 “机械传动特性测试”特征值

5.3.4 实验过程

1) 电动机安装与校准、测速实验

(1) 将水平仪放置在清洁的实验台工作台面上，观察气泡的位置，调节实验台上 4 个角上的调节螺栓直到水平仪气泡在两垂直方向都处于中间位置，锁紧调节螺栓螺母。

(2) 从零件存放柜中找出电动机、电动机撑座及安装电动机用的螺栓、平垫圈、弹性垫圈和锁紧螺母。

(3) 将电动机安放到工作台面上，调整电动机使得它的两个脚到工作台的边距相等，以保证电动机轴线与工作台面边框平行。使用钢板尺测距，用扳手适当拧紧。

(4) 使用水平仪和调整垫片校准电动机轴水平，并按顺序均匀拧紧电动机固定螺母。注意不要把某个螺母拧得过紧，以免引起电动机基座变形。

(5) 将百分表磁性表座固定，表头探针与电动机轴接触并调零。转动电动机轴一周，记录下最大、最小读数，测量计算轴偏心度指标。

(6) 将百分表头探针靠在电动机轴端表面并调零。用手轴向拉动电动机轴，记录下百分表最大、最小读数，测量计算电动机轴的轴向窜动值。

(7) 接通电源并开启电动机，慢慢旋动电动机转速调节电位器旋钮，将电动机转速调到最高。待转速稳定后，使用无接触式数字转速表测量电动机转速。

2) 键连接的安装与测量实验

(1) 认识键及键槽的基本几何参数，形状公差、位置公差及其测量方法。

(2) 正确测量电动机轴及配套的联轴器轮毂的键槽宽度、深度和长度，并利用键坯制作一个符合要求的平键。

(3) 利用键连接将联轴器安装到电动机轴上。

(4) 拉动和左右摇动联轴器，检查键连接是否松动。如有松动，必须更换连接平键。安装正确后，拧紧联轴器轮毂上的轴向定位螺钉。

3) 传动轴的安装与测量实验

(1) 使用外径千分表和卷尺测量轴外径和长度。

(2) 正确安装和校准滚动轴承座(内带可调心滚动轴承)。

(3) 将传动轴从两个轴承间穿过，预拧紧轴承座上各紧固螺钉。使用水平仪，调整传动轴处于水平状态，并用手转动轴，保证轴能自由转动。

(4) 使用百分表检查传动轴的径向跳动。

(5) 使用直角尺和塞尺对相连的两轴进行校准，并通过爪型弹性联轴器正确连接两传动轴。

(6) 转动传动轴，观察其是否可灵活转动，否则需调整。

4) 带传动安装与测试实验

(1) 选择带轮，计算传动比。

(2) 按电动机额定参数计算带传动系统中轴的转速和转矩。

(3) 正确安装与调整带传动系统，调整带的预张力。

(4) 测量比较平带、V 带及同步带传动在不同带张力时，主传动轴和被传动轴的平均转速和转速波动状况(可用数字转速表测平均转速)。

(5) 测量 V 带传动输出速度和转矩。

① 利用电动机的可调支撑对轴施加不同压力，依次测量输入电流，计算转矩。

② 将两个带轮互换装配，变为增速传动，再重复步骤①。

5) 链传动安装与测试实验

(1) 选择链轮，计算齿数比。

(2) 按电动机额定参数计算链传动系统中轴的转速和转矩。

(3) 正确安装并调整链传动系统。

(4) 确定允许的链下垂量。

(5) 使用尺子测量链的下垂量，并通过调整中心距来调整链的下垂量到给定值。

(6) 使用链条拆卸器安装、拆卸带连接链节(链接头)的链条。

(7) 测试链条传动速度和链传动噪声。

6) 齿轮传动安装与测试实验

(1) 选择并计算齿轮传动比。

(2) 按电动机额定参数计算齿轮传动系统中轴的转速和转矩。

(3) 正确安装并调整直齿圆柱齿轮传动系统。

(4) 确定齿轮传动中容许齿侧间隙。

(5) 测量齿轮传动中齿侧间隙，通过调整两齿轮中心距来保证容许齿侧间隙。

(6) 打开电动机，使用转速表及声级计测量不同转速下，齿轮传动轴的转速及噪声。也可交换主、从动齿轮及调整不同齿侧间隙进行测量，进行传动分析。

7) 万向联轴器传动安装与测试实验

(1) 正确安装并调整单万向联轴器传动系统。

(2) 测量单万向联轴器传动系统，主动轴和从动轴在不同传动夹角状态的平均转速和转速波动。

(3) 正确安装并调整双万向联轴器传动系统。

(4) 改变主动轴及从动轴与中间轴之间的夹角，分别测量它们的平均转速与转速波动。

(5) 改变主动轴及从动轴与中间轴万向联轴器叉形接头的角度，测量主动轴和从动轴的平均转速与转速波动。

(6) 使用声级计，测量不同电动机转速及连接状态下的传动噪声。

8) 组合传动系统设计、安装与测试实验

(1) 学生根据需要(科研项目、竞赛等)拟订输出要求，并按要求作机械传动系统组合方案设计及传动比计算。

(2) 按电动机额定参数计算组合传动系统中各传动轴的转速和转矩。

(3) 正确安装并调整所设计的组合传动系统。

(4) 测量传动系统中各传动轴的转速、转速波动。

(5) 测量组合传动系统传动噪声，并分析产生噪声的原因。

(6) 改变组合传动系统方案，进一步比较动力学特性。

9) 机构运动方案创新搭接及运动规律测试实验

(1) 学生根据需要(科研项目、竞赛等)拟订输出要求，选择零部件，正确安装曲柄滑块机构、曲柄导杆滑块机构、平底直动从动杆凸轮机构、滚子直动从动杆凸轮机构，并将机构参数(如曲柄长度、连杆长度、滚子偏心等)调整在一定范围。

(2) 测试运动规律，验证是否符合设计要求，否则调整机构参数。

(3) 按运动分析作运动规律理论计算，比较理论值与实测值的差异，并分析其原因。

(4) 比较不同凸轮廓线或接触副，对凸轮直动从动杆运动规律的影响。

5.3.5 注意事项

(1) 在进行实验前，应认真分析需搭接组合方案的目的性、合理性。

(2) 在搭接完成后，先手动转动各传动轴，应保证传动灵活、无卡死的现象。

(3) 启动电动机前，必须清理实验台面，保证无任何工具等杂物。实验人员应与实验台保持适当距离。

5.3.6 思考题

(1) 传动轴和被传动轴回转不匀是由哪些因素引起的?

(2) 机构系统中，电动机转速实测值为何与铭牌上标的转速有差异?

(3) 分析机械传动过程中引起传动噪声增大的原因。

(4) 在工程设计中，完整的方案设计有哪些步骤，各步骤应该考虑哪些要素，重点是什么?

5.4 机械手程序控制及应用

5.4.1 实验目的与要求

通过机械手实验操作和软件编制实验，并查找资料，使学生能够：

(1) 熟悉机械手的基本结构，了解机械手运动规划过程。

(2) 了解 WALLI 软件的主要功能。

(3) 初步掌握 WALLI 软件的示教编程，学会编制一个简单的程序并运行通过。

对于兴趣浓厚的学生，可以通过自主学习研究，结合工程实际或模拟实际问题，深化实验内容，提高机械手应用设计方面的能力。

5.4.2 实验设备与工具

(1) WALLI 公司 Gryphon 机械手和 Sergent 机械手，搬运物块若干。

(2) 计算机。

5.4.3 实验内容与原理

1. WALLI 机械手结构与工作原理

1) 机械手结构

WALLI 机械手是专为教学设计的典型可编程多自由度机械手。整个实验装置由机械手本体、控制器、计算机模拟器、垂直按钮板、气泵等部分组成，系统组成示意图如图 5.4.1、图 5.4.2 所示。机械手本体由手臂、支撑立柱和底座工作平台等组成，具有肩、肘、腕等多个运动自由度，能实现多自由度的协同运动，可进行机械手编程、最短轨迹优化等实验。

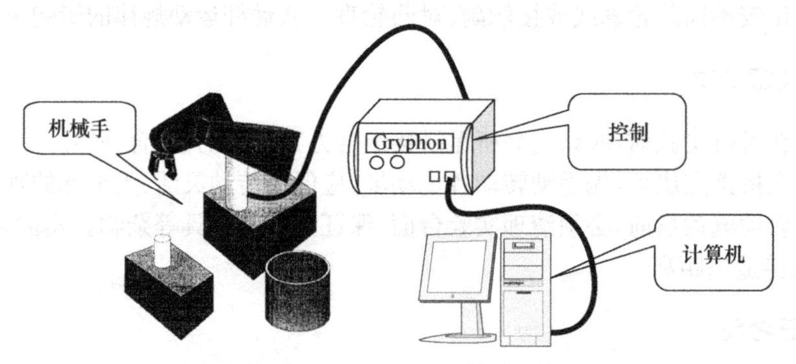

图 5.4.1 Gryphon 机械手系统

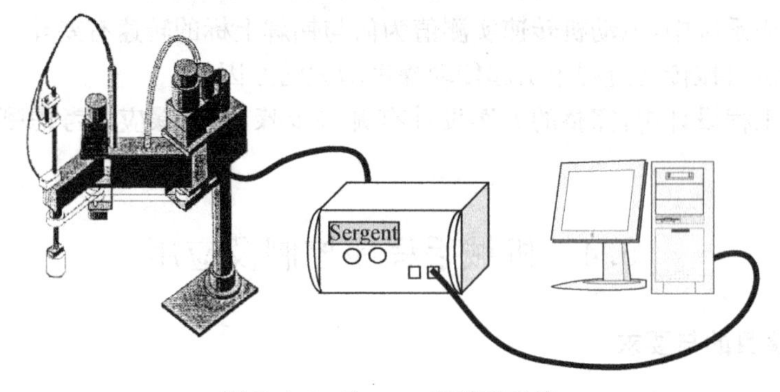

图 5.4.2 Sergent 机械手系统

2）机械手工作原理

计算机通过插在 ISA 总线上的界面卡以及串行总线实现与控制器的通信，控制器再通过电缆实现机械手的实时控制。机械手中手爪的张开与闭合为气动驱动，手臂的运动为步进电动机驱动。控制器由控制面板、仿真器、悬垂式按钮和气泵等组成。整个系统控制原理框图如图 5.4.3 所示。

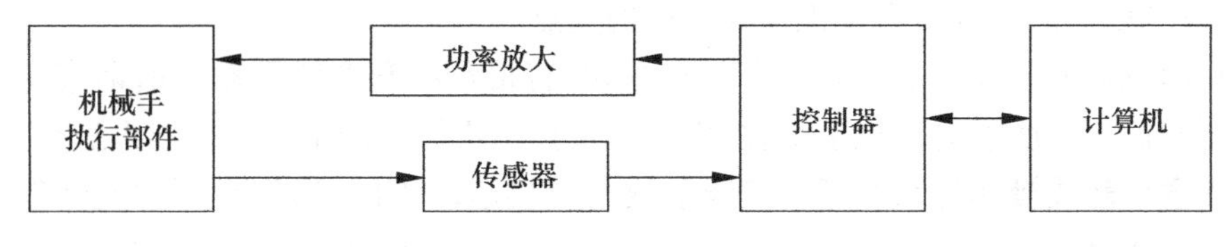

图 5.4.3 机械手控制原理框图

2. 主要编程指令

WALLI 机械手运动单元采用直接示教编程，系统级采用指令编程，两者结合使得 WALLI 机械手具有强大的流水线全自动控制编程能力。系统级具体编程指令见表 5.4.1 描述。

表 5.4.1 WALLI 机械手软件编程指令

指令名称	功能描述	语　法
Move Robot	移动机器人	Move [rob n] through position [a] to position [b]
Start Program	开始程序	Start [CNC n] Program [file]
Wait until Paused	等待直到停止	Wait until [CNC n] program has Ended
Jog X Axis	慢移 *X* 轴	Jog [CNC n] X axis [m] mm/ins and continue program
Jog Y Axis	慢移 *Y* 轴	Jog [CNC n] Y axis [m] mm/ins and continue program
Jog Z Axis	慢移 *Z* 轴	Jog [CNC n] Z axis [m] mm/ins and continue program
If Device Axis	如果设备轴	If [rob n] Axis [m] is between [d] and [D] then goto [a]
If Paused	如果暂停	if [CNC n] program has Paused then goto [a]
If Ended	如果结束	If [CNC n] program has Ended then goto [a]

具体指令解释见 WALLI 软件帮助。

3. 实验内容

实验包括操作杆控制轨迹、运动轨迹规划编程控制。

本实验涉及工业机器人（机械手）技术的 3 个重要内容，即运动轨迹规划、机器人语言以及机器人示教编程系统。轨迹规划是指根据作业任务要求，确定轨迹参数并实时计算和生成运动轨迹。它是工业机器人控制的依据，所有控制的目的都在于精确实现所规划的运动。机器人具有可编程功能，因此需要用户和机器人之间的接口。为了提高编程效率，目前采用机器人编程语言，它以一种通用的方式解决了人—机通信问题。机器人示教编程系统是用机器人代替人进行作业时，必须预先对机器人发出指示，规定机器人进行应该完成的动作和作业的具体内容。这个过程就称为对机器人的示教或对机器人的编程。对机器人的示教有不同的方法，要想让机器人实现人们所期望的动作，必须赋予机器人各种信息。首先是机器人动作顺序的信息及外部设备的协调信息；其次是与机器人工作时的附加条件信息；再次是机器人的位置和姿态信息。前两个方面很大程度上是与机器人要完成的工作以及相关的工艺要求有关，位置和姿态的示教通常是机器人示教的重点。

目前机器人位姿的示教大致有两种方式：直接示教和离线示教。所谓直接示教就是指我们通常所说的手把手示教，由人直接控制机器人的手臂对机器人进行示教，如示教盒示教或操作杆示教等。离线示教与直接示教不同，操作者不对实际作业的机器人直接进行示教，而是脱离实际作业环境生成示教数据，间接地对机器人进行示教。本实验可采用操作杆（或称模拟器）完成直接示教编程，也可采用编程指令进行间接示教。

5.4.4 实验过程

(1) 将计算机与CNC控制器按正确方式连接。

(2) 开启气泵和CNC控制器开关，打开计算机。

(3) 启动WALLI软件，单击WALLI图标。

(4) 在弹出的Load Walli File界面上单击 取消 按钮，接着在Device Address Selection界面上单击 OK 即进入Walli3主界面，如图5.4.4所示。

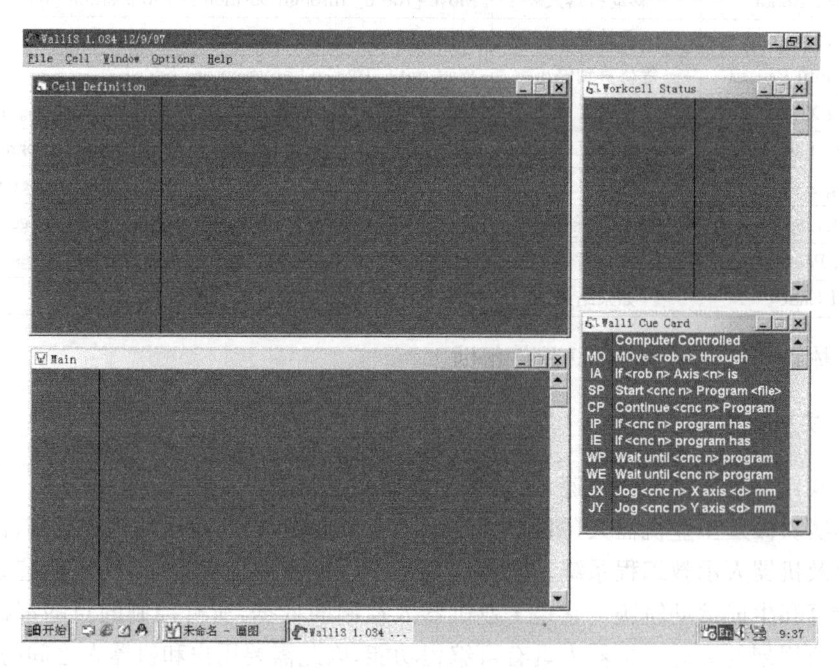

图 5.4.4 Walli3主界面

(5) 根据自己的具体设备型号，选择Cell菜单下的设备名Gryphon或Ser-

gent1，即进入本机械手编程界面(这里以 Sergent1 为例)，如图 5.4.5 所示。

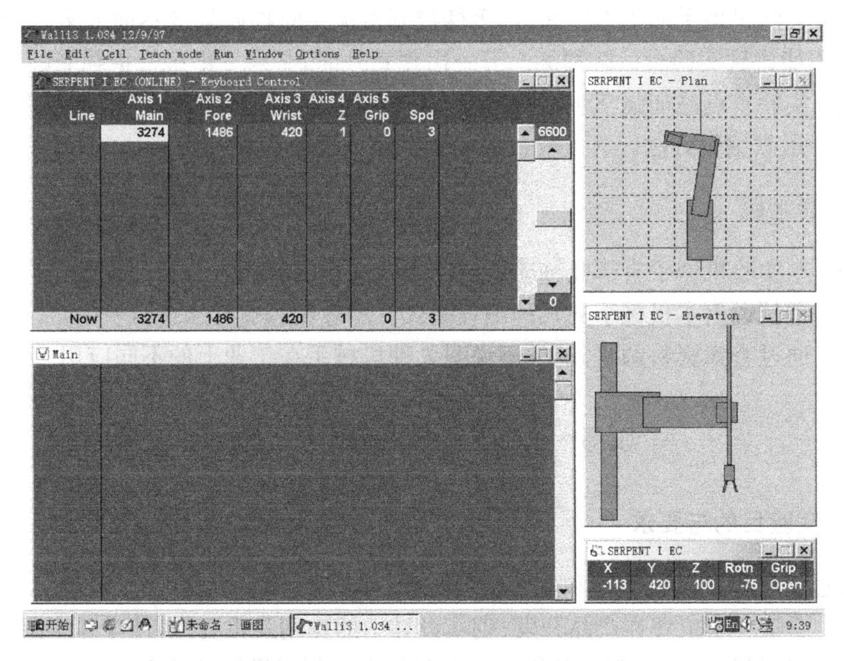

图 5.4.5　编程界面

(6) 选择编程界面 Teach mode 菜单下的程序控制模式(Teledictor 示教模式)，单击 Start Recording 即开始记录示教内容。

(7) 按照预定机械手运动轨迹，操作机械手模拟器或垂直按钮进行示教，完毕单击 Stop Recording 结束记录。

(8) 把光标定位在示教记录的第一条指令处，选择 Run 菜单下的 Start Step Run 菜单项，运行程序。

(9) 优化程序运动轨迹。观察机械手运动轨迹，在不理想处按 Pause 按钮，修改相应指令坐标轴的值；或按 Stop 按钮，再把光标定位到指令处，选择 Edit 菜单下的整行编辑功能，如直接删除或插入，修改完毕后回到第(8)步，观察反复修改，直至轨迹满意为止。

(10) 将编辑好的程序存盘。选择 File 菜单中的 Save XX As…，弹出保存对话框，在对话框中选择所保存的驱动器、文件夹、文件名即保存完毕(为便于打成绩，文件名统一预定为学号名，如两个人合作则文件名约定为 XXXX&XXXX，如 0120&0121)。

(11) 结束程序，关闭系统。单击 File 菜单中的 Exit 退出软件系统。关闭 CNC 控制器电源开关和气泵开关。填写实验报告。

5.4.5　注意事项

(1) 开机操作必须在教师指导下进行，一定要理清开机顺序及要求，开机时小组内同学要相互提醒。

(2) 关注机械手的工作空间,用手柄控制机械手时控制幅度不能太多,必须保证机械手不能碰到实验台以防损坏。万一出现意外时,必须立即报告指导老师。

(3) 实验重点是加强学生对机械手工作原理和编程方式的认知,难点是学生掌握机械手示教编程方法。

5.4.6 思考题

(1) 本实验机械手有哪几种动力驱动方式和常用机构?分析其优缺点。

(2) 举例说出本机械手的几种编程模式?示教编程有什么优点?

(3) 通过查找资料调研,试举例说明 3 种机械手在工业上的不同应用。

5.5 凸轮轮廓测量及反求

5.5.1 实验目的与要求

通过三坐标测量机操作和软件应用实验,使学生能够:

(1) 了解反求工程在产品开发、创新设计中的作用及重要性,使学生掌握逆向工程的内涵及关键技术,并真正理解逆向工程与产品创新设计的关系。

(2) 了解三坐标测量机的测量原理、方法以及计算机采集测量数据和处理测量数据的过程。

(3) 利用三坐标测量机正确采集凸轮相关数据,测量凸轮机构的结构尺寸和凸轮轮廓曲线坐标值。

(4) 对凸轮机构测量数据进行后期处理,通过编程反求出其运动规律。

(5) 结合所学知识和创新思维对被测凸轮的原设计参数测量值进行分析,或进行创新设计。

对于研究性强的学生,可以通过开放实验、自主研究,在形位公差测量、曲面反求等工程方面强化三坐标测量技术实际应用,提高工程设计方面的能力。

5.5.2 实验设备与工具

(1) 三坐标测量机。

(2) 各种夹紧工具,被测凸轮等。

5.5.3 实验内容与原理

1. 三坐标测量原理

三坐标测量机的结构组成有:主机机械系统(X、Y、Z 三轴和花岗岩基础构件),测头系统(采点发讯装置),电气控制硬件系统,数据处理软件系统(测量软件),如图 5.5.1 所示。

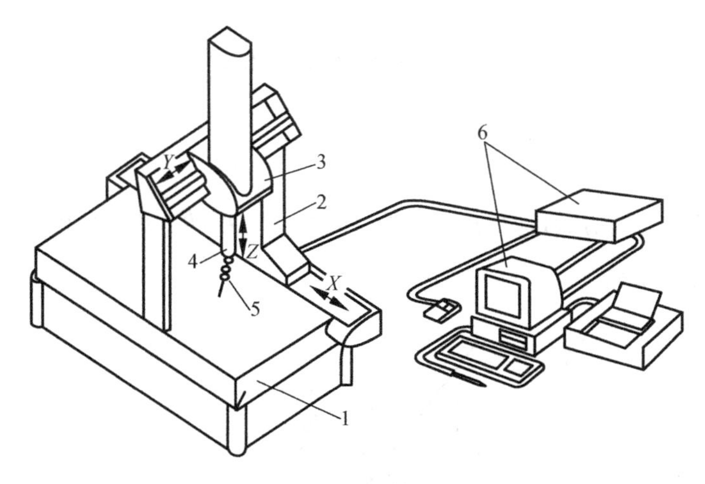

图 5.5.1　三坐标测量机

1-工作台；2-移动桥架；3-中央滑架；4-Z 轴；5-测头；6-控制系统

工作原理是测量机在沿 X、Y、Z 三个相互垂直的方向上有导向机构、测长元件（光栅尺和读数头），测头可以手动或机动方式轻快地移动到工件被测点上，发出采点信号，并由控制系统采集当前测量机三轴坐标相对于原点的坐标值，再由计算机系统对数据进行处理和输出。

目前，测量机可以用来测量直接尺寸，也可以代替多种表面测量工具及昂贵的组合量规获得间接尺寸和形位公差及各种相关关系，也可以实现全面扫描并做数据处理，提供加工所需数据和测量评价结果。另外，三坐标测量机应用在现代设计制造流程中的逆向工程（反求），如将实物转变为 CAD 模型相关的数字化技术、几何模型重建技术和产品制造技术等。

2. 凸轮轮廓反求原理

将测得的凸轮轮廓数据导入相关三维造型软件，对测量数据进行修补，包括噪声识别与去除，数据压缩与精简，数据补全和数据平滑，最后输出有规律的分析需要的凸轮轮廓数据。

3. 凸轮机构运动规律反求原理

以滚子直动从动件平面凸轮为例，设已测得凸轮廓线上各均分向径角的对应向径值为

$$\theta_0, \theta_1, \cdots, \theta_{k-2}, \theta_{k-1}, \theta_k, \theta_{k+1}, \theta_{k+2}, \cdots$$

$$\rho_0, \rho_1, \cdots, \rho_{k-2}, \rho_{k-1}, \rho_k, \rho_{k+1}, \rho_{k+2}, \cdots$$

如图 5.5.2 所示，θ_{k-2}、ρ_{k-2}，θ_{k-1}、ρ_{k-1}，θ_k、ρ_k，θ_{k+1}、ρ_{k+1}，θ_{k+2}、ρ_{k+2}分别为凸轮廓线上点 C_{k-2}、C_{k-1}、C_k、C_{k+1}、C_{k+2}的极坐标值。由此可以得出凸轮廓线在 C_k 点的切线 TT 和法线 NN 与 X 轴的倾角 λ_k 和 η_k 分别为

$$\lambda_k = \theta_k + \mu = \theta_k + \arctan\frac{\rho_k}{\rho'_k}$$

$$\eta_k = \lambda_k - 90^\circ = \theta_k + \arctan\frac{\rho_k}{\rho'_k} - 90^\circ$$

式中，$\rho'_k = f'(\theta_k) = \frac{1}{12b}[\rho_{k-2} - \rho_{k+2} + 8(\rho_{k+1} - \rho_{k-1})]$，$b = \theta_{k-1} - \theta_{k-2} = \theta_k - \theta_{k-1} = \theta_{k+1} - \theta_k = \theta_{k+2} - \theta_{k-1}$。

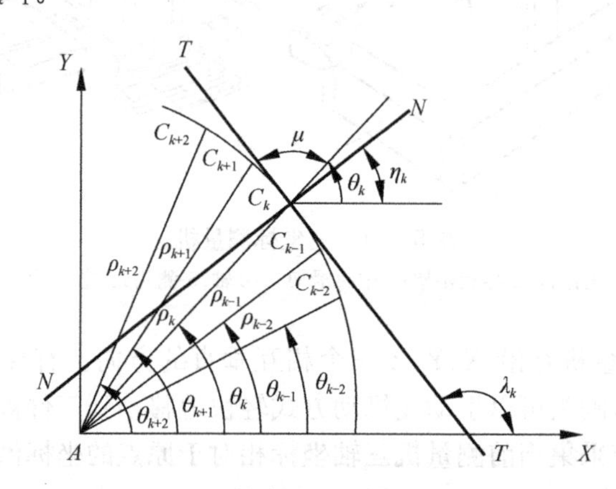

图 5.5.2 凸轮廓线上切线和法线的确定

1）根据凸轮实际廓线确定其理论廓线

在滚子从动件平面凸轮机构中，从动件的运动与凸轮的理论廓线有直接的关系，所以按照测得的凸轮实际廓线的极坐标值确定理论廓线上对应的极坐标值。如图 5.5.3 所示，则有

$$AE = AC_k + C_kE$$

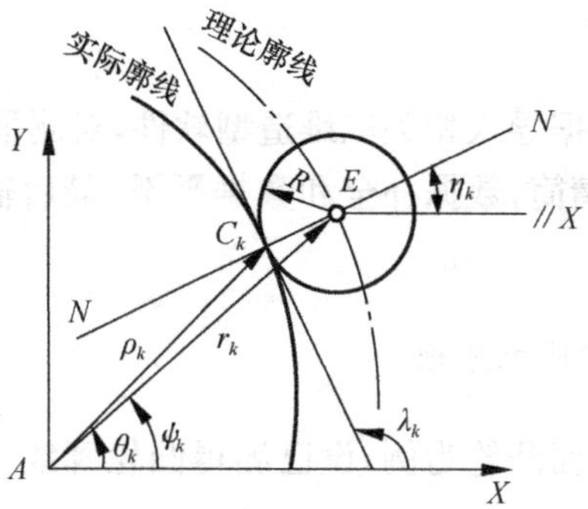

图 5.5.3 根据凸轮实际廓线确定其理论廓线

故矢量 AE 的向径和向径角分别为

$$r_k = \sqrt{X_k^2 + Y_k^2} = \sqrt{(\rho_k\cos\theta_k + MR\cos\eta_k)^2 + (\rho_k\sin\theta_k + MR\sin\eta_k)^2}$$

$$\psi_k = \arctan\frac{Y_k}{X_k} = \arctan\frac{\rho_k\sin\theta_k + MR\sin\eta_k}{\rho_k\cos\theta_k + MR\cos\eta_k}$$

式中，r_k 和 ψ_k 分别为凸轮理论廓线上 E 点的向径和向径角，M 为符号系数，凸轮外缘廓线与滚子相切 $M=1$，凸轮内缘廓线与滚子相切 $M=-1$。利用上述公式可求出理论廓线上其他各对应点的极坐标值。

2）根据凸轮理论廓线求出从动件的运动规律及压力角

（1）从动件的位移。从图 5.5.4 中可以得出

$$s_0 = \sqrt{r_0^2 - e^2}$$

$$s_k = \sqrt{r_k^2 - e^2} - s_0$$

$$\delta_k = \arccos \frac{r_0^2 + r_k^2 - s_k^2}{2r_0 r_k}$$

$$\phi_k = \psi_k + N\delta_k$$

式中，s_k 为从动件位移；ϕ_k 为与 s_k 对应的凸轮角位移；ψ_k 为向径角；N 为符号系数，当凸轮上 F 点速度方向与从动件推程速度方向一致时 $N=1$，反之 $N=-1$；e 为凸轮轴心与从动件导路间的偏距。

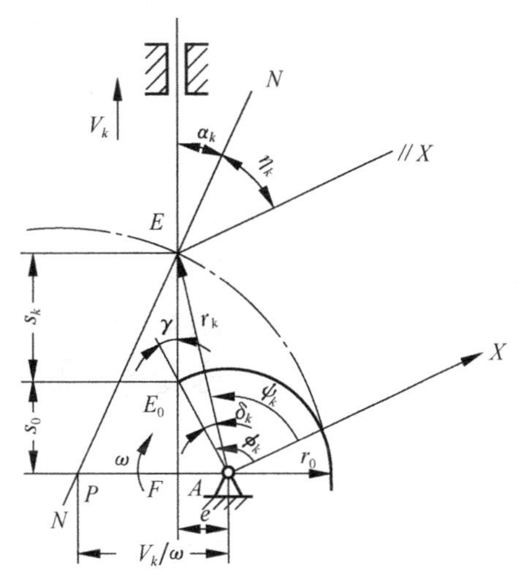

图 5.5.4　根据凸轮理论廓线求出从动件的运动规律及压力角

（2）压力角 α_k。过 E 点做凸轮廓线的法线 NN，它与从动件速度方向间的夹角 α_k 为其压力角

$$\alpha_k = \phi_k - \eta_k - \nu$$

式中，$\nu = \arctan \dfrac{Ne}{s_0}$。

（3）从动件速度 V_k。过凸轮轴心 A 作从动件速度 V_k 的垂线，它和法线 NN 的交点 P 为凸轮与从动件的相对速度瞬心，这两个构件在该点具有相同的线速度，故

$$V_k = \omega[(s_0 + s_k)\tan\alpha_k + Ne]$$

（4）从动件加速度 a_k。

$$a_k = \frac{\omega}{12b}[V_{k-2} - V_{k+2} + 8(V_{k+1} - V_{k-1})]$$

式中，$b = \phi_{k-1} - \phi_{k-2} = \phi_k - \phi_{k-1} = \phi_{k+1} - \phi_k = \phi_{k+2} - \phi_{k+1}$。

5.5.4　实验过程

（1）分析凸轮结构，制订检测方案。

（2）学会三坐标测量机的基本测量操作方法和技巧。

① 建立测量文件。

② 测杆的定义与校验。

a. 定义测头系统参数。根据图 5.5.5 所示界面，采用自上而下顺序选择相应的测座、测头、测杆和转接器（测座和传感器）。

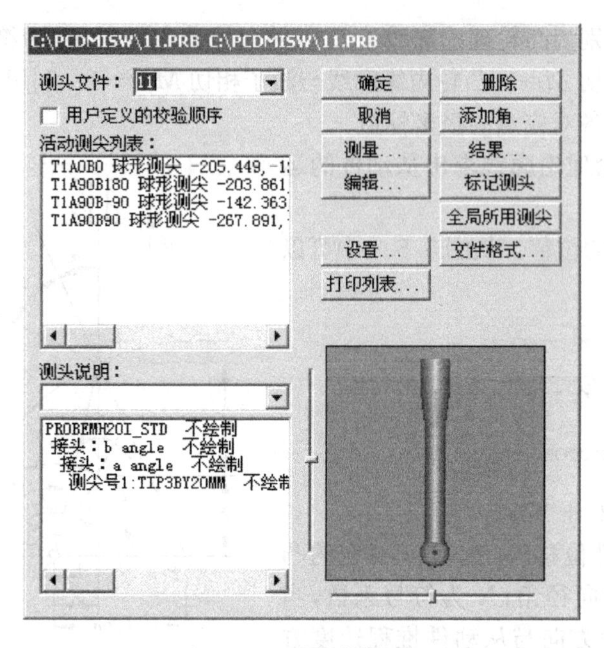

图 5.5.5　测头参数界面

b. 添加测头角度。如图 5.5.6 所示，添加 A 角（绕 X 轴转动的角度）、B 角（绕 Z 转动的角度，顺时针为负，逆时针为正）。

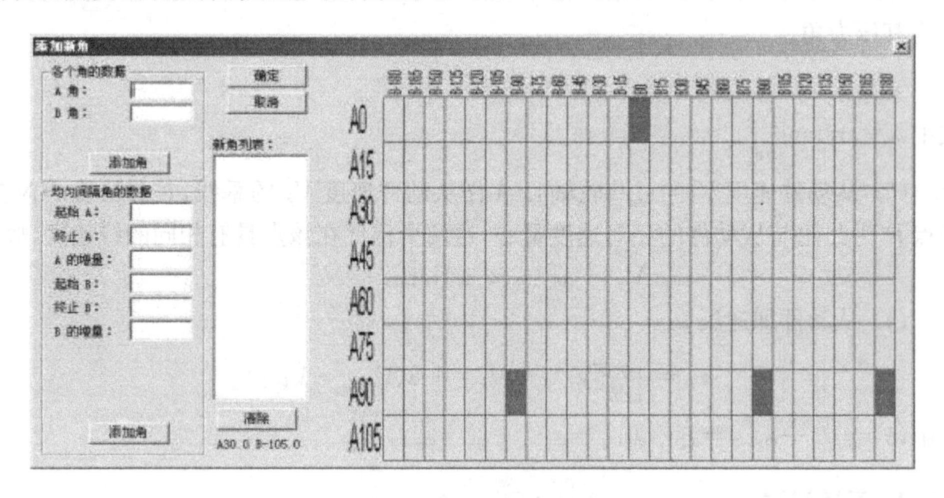

图 5.5.6　测头角度界面

c. 定义工具。定义标准球的支撑方向和标准球的直径，如图 5.5.7 所示。

d. 测头校验。在手动方式下，进行手动采点。在测头校验完后，通过测头功能对话框中的“结果”按钮可以打开结果对话框，显示了测头校验的结果，从而判断校验的精度。

③ 建立工件的坐标系。在精确的测量工作中，正确地建立坐标系与具有精确的测量机、校验好的测头一样重要。建坐标系有三步，而且很重要的是不能搞乱它的顺

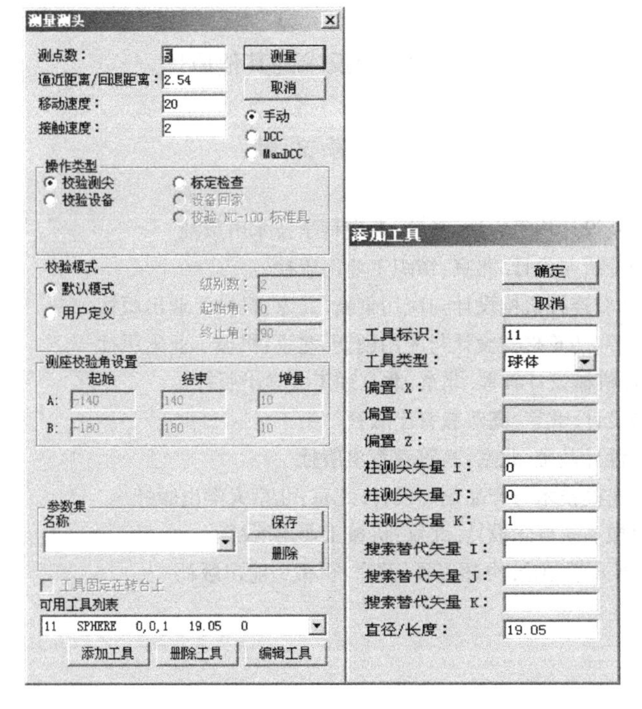

图 5.5.7　定义工具界面

序：首先，零件的找正；其次，旋转到轴线；最后，设置原点。

(3) 数据采集。数据采集技术是逆向工程的关键技术之一，用三坐标测量机采集凸轮轮廓线上的点，测量凸轮轮廓曲线坐标值，以及凸轮机构的结构尺寸。

(4) 凸轮机构运动规律反求。根据所测凸轮机构的结构尺寸和凸轮廓线数据，用计算机编程计算从动件的运动规律；与实测运动规律进行比较，掌握凸轮机构反求原理。

(5) 绘制出凸轮工作图。

5.5.5　注意事项

(1) 保持测量机室的温度：20℃±2℃；湿度：(60±10)%。

(2) 开启三坐标测量机前，需用无水酒精和无纺布单向擦拭轨道和工作台。

(3) 启动空压机和冷干机，使其最小供气压力达到 0.6MPa。

(4) 实验中注意选择添加的测座、测针的顺序和正确性。

(5) 在测头校验时，应对每个角度进行校验，不得遗漏。

5.5.6　思考题

(1) 采用三坐标测量机测量工件是否需要对工件进行调整？

(2) 测量前为什么要进行测头的标定？

(3) 采用三坐标测量机进行工件的尺寸、形状、位置测量时与传统的测量方法比较有什么优势？

（4）查资料叙述凸轮机构运动规律反求的其他原理。

参 考 文 献

符炜. 2006. 机械创新设计构思方法. 长沙：湖南科学技术出版社

华大年. 1985. 机构分析与设计. 北京：纺织工业出版社

华大年，华志宏. 2008. 连杆机构设计与应用创新. 北京：机械工业出版社

石永刚，吴央芳. 2007. 凸轮机构设计与应用创新. 北京：机械工业出版社

吴玮，任红英. 2007. 机械设计教程. 北京：北京理工大学出版社

徐锦康. 2004. 机械设计. 北京：高等教育出版社

张建中. 2007. 机械设计基础. 北京：高等教育出版社

张学昌. 2009. 逆向建模技术与产品创新设计. 北京：北京大学出版社

邹慧君等. 2002. 机械系统概念设计. 北京：机械工业出版社

Craig J J. 2006. 机器人学导论. 负超等译. 北京：机械工业出版社

第6章　慧鱼创意设计实践

本章为系统性、创新性的工程实践项目，以融合工程项目创新思维与综合机械、电子、计算机软件控制等技术进行设计性实验的系列实验教学内容，实现工程项目创意设计及其实物模型化。特色是教学内容和方法手段的工程化、趣味化，将理论教学融于工程实践的模型化体验中。

6.1　认识慧鱼模型

6.1.1　慧鱼创意组合模型的历史与现状

1964年，慧鱼创意组合模型(Fischer technik)诞生于德国，是技术含量很高的工程技术类智趣拼装模型，是展示科学原理和技术过程的理想教具，也是体现世界最先进教育理念的学具，为工业院校创新教育和创新实验提供了最佳的载体。模型自1997年进入中国市场以来，采用优质尼龙塑胶材质制造的主要部件，尺寸精确，不易磨损，可以反复拆装而不影响模型结合的精确度，再结合编程控制的便利，可实现随心所欲的组合和扩充，给学生和老师广阔的工程项目改造、扩展、创新的空间，极大地丰富和拓展了课堂教学的内容和形式。

慧鱼创意组合模型主要有组合包、培训模型、工业模型三大系列，涵盖了机械、电子、控制、气动、汽车技术、能源技术和机器人技术等领域和高新学科，利用工业标准的基本构件(机械元件/电气元件/气动元件)，辅以传感器、控制器、执行器和软件的配合，运用设计构思和实验分析，可以实现任何技术过程的还原，更可以实现工业生产和大型机械设备操作的模拟，从而为实验教学、科研创新和生产流水线的可行性论证提供了可能。世界知名的德国西门子、德国宝马、美国IBM等一大批著名公司都采用慧鱼模型来论证生产流水线。

慧鱼创意组合模型的使用有三个阶段：第一，根据安装操作手册中的示范，简单模仿，从而获取技术知识；第二，根据现有的模型做出合理科学的改进，从而发挥想象力和创造力；第三，根据实际应用和知识的扩展，创造出新的模型，从而实现学生前所未有的创新。通过慧鱼模型的使用，不仅可以将多学科多领域的综合知识融会贯通于实践过程中，更重要的是培养了创新意识和创新能力。

6.1.2　慧鱼创新实验室配置方案推介

表6.1.1～表6.1.5为实验室的基本配置要求。

表 6.1.1 基础系列设备配备表

基础系列		
货号	名称	数量
93291	机械与结构组合包 *	12～15
57485	自然能源包 *	12～15
77791	气动技术包 2 *	12～15
91083	电子技术包 **	12～15
30491	传感器技术包	12～15

表 6.1.2 机器人系列设备配备表

机器人系列		
货号	名称	数量
41863	ROBO 机器人起步组合包(含 I/O 接口,软件)	12～15
96808	ROBO 移动组(不含接口板、软件) * (**)	12～15
34948	气动机器人(不含接口板、软件) **	12～15
96782	工业机器人 2(不含接口板、软件)	12～15

表 6.1.3 成品培训模型类设备配备表

成品培训模型类		
货号	名称	数量
16286	三自由度机械手(带接口板 93293)	1
51663	带传送带的冲床(带接口板 93293)	1
51664	双工作台操作流水线(带接口板 93293、扩展板 93924)	1
77577	气动加工中心(带接口板 93293、扩展板 93924)	1

表 6.1.4 辅助件设备配备表

辅助件		
货号	名称	数量
93293	ROBO 接口板 **	24～30
501100	直流开关电源(9V/1.5A)	24～30
93296	ROBO 软件(Windows)	1
501150	零件柜	6～8
91082	创意散件添加组 1000	12～15
501152	零件盒 2(适用大型组合包)	适量

表 6.1.5 教材配备表

教材		
货号	名称	数量
501051	中文软件手册	12～15
501052	工程技术实验手册	12～15
501053	六合一实验手册(针对带 * 产品)	12～15
501054	四合一手册(针对带 * * 产品)	12～15
	慧鱼创意机器人设计与实践教程	

6.1.3 慧鱼的主要构件认识

1. 主要零件

拼接柱体(见图 6.1.1)、齿轮、连杆、链条、履带、齿轮(齿轴、齿条、蜗轮、蜗杆、凸轮、弹簧、曲轴、万向节、差速器、轮齿箱、铰链)等复合拼接体(见图 6.1.2)。

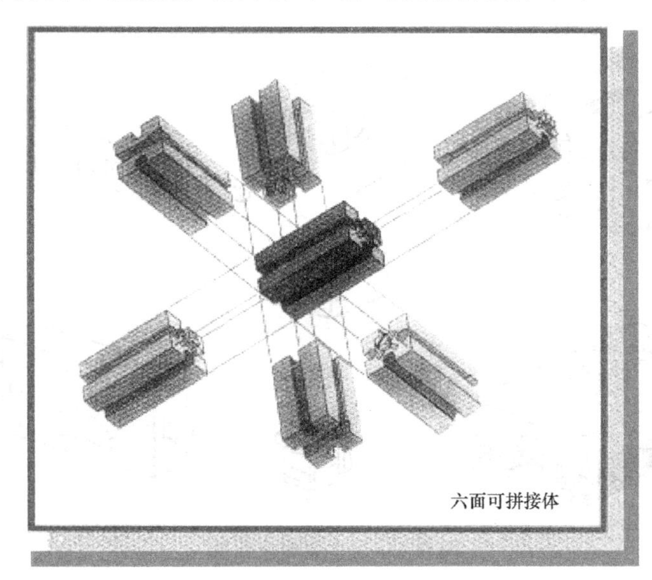

图 6.1.1 拼接柱体

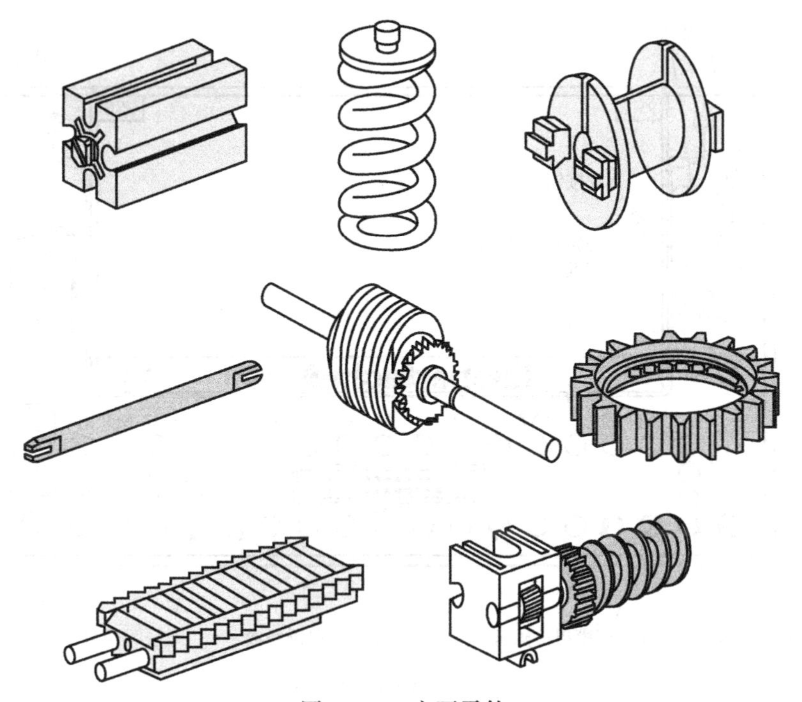

图 6.1.2 主要零件

2. 主要电气元件

直流电动机(9V 双向),红外线发射接收装置,传感器(光敏、热敏、磁敏、触敏),发光器件,电磁气阀,接口电路板,可调直流变压器(9V,1A,带短路保护功能),如图 6.1.3 所示。ROBO 接口板——机器人的大脑,如图 6.1.4 所示。

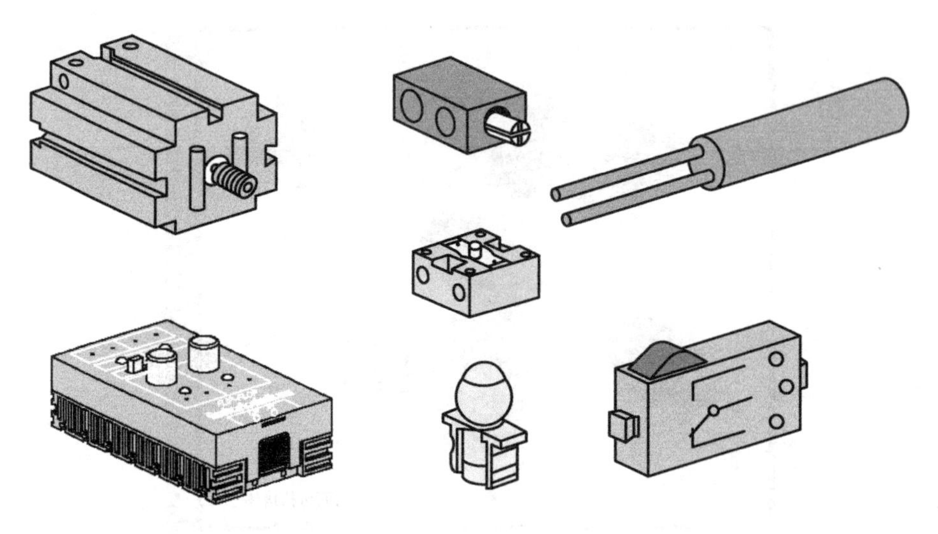

图 6.1.3 主要电气元件

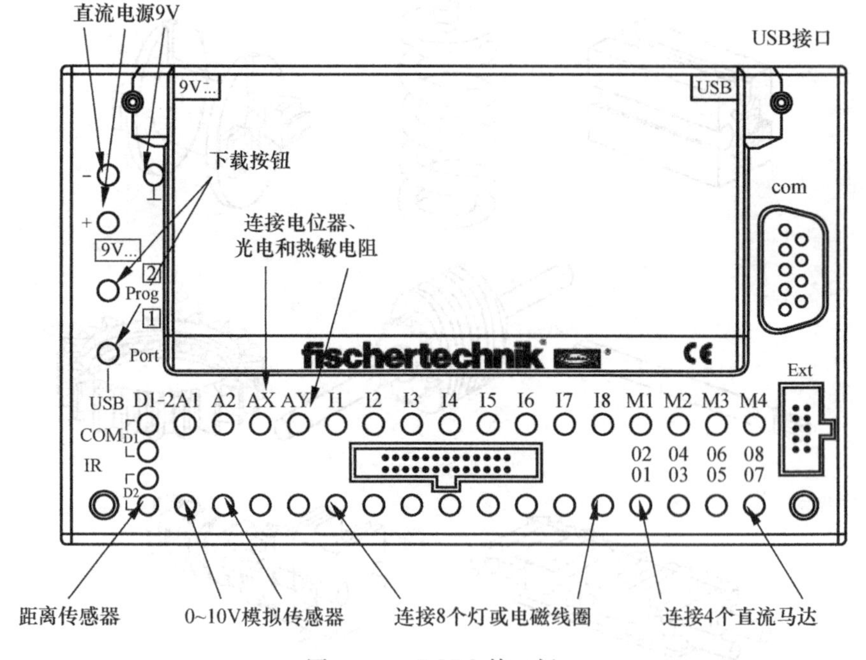

图 6.1.4 ROBO 接口板

ROBO 接口板可以使电脑和模型之间进行有效通信。它可以传输来自软件的指令,如激活马达或者处理来自各种传感器的信号。

3. 气动元件

气缸、气阀(手动、电磁阀)、气管、管接头(三通、四通)、气泵、储气罐等,如图 6.1.5 所示。

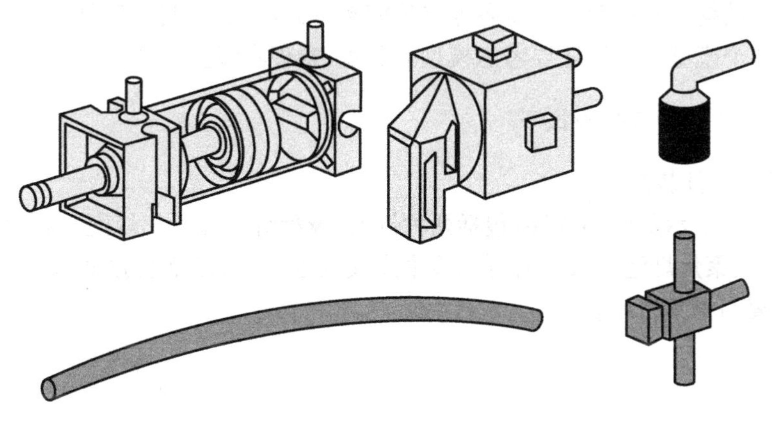

图 6.1.5 气动元件

6.1.4 控制慧鱼模型的 ROBO Pro 软件简介

机器人是如何执行被分配的任务的?看上去就像有一只无形的手在操纵它。在以后的章节中,我们将一起来设计一些小的控制程序。这样一来,我们就可以知道怎么在 ROBO Pro 软件的帮助下,解决这类控制问题并进行调试。ROBO Pro 软件非常易于操作。控制程序以及我们即将学到的流程图和数字流程图可以生成图形化的用户界面,这一切几乎用鼠标就可以完成操作。

为了通过电脑来控制慧鱼模型,必须要有 ROBO Pro 控制软件和一块接口板来将电脑和模型相连。接口板可以传输软件指令,比如控制马达和处理传感器信号等。

软件操作如下:

(1) ROBO Pro 的安装。

(2) 安装 ROBO 接口的 USB 驱动程序。

(3) 启动 ROBO Pro 软件。

(4) 创建一个新程序,也可以打开一个已经存在的程序文件。

(5) 测试完了硬件后,调用控制程序的模块进行编程。

6.1.5 慧鱼产品的装配方法(对于初学者)

1. 装配要点

先选出第一步骤所要的构件,按照产品操作手册所附图示装配完成第一步。再选出第二步骤所要的构件(此时已完成装配部分为黑白色),按照图示装配完成第二步。注意观察上一步与下一步的关联配合,用同样的方法依次类推直到完成最后一步。

模型装配注意事项:

(1) 在组装的每一步中,注意所用元器件的长短、粗细、安装的先后次序及位置。

(2) 机械构件装配时要确保构件到位,不滑动。

(3) 电子构件装配时要注意电子元件的正负极性,接线稳定可靠,没有松动。

(4) 气动构件装配时要注意各连接处密封可靠,不要有漏气现象。

(5) 整个模型完成后还要考虑模型的美观,整理布线要规范。

2. 构件的固定搭配和技巧

1) 基本构件装配方法一

图 6.1.6 表示灯泡的安装,包括两种灯型:球型灯泡和聚焦灯泡。球型灯泡是普通的灯泡,而聚焦灯泡的头上有可以聚集光线的透镜,将灯泡直接插入安装槽中,使灯的两侧翼与槽紧密压合。

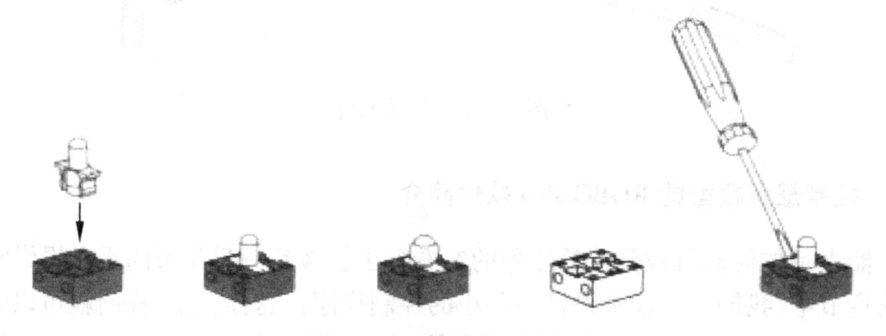

图 6.1.6　构件装配示意

图 6.1.7 表示触动开关的安装。触动开关有 3 个端子,分别标为 1、2、3。连接

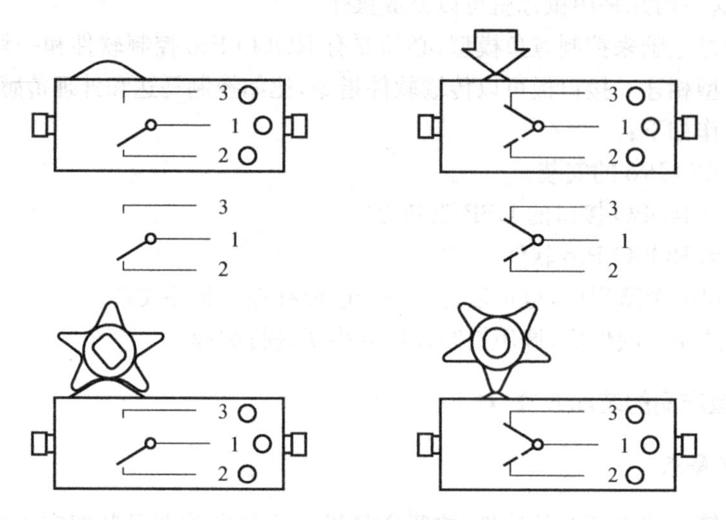

图 6.1.7　触动开关的安装

导线接到触动开关的1、2端子，即开关的常闭状态（开关未被按下），电路处于导通状态，按下开关，电路被中断。如果连接导线接到1、3端子，即开关的常开状态，电路断开，按下开关，电路则导通。

图6.1.8表示迷你马达的接线安装。慧鱼模型中含有两种不同的电动机：迷你马达和大功率马达。迷你马达适用于辅助驱动和小功率要求的场合，而大功率马达则用于驱动大型器件，如机器人。迷你马达在正向及两侧向都有接线口，从任意一侧都可以接通。

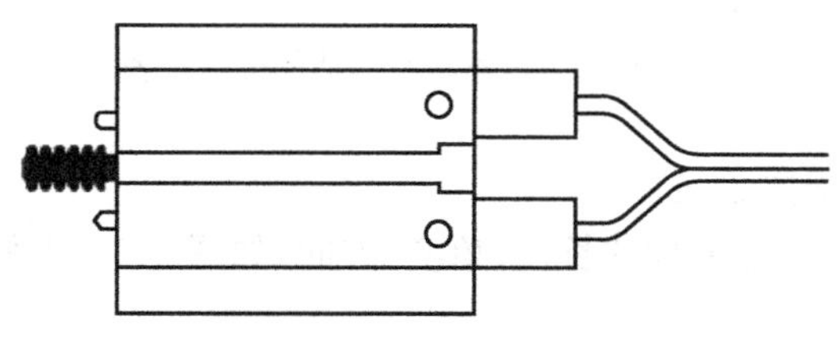

图6.1.8　迷你马达

2）基本构件装配方法二

图6.1.9表示发送接收装置的安装。(a)图表示光电三极管的输出接线，当其检测到光时导通，可用作传感器。(b)图表示左侧发光二极管信号发送，右侧光电三极管信号接收装置的接线图。

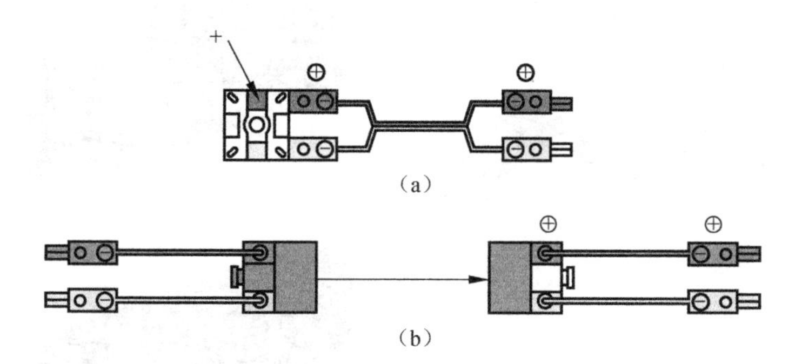

图6.1.9　发送接收装置的安装

图6.1.10表示齿轮箱的安装，图6.1.11表示齿轮箱与马达配合的安装，用以驱动其他构件。

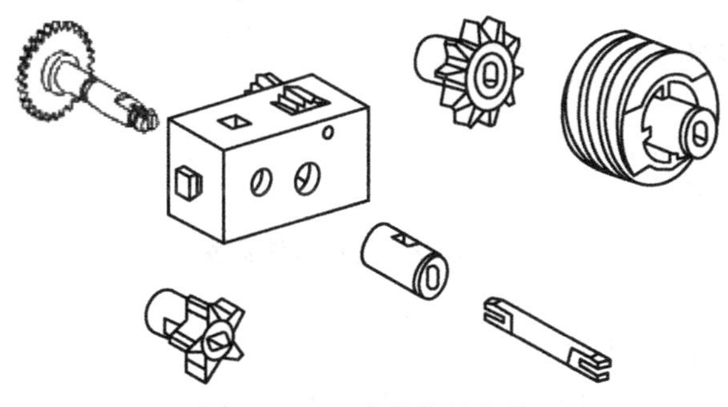

图6.1.10　齿轮箱的安装

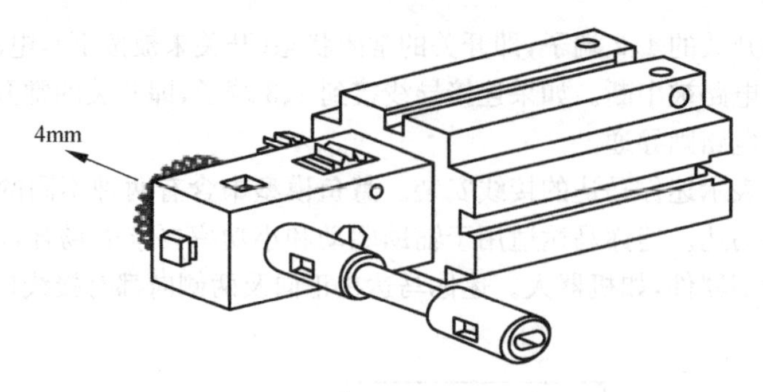

图 6.1.11　齿轮箱与马达的配合安装

3）基本构件装配方法三

连接部件安装时注意部件的长短、角度、方向，如图 6.1.12 所示。

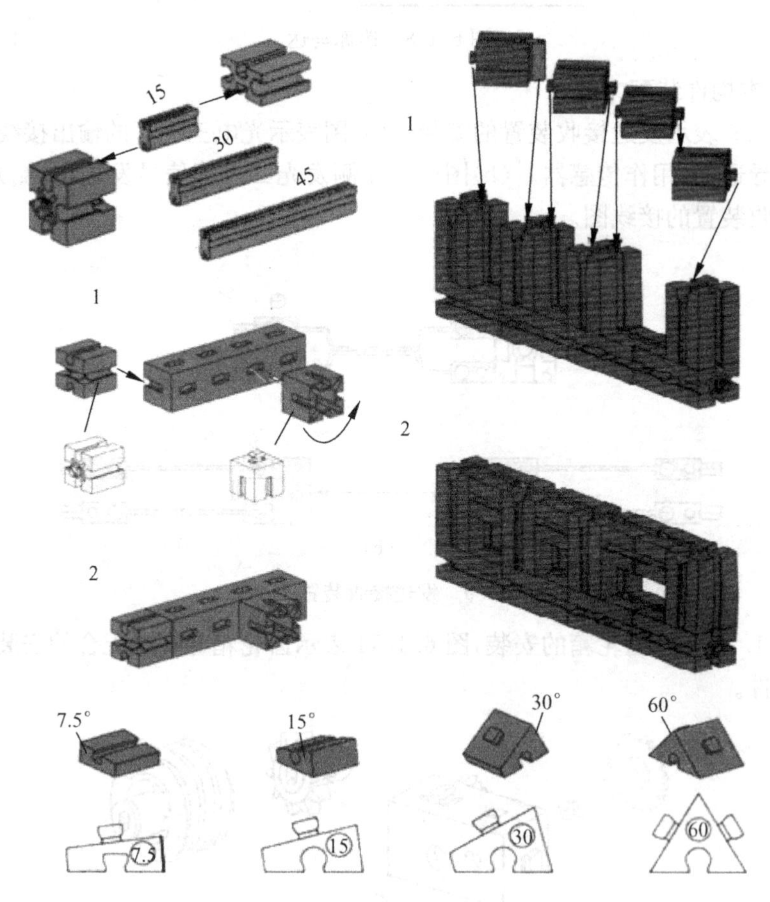

图 6.1.12　连接部件安装

4）基本构件装配方法四

齿轮、蜗杆、轮轴等在进行安装时注意安装的先后顺序，如图 6.1.13 所示。

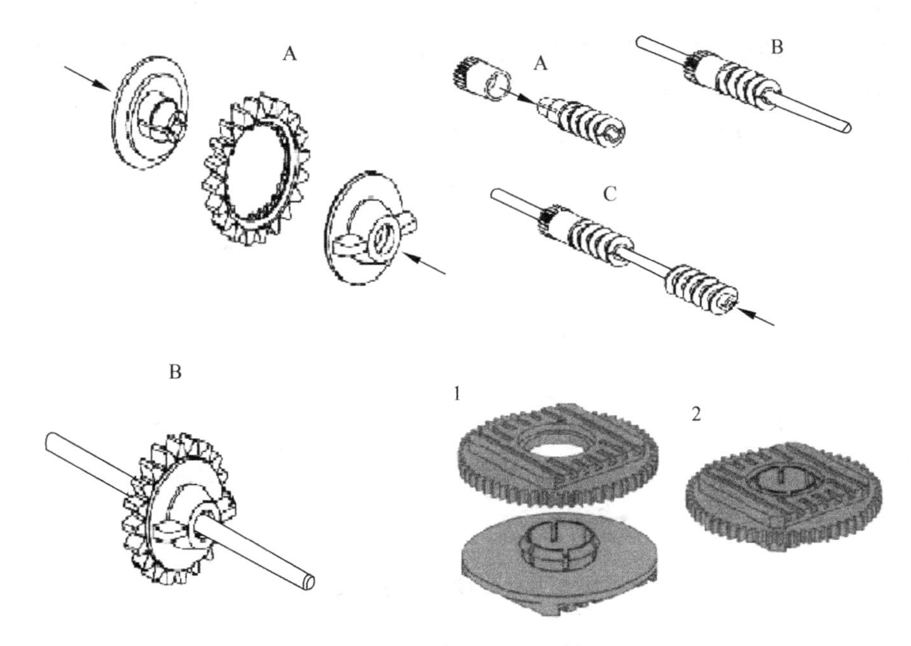

图 6.1.13　齿轮、蜗杆、轮轴安装

5）基本构件装配方法五

固定连接的几种安装类型，如图 6.1.14 所示。

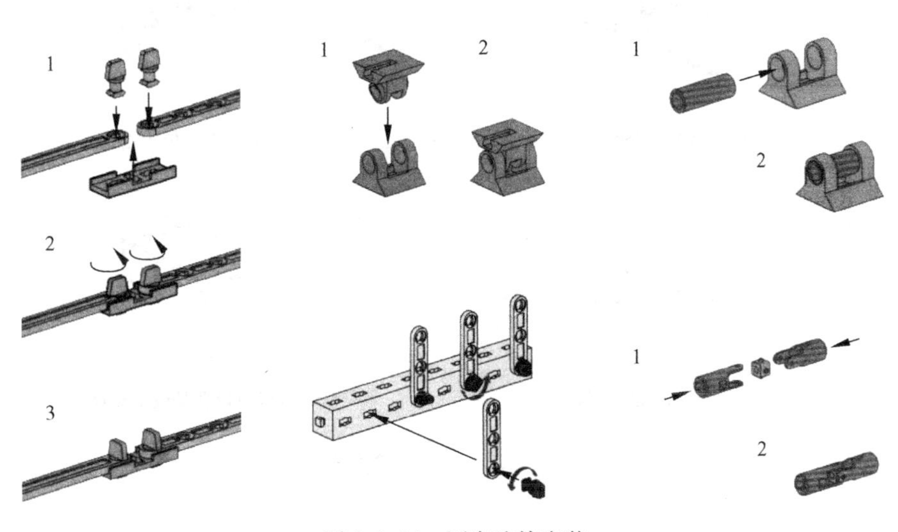

图 6.1.14　固定连接安装

3. 模型配线

(1) 确定导线的长度：参考每个组合包中的操作手册里推荐的导线长度。根据自己模型的实际位置以及走线的合理布置选择合适的长度。

(2) 接线头的连接:先确定导线的长度、数量,导线两头分叉 3cm 左右,两头分别剥去塑料护套,露出约 4mm 左右的铜线,把铜线向后弯折,插入线头旋紧螺丝。重复以上步骤,完成接线头,如图 6.1.15 所示。

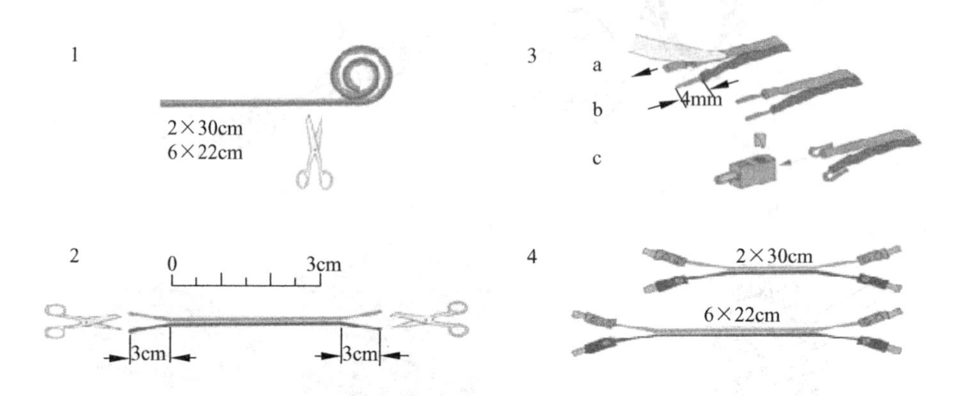

图 6.1.15　接线头的连接

(3) 规范走线的几种方法如图 6.1.16 所示。

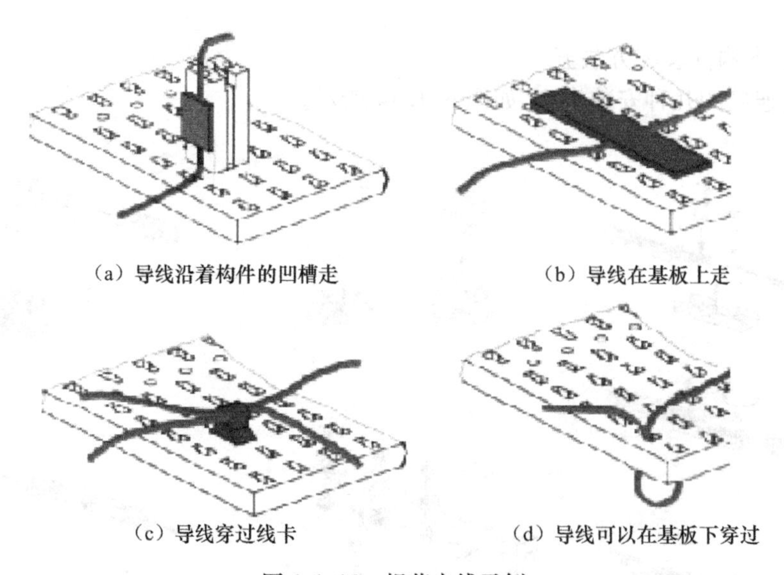

(a) 导线沿着构件的凹槽走　(b) 导线在基板上走

(c) 导线穿过线卡　(d) 导线可以在基板下穿过

图 6.1.16　规范走线示例

6.2　接口板与软件的使用说明

6.2.1　ROBO 接口板

ROBO 接口板可以使电脑和模型之间进行有效通信。它可以传输来自软件的指令,比如激活马达或者处理来自各种传感器的信号。技术参数(见图 6.1.4)如下。

1. 电源 9V 直流，1000mA

有两种供电方案可选，9V 直流变压器，或者用可充电电源，只能用慧鱼公司提供的直流 9V 电源。当采用一种方案时，另一端口的连接就自动断开。电源连通之后，电源指示 LED 自动点亮而且两个绿色的 LED 交替闪烁，表明接口板可以正常工作。接口板的空载的电流消耗为 50mA。

2. 处理器和存储器

16 位处理器，型号 M30245，时钟频率 16MHz，128k RAM，128k FLASH。

3. 输出 M1～M4 或者 O1～O8

可连接 4 个 9V 直流马达(向前、向后、停止、8 级调速)，连续运行电流 250mA，带短路保护。另外，也可以连接 8 个灯或者电磁线圈到单个的输出 O1～O8。

4. 数字量输入 I1～I8

可连接传感器，比如按钮、光电传感器和磁性传感器。电压范围 9V，ON/OFF 的切换电压值为 2.6V，输入阻抗为 10kΩ。

5. 模拟阻抗输入 AX 和 AY

可连接电位器、光电和热敏电阻。测量范围为 0～5.5k。分辨率为 10 位。

6. 模拟电压输入 A1 和 A2

可连接输出为 0～10V 电压的模拟传感器。

7. 距离传感器输入 D1 和 D2

专门用来连接慧鱼的两个距离传感器。

8. 红外线(IR)输入与测试功能(详见产品说明)

利用红外线接收二极管，手持式红外线发射装置上各个键可以用作数字式输入。用键来激活的某项功能，则可以用 ROBO Pro 软件来编程。

9. USB 接口和串口

接口板可通过串口和 USB 接口与电脑相连接。每块接口板都配备了相应的连接电缆。

它兼容了 USB1.1 和 2.0 的规范，其数据传输率为 12Mb/s。

10. 接口的选择

接口的选择可通过编程软件来实现。接口板自动访问正在接收数据的接口，然后分配到端口对应的 LED 点。如果未收到任一接口的数据，则这两个灯交替闪烁。

11. 端口的固定设置

通过按动按钮 1，可以选择确定的端口。所选端口响应的 LED 则会点亮。如果所选的端口数据流溢出，则相应的 LED 会闪烁。这时候，可以通过多次按动按钮，使得串口和 USB 的 LED 交替闪烁，回到自动选择端口的状态。

12. 26 针插槽

这个插座提供了所有输入和输出的引脚，因此也可以通过一个带状电缆和一个 26 针插头来将模型和接口板相连（详见产品说明）。

13. I/O 扩展板用插槽

使用 ROBO I/O 扩展板，输入和输出的数量都可以得到扩展。

扩展板上可以有额外的四路带速度控制的马达输出，八路数字量输入和一个 0～5.5kΩ 的模拟阻抗输入。

14. 无线射频通信模块用插槽（详见产品说明）

无线射频通信模块是一个可选的无线接口模块。有了它，计算机和接口板之间的电缆连接不再是必需的。射频数据链接可以与电脑的 USB 端口通信，范围为 10m。

15. 对接口板的程序控制

对 ROBO 接口板的标准编程软件是图形化的编程语言 ROBO Pro。接口板有如下几种工作模式。

1) 在线模式

接口板始终和计算机相连（通过 USB，串口或者无线射频通信模块）。程序在计算机上运行，显示器作为用户界面。

2) 下载模式

在这种模式下，程序被下载到接口板上且独立于计算机运行。两个不同的程序可以同时下载到 FLASH 存储器中，而且断电后程序也可以保存在内。也可以将程序下载到 RAM 中，一旦电源中断或者启动 FLASH 中的程序，原先 RAM 中程序就被删除了。

注意：存储在 RAM 中的程序比存储在 FLASH 中运行快得多，因为要先花几秒钟来将 FLASH 擦掉。在测试阶段，程序只需要先装载到 RAM 中。比较理想的是，应该把最终的程序存储到 FLASH 中。这样，可以延长 FLASH 的寿命，它的极限大约是擦写 10 万次。

ROBO Pro 软件的使用指导手册中说明了如何将程序下载的接口板的特定存储

区中。

使用按钮 2 可以选择启动或停止已存储的程序。选择程序的时候，按下并保持按钮 2。如果程序存储在“Prog1”，那么大约 1s 后，“Prog1”的 LED 点亮。如果再保持 1s 多，则切换到“Prog2”。再保持 1s 多，则选择了 RAM 区中的程序(两个 LED 都点亮了)。再保持 1s 多，两个 LED 都灭了，没有程序被选中。

(1) FLASH 存储区中程序的选择和启动。

① 按下并保持按钮 2，按钮旁的绿色 LED 指明了所选的程序(1 或者 2)。LED 只在 FLASH 区中确实存储有程序才会点亮。选择所需的程序后，释放按钮。

② 再按一下按钮 2，程序就启动了。在程序运行时，LED 闪动。

③ 再按一下按钮 2，程序就停止了。在程序停止时，LED 持续点亮。

自启动信息：当程序是用 ROBO Pro 存储，手册给出相应的操作。这样，接口板接通之后，FLASH 中的程序 1 就直接启动了。可以看到“Prog1”的 LED 闪动得到确认。按一下按钮 2 就可以停止程序。如果想防止程序的自动启动，那么必须在刚刚通电，在做 LED 测试的时候，按住按钮 2 并保持到 LED 都闪亮，这时候才可以松开按钮 2。

(2) RAM 存储区中程序的选择和启动。

① 按下并保持按钮 2，直至按钮旁的两个绿色 LED 同时点亮，然后松开按钮。只有在 RAM 中有程序两个 LED 才会同时点亮。

② 再按一下按钮 2，程序就启动了。在程序运行时，两个 LED 都闪动。

③ 再按一下按钮 2，程序就停止了。在程序停止时，两个 LED 持续点亮。

16. 电磁干扰

如果接口板被强烈的电磁干扰所影响，一旦停止干扰源，接口板还是可以恢复使用。有必要时将电源中断一段时间，然后重新启动程序。

6.2.2 ROBO Pro 软件说明

1. ROBO Pro 软件基本说明

(1) 单击任务栏中的“开始”按钮，然后选择“程序”或者“所有程序”和 ROBO Pro。在开始菜单中，可以找到如下几个选项(见图 6.2.1)。

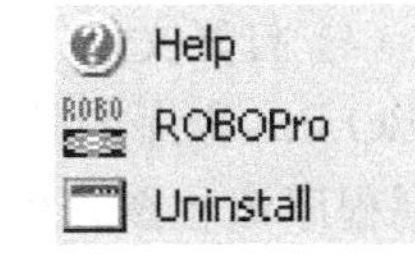

图 6.2.1 开始菜单选项

(2) 选择“Uninstall”选项可以方便地卸载 ROBO Pro 软件。选择“Help”选项可以打开 ROBO Pro 的帮助文件，而选择“ROBO Pro”可以打开 ROBO 程序。现在选择“ROBO Pro”启动程序(见图 6.2.2)。

窗口中有一个菜单栏和工具栏，上面有各种操作按钮，左面的窗口里还有各种不同的编程模块。如果在左边出现了两个层叠的窗口，那么 ROBO Pro 没有设定在“第一级”。为了让 ROBO Pro 功能适应使用者知识的增长，可以将 ROBO Pro 设定

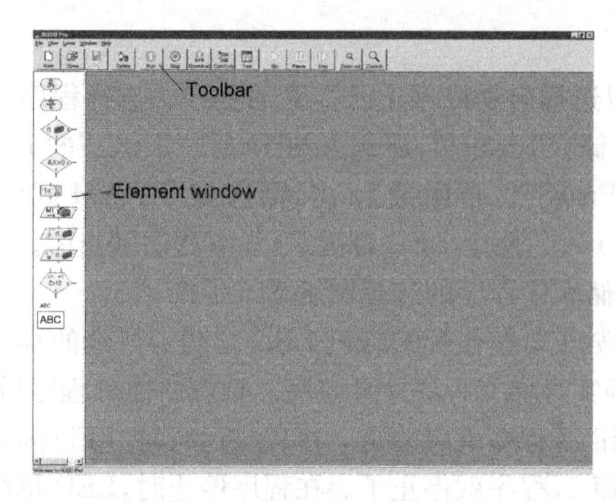

图 6.2.2　启动 ROBO Pro 程序

在第一级的初学者和第五级的专家级之间。打开"Level"菜单看是否有标识为 Level 1:Beginners。如果不是,切换到第一级。

(3) 现在可以创建一个新程序,也可以打开一个已经存在的程序文件。为了更快熟悉全新的用户界面,来打开一个现成的范例程序。单击 File 菜单中的 Open 选项,或者用工具栏中的 Open 按钮(见图 6.2.3)。范例程序可以在文件夹 C:\Programs\ROBO Pro\Sample programs 中找到(见图 6.2.4)。

图 6.2.3　Open 按钮

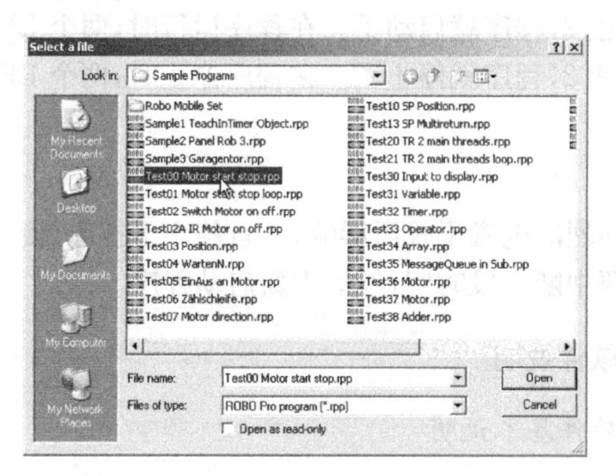

图 6.2.4　范例文件夹

(4) 打开文件 Test00 Motor start stop.rpp(见图 6.2.5),可以看到一个简单的 ROBO Pro 程序的外观。编程时,将模块窗口中的编程模块在编程窗口中组建成控制程序流程图。然后,在用接口板进行测试之前,可以对已完成的流程图进行检查。

(5) 编程前的快速硬件测试包括:

① 将接口板和计算机相连;

② 接口板的正确设置。

用开始菜单中的 Programs 或者 All programs 下的 ROBO Pro 来启动 ROBO

Pro 程序，然后单击工具栏中的 COM/USB，出现图 6.2.6 所示的窗口。

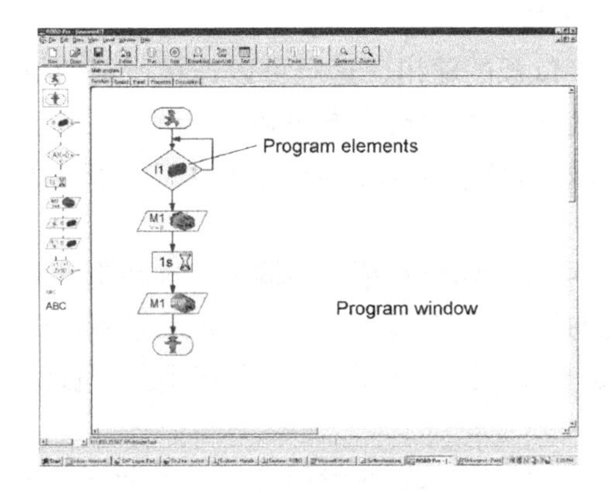

图 6.2.5　打开文件

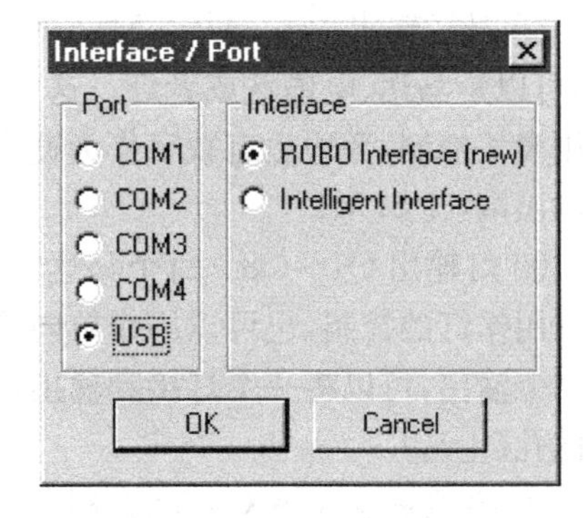

图 6.2.6　Interface/Port 窗口

单击 OK，关闭窗口。然后单击工具栏中的 Test，打开接口板测试窗口(见图 6.2.7)。

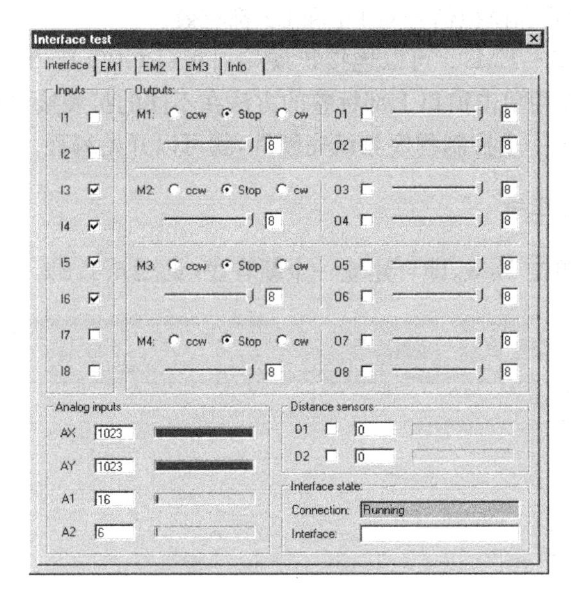

图 6.2.7　接口板测试窗口

其中显示了接口板有效的输入和输出。窗口下方的绿条显示了计算机和接口板的连接状态。

① Interface connection OK：表示已与接口板准确连接。

② No connection to Interface：表示计算机和接口板还无法建立正确连接。状态条显示为红色。

(6) 接口板测试：连接正确，通过接口板测试窗口来测试接口板和与它相连的模型。

① 数字量输入 I1～I8。I1～I8 是接口板的数字量输入。开关、光电传感器或者干簧管(磁性传感)可以作为数字量输入来连接。

② 马达输出 M1～M4。M1～M4 是接口板的输出。这里可以连接所谓的执行器,可以是马达、电磁铁或者灯。这 4 路马达输出可以改变方向和 8 级调速。速度可以用滑块控制,旁边也有数字作为速度显示。如果你要测试输出,可以将一个马达接到输出端,比如 M1。

③ 灯输出 O1～O8。每个马达输出也可以用作一对单个的输出。这些输出不仅可以用作灯的控制,也可以用作单向马达的控制(如传送带马达)。如果你要测试其中一个输出,可以将一个灯接到输出,比如 O1。可以将灯的另一个接到接口板的接地插孔(⊥)。

④ 模拟量输入 AX～AY。模拟量输入 AX 和 AY 测量所连接传感器的阻抗。这里可以连接用来测温的 NTC 电阻、电位计、光敏电阻或者光敏晶体管。

⑤ 模拟量输入 A1～A2。这两个可以测量 0～10V 电压输入。

⑥ 距离传感器 D1～D2。只有特殊的距离传感器可以接到距离传感器输入端 D1 和 D2。数字信号和模拟信号对 D1 和 D2 都有效。

⑦ 扩展板 EM1～EM3。可以连接扩展接口板(ROBO 接口板最多可以接 3 块 I/O 扩展板)。可以用单击窗口上部标签的方法在不同的扩展接口板之间切换。

对于级别一,第一个控制程序测试完硬件,就可以开始编程。

2. 创建一个新程序

在工具栏中,单击 New,即可建立一个新程序(见图 6.2.8)。

图 6.2.8　新程序

在左边的边缘区域内看到两个层叠的窗口,请切换到“第一级:级别”菜单中的“初学者”。

例:编制自动车库大门的工作控制程序。

“流程图”可用来描述一系列将被执行的动作以及完成这些动作所需的条件。

可以利用ROBO Pro软件精确地画出这张流程图,并依此为连接着的硬件(接口板、马达、开关等)创建控制程序。将各种程序模块连到一起形成了流程图,流程图的各个模块称为程序模块。

1) 插入、移动复制和删除程序模块

(1) 插入程序模块。把鼠标移动到想使用的程序模块的符号上,并单击。然后把鼠标移动到程序窗口(白色的大区域)内,再单击一次。也可以通过按住鼠标左键把程序模块拖入程序窗口。

程序总是起始于一个“开始”模块。它是一个有着正在行走的小绿人的圆形按钮(见图6.2.9)。最方便的一种办法就是在模块窗口中直接单击“开始”模块,把鼠标移到程序窗口中,再单击一次。

程序流程图中的下一个模块是查询输入,并按照其不同状态进入不同的分支。在模块窗口中,单击在正确的模块上,并将其移动到刚才插入的“开始”模块下。如果“分支”模块的上部输入端就在“开始”模块下部输出端的下方一两个格子,那么程序窗口中会出现一条连接线。如果再次单击,则“分支”模块会被插入,并自动与“开始”模块连接(见图6.2.10)。

图6.2.9 “开始”模块

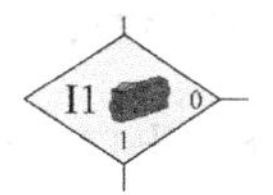

图6.2.10 “分支”模块

(2) 移动程序模块和模块组。可以通过按住鼠标左键,将一个已插入的程序模块移动到理想的位置。如果想将一些模块合并成一组同时移动,你可以首先按住鼠标,沿着这些模块的外围画出一个框。具体做法是:在空白区域单击左键,并按住左键不放,用鼠标画出一个包含了所需模块的矩形区域。在此矩形区域中的模块将会显示为有红色的边框。你只要用鼠标左键移动这些红色模块之中的一个,所有的红色模块都被同时移动。还可以用单击单个的模块,同时按住Shift键,来选中它们。如果在空白区域单击,所有的红色标记的模块全部都会再次回到原来的正常状态。

(3) 复制程序模块和模块组。有两种方法复制程序模块和模块组。一种方法和移动模块差不多,只是在移动前必须先按住键盘上的Ctrl键并且不放,直到移到了指定位置。这样,模块并未被移动,而是被复制了。但是,这种方法只能将模块复制到同一个程序中。如果希望将模块从一个程序复制到另一个程序中,可以使用窗口中的剪贴板。首先用移动模块的方法,选中一些模块。然后同时按下键盘上的Ctrl+C键,或者在编辑菜单中选择“复制”,于是所有的已选模块都会被复制到窗口中的剪贴板上。接着可以切换到另一个程序中,并通过同时按下键盘上的Ctrl+V键,或者在编辑菜单中选择“粘贴”,再次在新程序中插入模块。一旦模块被复制,可以无数次地粘贴它们。如果想将模块从一个程序移动到另一个，可以在第一步时，同时按下键盘上的 Ctrl+X 键，或者在编辑菜单中选择"剪切"，而非 Ctrl+C 键，或"复制"。

(4) 删除模块和撤销功能。可以通过按下键盘上的 Delete 键(Del)，删除所有标记为红色的模块。同样也可以用"删除"功能删除单个模块。具体做法是，首先在工具栏中单击按钮，然后在要删除的模块上单击一下。之后，可以重新插入被删除的模块，也可以利用"编辑"菜单中的"撤销"功能恢复已被删除的模块。使用这个菜单项，可以撤销任何对程序所做的改动。

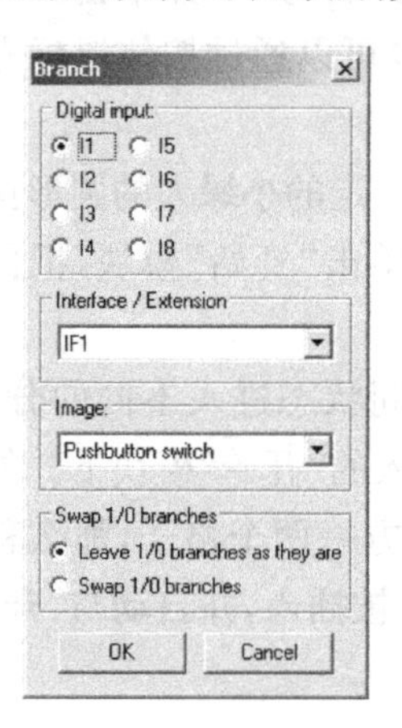

图 6.2.11 "分支"模块属性窗口

2) 编辑程序模块的性能

如果右击程序窗口的程序模块，会出现一个对话窗口，可以在里面改变模块的各种属性。

(1) "分支"模块的属性窗口如图 6.2.11 所示。

① 在 I1～I8 按钮的选项中，可以选择所要查询的接口板的输入端。

② 接口板/扩展板选项参考《ROBO Pro 中文软件手册》。

③ 在 Image 一栏中，可以为与输入端相连的传感器选择一个图示。数字量输入端最常用的是按键式传感器，但也经常使用光电传感器或干簧管开关。

④ 在 Interchange 1/0 connection 一栏中，可以交换分支出口 1 与分支出口 0 的位置。通常出口 1 在下方，出口 0 在右边。但有时让出口 1 在右边更实用。选中 Interchange 1/0 connection，则一旦选择 OK 并关闭窗口，连接 1 与 0 就会立即更换位置。

注意：如果使用迷你开关的一对常开触点，1 端与 3 端，则一旦按下开关，程序将连入分支 1，而非分支 0。如果使用迷你开关的一对常闭触点，1 端与 2 端，则一旦按下开关，程序将连入分支 0，而非分支 1。

车库门控制系统中下一个模块是"电动机"模块。用和插入前两个模块一样的方法将"电动机"模块插入"分支"模块下。最好插在一个可以使其自动与以上模块连接的位置(见图 6.2.12)。

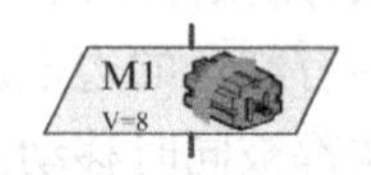

图 6.2.12 "电动机"模块

(2) 通过"电动机"模块，可以控制电动机，电灯或者电磁铁。同样，也可以通过右击模块来打开"电动机"模块的属性窗口(见图 6.2.13)。

① 可以通过选择 M1～M4，来选择所要控制的接口板输出。

② 在"类型"一栏中，可以选择代表连接到输出端的慧鱼元件的图示。

③ "接口板/扩展板"选项参考《ROBO Pro 中文软件手册》。

④ 在"动作状态"一栏中，可以选择输出动作类型。可以让电动机向左转(逆时针)，向右转(顺时针)或者停止电动机。同样也可以控制一盏灯。

⑤ 在 Speed/Intensity 一栏中，可以设定电动机运转的速度或者灯的亮度。可

能的数值为 1～8。

在流程图中，应把参数置为电动机 M1 在速度 8 顺时针(见图 6.2.13)。

(3) 连接各程序模块。在程序中插入另一个判断模块，可用来查询限位开关 I2 的状态。别忘了右击模块，对输入 I2 进行设置。一旦车库门完全打开，并且压住了限位开关，电动机就应该停下来。通过使用“电动机”模块就可以做到这一点，和启动电动机用的是同一个模块。如果右击模块，可以通过改变模块的功能来使电动机停止。程序在“停止”模块处结束(见图 6.2.14)。

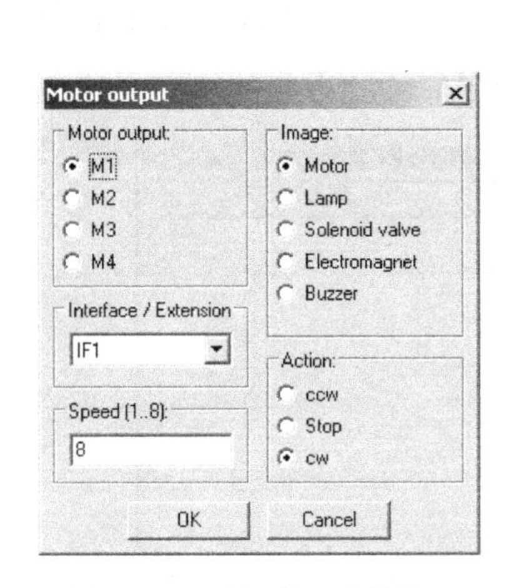

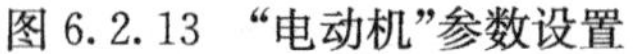
图 6.2.13 “电动机”参数设置

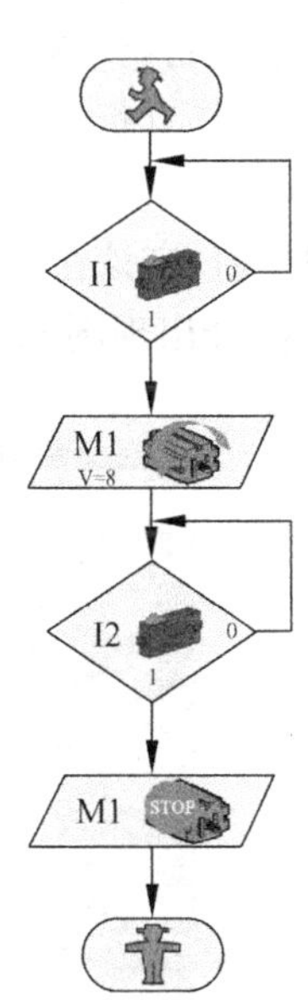

图 6.2.14 车库门模块

如果放置的模块相互间相隔仅一两格，则大多数的进口与出口都将由程序流程来连接。但两个“分支”模块的 No(N)出口还未被连接。只要输入 I1 的按钮未被按下，程序应退回并重新查询开关状态。可以通过在图 6.2.15 所示处连续单击，来连接这条线。

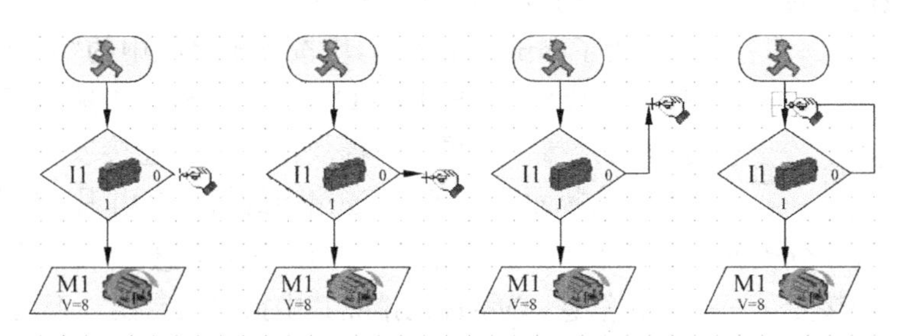

图 6.2.15 连线

注意：如果一条线没有被正确连接到一个接点或另一条线，将会在箭头处出现绿色矩形。在此情况下，应该通过移动或删除或重画线条来重新建立连接。否则，程序运行到了这一点就不会再运行下去。

(4) 删除程序流程线。删除程序流程线和删除程序模块的方法一样。单击这条线,使得它显示为红色。然后按下键盘上的Delete键来删除这条线。如果同时按住Shift键,然后连续单击那些线,可以选中多根线。除此以外,还可以通过框起这些线来选中它们,然后再按下Delete键删除所有红色的线。

3) 对首个控制程序的测试

为了测试首个控制程序,应该建立一个小型模型。在接口板上将开关连接到I1与I2,同时将电动机接到M1。

注意:如何将接口板连接到计算机以及如何建立接口板设置已在前节中讲到,可以参见前节。

在测试程序前,应该在电脑硬盘上保存程序文档,单击File(文件)菜单中的指令Save as(保存为)会出现图6.2.16所示窗口。

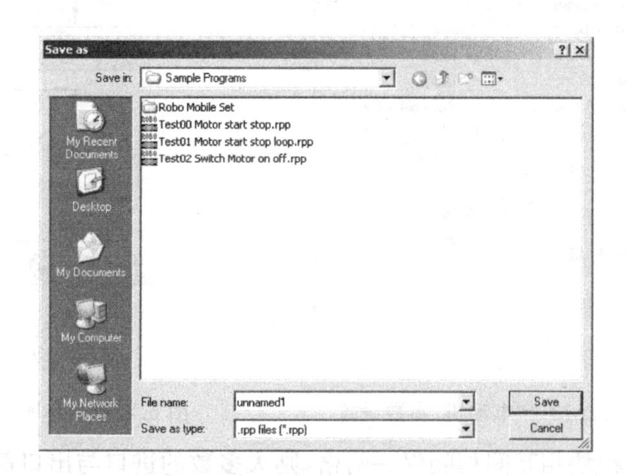

图6.2.16 保存窗口

在Save in(保存位置)中,选择想要保存的目录。在Filename(文件名)中,输入一个还未被使用的名字,如“车库门”,然后单击Save(保存)。

图6.2.17 “开始”按钮

为了测试这个程序,应按下工具栏中的“开始”按钮(见图6.2.17)。首先,ROBO Pro会测试是否所有程序模块都被正常连接。如果某个模块没有适当连接或出现一些顺序错误,会标示为红色,描述错误的信息会出现。例如:如果忘了连接一个程序分支的No(N)出口,会出现图6.2.18所示信息。

如果已经接受了一条错误信息,必须首先排除其中指出的错误。否则,程序无法启动。

第一个“分支”模块被标示为红色。这表示程序正在模块处等待某一事件的发生,即按钮I1的按下,因为这样可以使大门打开来。只要在输入I1处的开关未被按下,程序转到No(N)出口并重新回到分支的开始处。现在按下与接口板的输入I1

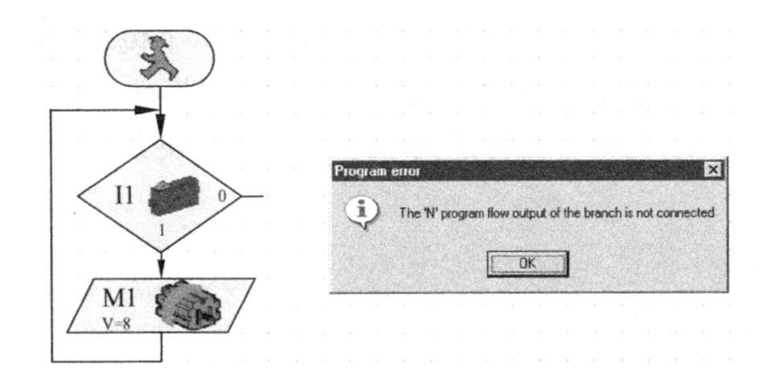

图 6.2.18 “警告”信息窗口

连接的开关，这样就满足了继续下去的条件，于是电动机就被启动。下一步，程序等待着在输入 I2 上的限位开关被按下。一旦按下接在 I2 端的限位开关，程序的分支将会转到第二个电动机模块，使电动机被停止。最终，程序将到达程序终点处(见图 6.2.19)。此时会出现一条信息，告知程序已结束。

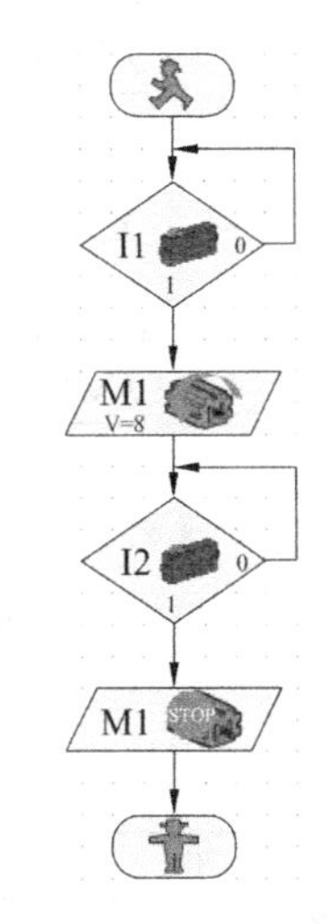

图 6.2.19 流程图

4) 其他程序模块

如果已经将首个控制程序在真正的车库门模型上做了试验，那现在门应该可以打开了。那能否再将其关上呢？当然可以。可以再次通过按按钮来启动电动机。但想用其他的方法，并且学习一种新的程序模块，为此，首先应用一个新名字保存程序(以后还会用到当前的流程图)使用 File(文件)菜单中的 Save as(保存为)，并输入一个未被用过的文件名。

(1) 时间延迟。在可以扩展流程图之前，必须删除在“关闭电动机”和“程序停止”之间的连接，并且将停止模块向下移。现在，你可以在这两个模块之间插入新的程序模块。假设车库大门将在 10s 后自动关闭。为了达到这一点，可以使用“时间延迟”程序模块(见图 6.2.20)。可以通过右击模块，在一定的时间范围内，设定需要的等待时间。这里，输入 10s 为理想的时间延迟。为了关上车库大门，电动机向另一个方向，即顺时针运转，并且电动机在另一个限位开关 I3 压住时关闭。

图 6.2.20 “时间延迟”模块

最终的流程图看起来应该大致如图 6.2.21 所示。为了演示，新的程序模块被搬到了右边。一旦流程图中没有错误，就可以按下 Start(开始)按钮(见图 6.2.17)，来测试扩展了的车库门控制系统。按下 I1 处的按钮，电动机启动，并在 I2 处的限位开关压下时关闭，这就是如何打开车库门。现在经时间延迟模块延时了 10s，是程序中设定的。然后，电动机开始反向运转，直到在 I3 处的限位被压下，电动机停止运转。可以试着改变延迟时间，再做一次实验。

(2) 等待输入。除了时间延迟模块,还有另外的两个模块,用来等待一些使程序继续运行的东西。如图 6.2.22 所示的"等待输入"模块,等待接口板的某个输入由一种特定的方式改变为一种特定的状态。这个模块共有 5 种不同的形式(见表 6.2.1)。

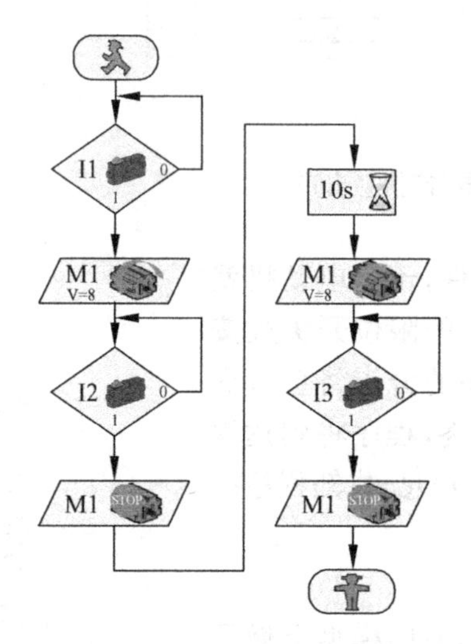

图 6.2.21 流程图

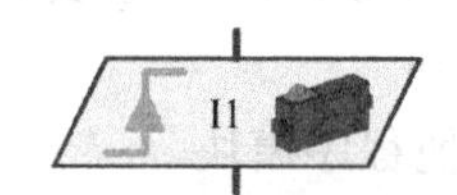

图 6.2.22 "等待输入"模块

表 6.2.1 "等待输入"模块的 5 种形式

符号	1 I1	0 I1	I1	I1	I1
等待	输入=1 (闭合)	输入=0 (打开)	跳变 0—1 (打开到闭合)	跳变 1—0 (闭合到打开)	任一跳变 (1—0 或 0—1)
用"分支"模块实现相同功能					

"等待输入"模块也可以由"分支"模块的组合来代替,但是"等待输入"模块更简单,更容易理解。

(3) 脉冲计数。很多 Fischer technik 机器人模型都使用脉冲轮。这些齿轮每旋转一圈会触动 4 次开关。有了这些脉冲轮,可以以一个精确的转数来驱动电动机,而不是根据给定的时间。为了达到这一点,需要计算接口板的某个输入处的脉冲数。"脉冲计数"模块(见图 6.2.23)就是用来等待用户定义的脉冲数。对于这种模块,同样地，可以设定所计脉冲为 0—1、1—0 或者两者皆可。脉冲轮通常等待双向的变化，这样用一个四齿脉冲轮达到了每转 8 个脉冲的精度。

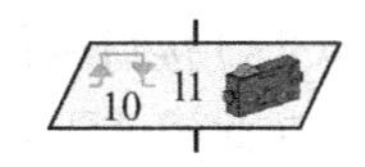

图 6.2.23 “脉冲计数”模块

(4) 循环计数。有了“循环计数”模块，可以十分简单地将程序中的特定部分多次运行。例如图 6.2.24 所示的程序，把接到 M1 处的灯开关 10 次。“循环计数”模块有一个内部计数器。如果循环计数通过=1 入口进入，则计数器被置为 1。如果循环计数通过+1 入口进入，则计数器加上 1。根据计数器显示数值是否大于先前设定的数值，循环计数分支将转到 Yes(Y)或 No(N)出口。因此，只有当循环次数与先前设定的数值相等时，循环计数分支才会转到 Yes 出口。从另一方面来说，如果需要进一步的循环，循环计数分支将会转到 No 出口。作为一种判断模块，也可以通过属性窗口将 Yes 与 No 出口互换(见图 6.2.25)。

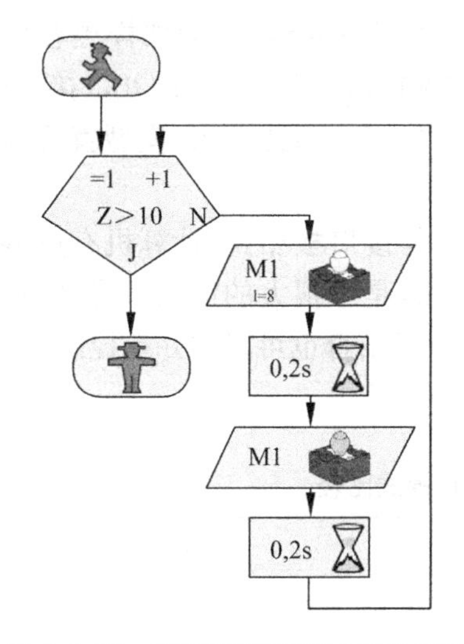

图 6.2.24 “循环计数”模块应用程序

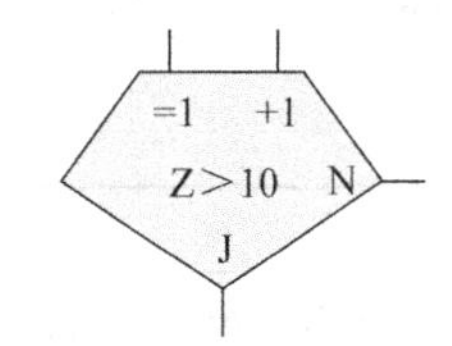

图 6.2.25 “循环计数”模块

5) 在线和下载操作的差别

至此，已经用被称之为在线操作的方式测试了控制程序。还可以通过按 start(开始)按钮(见图 6.2.17)执行程序。这样，可以在屏幕上跟踪程序的进程，因为当前活动的模块在屏幕被标示成红色。可以用在线方式来帮助理解程序或者找出程序中的错误。

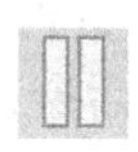

图 6.2.26 “暂停”按钮

在线方式下，还可以通过按 Pause(暂停)按钮(见图 6.2.26)停止程序并继续执行程序。这非常实用，因为它可以在不停止程序的情况下，得到一些有关模型的数据和资料。如果试图理解程序运作的原理，“暂停”按钮十分有用。

有了 Step 按钮，可以一个模块一个模块地分步执行程序(见图 6.2.27)。每次只要按下 Step 按钮，程序会自动转入下一个程序模块。如果执行“时间延迟”或“等待”模块，它还可以使程序向下一个模块转换的时间延长。

ROBO接口板使用下载操作代替在线操作时,在线操作中,程序是由计算机执行的。在此模式下,计算机将控制指令,例如“启动电动机”传送到接口板。为此,只要程序运行,接口板必须与计算机相连。而在下载操作中,程序是由接口板自己执行的(见图6.2.28)。计算机将程序储存在接口板中,一旦完成,计算机与接口板之间的连接就可以断开了。现在接口板可以独立于计算机执行控制程序。

图 6.2.27　Step按钮

图 6.2.28　“下载”按钮

下载操作十分重要,例如在为移动机器人编程时,计算机与机器人之间的连接就十分累赘。尽管如此,控制程序应该首先在线模式下测试,因为那样更容易发现错误;一旦完全测试完毕,程序就可以下载到ROBO接口板。有了ROBO接口板,繁复的缆线就可以被ROBO“无线射频通信”模块替代了。如此一来,模型就可以甚至在线操作下也可以活动自如了。

但在线操作与下载操作相比有很多优点。与接口板相比,计算机有更多的工作内存,因此可以计算得更加快速。这对于大程序,是个很大的优点。另外,在线操作中,多个接口板,甚至ROBO接口板和智能接口板结合也可以被并行控制。

两种操作模式优缺点比较见表6.2.2。

表 6.2.2　两种操作模式比较

模　式	优　点	缺　点
在线	程序的执行可在屏幕上显示出来 甚至大程序的执行都很快 多个接口板可以并行控制 支持早先的智能接口板 可以使用面板 程序可以暂停和继续	计算机与接口板必须保持连接
下载	计算机和接口板可以在下载后分开	不支持早先的智能接口板 程序的执行无法在屏幕上显示出来 程序只能控制最多3个扩展板

使用下载模式:如果有新款的ROBO接口板,可以将车库门控制程序通过Download(下载)按钮传输到接口板上(见图6.2.28)。首先,会出现对话窗口(见图6.2.29),ROBO接口板有好几个程序储存区域,包括一个随机存取存储器(Random Access Memory)和两个闪存(Flash memory)。一旦断开接口板与电源的连接或将电池组断电RAM中的程序就会丢失。然而对于保存在闪存中的程序,即使断电,也仍然会在接口板中保存好多年。当然,也可以随时修改闪存中的程序。然而程序下载到RAM速度快得多,因此闪存主要在程序测试阶段用。

可以分别保存两个不同的程序，例如一个移动机器人的两个不同的动作，到两个闪存。并通过接口板上的 Prog 键来选择、启动和停止这两个程序。如果选中“下载后的开始程序”(Start program after download)选项，则一旦下载完毕，程序就会立即启动。若程序正在执行，则在 Prog 键旁边的绿色的 Prog 1(存储在 Flash 1 中的程序)或 Prog 2(存储在 Flash 2 中的程序) LED 将会闪烁。如果程序已被下载到 RAM 中，则两个 LED 都会闪烁。若要停止执行程序，可按下 Prog 键。然后 LED 会持续点亮。若希望在程序 1 和程序 2 之间选择，可按住 Prog 键，直至理想的程序(1 或 2)的 LED 发光。若要启动程序，再次按下 Prog 键即可。

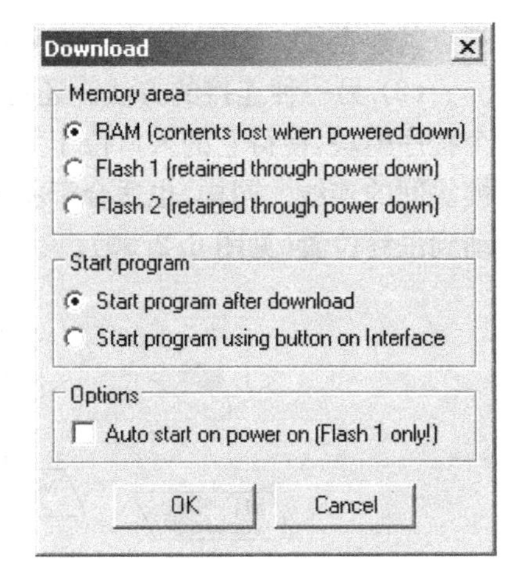

图 6.2.29 “下载”窗口

对于移动机器人，“由接口板上的按钮启动程序”(Start program using button on interface)选项更有用。因为，如果还没有无线通讯模块，在程序启动机器人活动之前，还必须先将连接电缆拔除。如此一来，必须首先用接口板上的 Prog 键选择想要的程序，然后再次按下此键来启动程序。

如果选中最后一个选项，“通电时自动启动”(Start automatically on power-up)，则一旦接口板通电，在 Flash 1 中的程序将会自动启动。这样一来，比如就可以用一个带计时开关的电源适配器给接口板供电，并在每天同一个时间启动程序。这样的话，便不需要使接口板始终处于长久通电状态，也不需要每次需要启动程序时都按 Prog 键了。

注意：当一个程序被保存在闪存(Flash memory)或调用闪存(Flash memory)中程序执行时，因为同时也使用了随机存取存储器(RAM)，所以随机存取存储器(RAM)中的程序会丢失。在 ROBO 接口板的操作手册中可以找到更详尽的介绍。

6) 改变连接线的技巧和诀窍

(1) 改变连接线的方法。如果移动了某一模块，ROBO Pro 会试图以一种合理的方式调整连接线。如果对某线不满意，可以方便地通过单击这条线，并按住鼠标键不放来移动这条线。根据鼠标点在这条线上的位置，线的某一角或某一边缘处便会被移动。以下是不同鼠标的用法：

① 如果鼠标处于一根垂直线上，则可以通过按住左键来拖动整条垂直线。

② 如果鼠标处于一根水平线上，则可以通过按住左键来拖动整条水平线线。

③ 如果鼠标处于一根斜线上，则当在线上单击时，会在线上插入一个新的点，然后可以通过按住左键来拖动这条线来确定这个新点的位置。

④ 如果鼠标处于线的端点附近或连接线的夹角处，可以通过按住左键来移动这一点。只能将此连接线的端点移到另一个合适的程序模块的接线端。这样，两个

端点就连上了。否则，端点不能移动点。

(2) 另一种连接的方法。还可以通过移动程序模块来建立连接线。如果移动一个程序模块，使得它的入口位于另一个模块出口下方一到两个格子，就可以建立两个模块间的连线。同样，也适合于将出口移动到入口之上。然后，就可以将程序模块移动到最终位置(见图 6.2.30)。

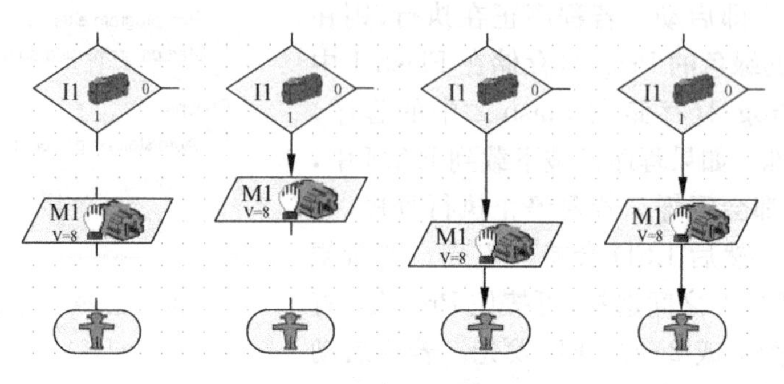

图 6.2.30　建立连接方法二

ROBO Pro 软件使用的进一步操作说明参考《ROBO Pro 中文软件手册》。

6.3　工程方案创新实训系列实验

6.3.1　慧鱼创意教学系统及其机械传动的认识实验

1. 实验目的与要求

通过对"慧鱼"模型零件及搭接方法的认识、学习，学会利用"慧鱼"模型创建机械传动工程项目。要求如下：

(1) 加深对机构与机械传动方案设计的认识，熟悉 Fischer 创意模型的基本模块和基本单元及其搭接方法。

(2) 培养工程实践动手能力。

(3) 培养创新意识，锻炼学生独立设计、组建、控制及调试能力。

2. 实验器材

Fischer 创意模型若干。

3. 实验内容

1) 根据实验设备所具备的条件，进行机械运动的设计

设计要点如下：

(1) 根据机械使用功能、运动特点、使用环境及特殊要求，选择适合机械使用的动力源，学习使用电动机传动系统。

(2) 设计应从机械运动的规律及特点并结合课程所学的知识进行，必须考虑机械运动的合理性、适用性、有效性、经济性及可操作性。

(3) 结合 Fischer technik 模型的特点，有效利用设备的所有元件进行设计，使设计的机械运动系统能按设计要求进行工作。

2) 设计机械运动系统的传动装置

根据所选动力源，从已学的机械传动系统——齿轮传动、蜗轮蜗杆传动、凸轮传动、带传动等设计机械运动系统的传动装置，结合 Fischer technik 的实际传动件模式进行选择和使用。

3) 根据机械设计原理进行运动执行部分的设计

结合课程所学内容可采用不同的运动机构，最终实现机械所要求的工作内容，根据 Fischer technik 所提供的设备条件进行选用。

4. 实验步骤

(1) 按装箱清单清理元件。

(2) 熟悉 Fischer technik 元件的特性、功能、作用及使用方法。

(3) 根据已有元件，进行机械运动系统的设计。

(4) 组装步骤如下。

① 确定动力源在安装底板上的位置，应考虑后续运动机构的安装空间和运动空间；

② 安装传动机构，应将传动机构与动力源合理连接并保持良好的运动性；

③ 各执行装置的安装，应使各执行装置在安装底板上合理布置，同时也能满足机械运动和工作需求，组装时应注意调整好各连接件的配合间隙，保证机构运行正常；

④ 机械系统调试：用手拨动动力源，检查各级工作系统是否能正常运动，运动质量如何。

请按手册上的图形步骤拼装选定的其中一个或几个模型(器材可选“机械与结构组合包”、“万能组合包”、“汽车组合包”)。

5. 实验任务

按实验步骤了解“慧鱼”系统各部分的功能与使用方式，明确“慧鱼创意实验系统”的创新工作过程，掌握机械与机构的相互关系以及创意模型的搭接过程。要求每组至少完成 2～3 个组合传动机构与力学稳定结构。

6. 思考题

(1) Fischer technik 模型采用几何六面体元件进行组合，该组合具有哪些优势？

(2) 使用 Fischer technik 教学模型组合传动系统时，可以用几种方法进行？各存在哪些利弊？

6.3.2 认识电器驱动部件与测试传感系统及联机调试实验

1. 实验目的与要求

通过对“慧鱼”模型电气元器件的认识与安装，学习电控机械的运动实现过程与设计构思的初步模型化实现，体验机电结合、联机调试的工作过程。具体要求如下：

(1) 虽然模型由塑料构件拼装而成，但相互之间能由电动机驱动实现运动和传动。通过本实验要求了解和分析驱动方式的具体运用，学会分析应用的合理性，提出改进的思路。

(2) 通过本实验要求了解和分析传感器的具体运用，分析作业需要完成的各种顺序动作，确定运动方向与控制内容，发挥传感器的重要作用。

2. 实验器材

Fischer 创意电子技术包模型若干。

3. 实验内容

(1) 进一步熟练练习构件拼装过程，按图搭建机构模型。

(2) 按实验手册中的电路图接线，分析电路的性能，安装驱动器件。

(3) 动力源的连接，熟练使用不同的动力源。

(4) 测试各传感器并联机调试。

4. 实验步骤(器材可选“电子技术包”)

(1) 选定“电子技术包”中的机构模型，进一步熟练练习构件拼装过程，按图搭建机构模型。

(2) 按电路图接线，了解与分析电路图，安装驱动器件。

(3) 区别使用交流变压电源与可充电电源，学会不同的使用过程。

(4) 测试各传感器并联机调试，实现稳定且有序的机构运动过程。运行模型，观察运行状况，分析各传感器的作用与各种现象，构思合理的改进思路，提出替代方案。

5. 实验任务

按 Fischer technik 模型提供的设计图，组装一种电控制机械机构：

(1) 按使用说明书要求，组建机械运动系统。

(2) 按电路图接线，建立机械运动过程的控制电路。

(3) 按要求对该机械运动系统进行控制、调试及运行。

6. 思考题

(1) 绘制电气线路简图，分析所采用电气线路和传感器方式的合理性，提出替代方案。

(2) 在模型组合完毕后，若电动机能正常运行，其后续运动系统不能运动，问题应在哪里？应从哪几个方面进行检查？(可用框图形式描述检查过程)

6.3.3 控制程序的认识实验

1. 实验目的与要求

根据 ROBO Pro 软件程序的使用方法，进行简单机械运动程序编制，并设计适合于该模块控制的电气回路。要求设计时应满足系统的正、反向运动，自锁和互锁功能，实现有规律的机械运动，掌握机械运动系统的基本控制方法。

2. 实验设备和工具

(1) Fischer 创意机器人组合包或其他组合包模型若干。
(2) 慧鱼专用电池盒一个或专用电源一套。
(3) 计算机一台。
(4) 接口电路板一块。

3. 实验内容

(1) 通过用下载程序对拼装模型的运动进行控制，对照分析进行程序解读。
(2) 修改拼装模型的运动程序过程，编制运动程序过程框图，用 ROBO Pro 软件程序或高级语言进行初步的编程训练。
(3) 联机调试，完成机械运动系统的基本控制。

4. 实验步骤

(1) 熟悉 ROBO Pro 软件手册。
(2) 熟练调用软件的各编程模块。
(3) 对下载的范例程序进行控制分析，绘制控制程序框图。
(4) 修改运动方案，并对新运动方案编制控制程序框图。
(5) 用 ROBO Pro 软件或高级语言进行初步编程，测试运行程序。
(6) 下载测试后的程序，与拼装模型联机调试运行。

5. 实验任务

按 Fischer technik 模型提供的设计图，组装一种可控制机器人：
(1) 按使用说明书要求，组建机械运动系统。
(2) 建立机械运动过程流程图及设定相关控制参数。
(3) 按要求对该机械运动系统进行控制、调试及运行。

6. 思考题

(1) 交通灯的设计与制作。

(2) 设计一种机器人的动作过程,分解运动动作,编制动作流程图。

(3) 采用 ROBO Pro 软件设计程序对模型进行运动控制时,应分几个步骤进行?可能出现哪些故障?故障原因是什么?如何解决?

6.3.4 光搜寻移动机器人创意设计实验

1. 实验目的与要求

通过机械、电子技术、计算机软件控制的综合应用与合理的创意设计,实验要求达到:

(1) 熟悉慧鱼模型的各个模块。

(2) 了解移动机器人的基本结构。

(3) 能够运用计算机编程,合理控制移动机器人的运动。

(4) 能进行创意实验设计。

2. 实验设备和工具

(1) 慧鱼移动机器人组合包一套。

(2) 慧鱼专用电池盒一个或专用电源一套。

(3) 计算机一台。

(4) 接口电路板一块。

(5) 电线若干。

3. 实验原理

跟踪光源移动机器人,能够跟踪光源而运动。跟踪光源移动机器人由驱动部分、控制部分及接口电路组成。驱动部分由马达及减速器组成,主要提供动力。控制部分则由许多传感器组成,用来提供反馈信号。接口电路是为了和计算机连接而专门制作的。

跟踪光源移动机器人总共使用了 2 个行程开关、2 个马达以及 2 个光电传感器。I1 是用来计算右驱动轮的转数的,而 I2 则是给左驱动轮的转数计数的。I3、I4 都是光电传感器,当光线照到它们时,会产生电信号。它们一左一右,用来辨别光源的位置。M1 马达驱动右轮的正反转,M2 马达驱动左轮的正反转。

4. 实验内容与步骤

(1) 按照装配图组装出跟踪光源移动机器人。

此机器人主要依靠齿轮传动,因此装配精度要求较高,这是传动平稳的保证。

(2) 按照连线图将机器人各部分的电缆与接口板或计算机连接好。

① 注意检查线路的错误,如插头松动,布线不正确,电缆损坏。

② 注意光电传感器、开关、马达的极性。

(3) 编程并下载(或调用范例程序),用计算机中的程序对机器人进行控制操作。

① 对硬件各个部分进行检测:运行,检测电动机能否正反转,光电传感器能否接受光信号。

② 调试出控制程序,使跟踪光源移动机器人完成预定的所有功能。当某一光源工作时,机器人会自动地调整前进角度并前进,直到到达光源的位置前。

③ 对控制程序进行扩展,使跟踪光源移动机器人实现更多的功能。

对各个部分进行硬件检测记录如表 6.3.1 所示。

表 6.3.1 硬件检测表(一)

M1	
M2	
I1	
I2	
I3	
I4	

5. 实验任务

按 Fischer technik 模型提供的设计图,选定或创意设计一种可控制移动机器人:

(1) 按使用手册要求,组建机械运动系统。

(2) 建立机械运动过程流程图及设定相关控制参数。

(3) 按要求对该机械运动系统进行控制、调试及运行。

6. 思考题

(1) 马达检测没有问题,但程序运行后却发现马达转动很慢或仅间歇工作,是什么原因?

(2) 机器人找不到光源,会是什么原因?

(3) 程序如何来控制移动机器人转动的角度(通过哪几个模块及变量控制)?

6.3.5 工业机器人组合包创意设计实验

1. 实验目的与要求

通过机械、电子技术、计算机软件控制的综合应用与合理的创意设计,实验要求达到:

(1) 熟悉慧鱼模型的各个模块。

(2) 了解三自由度机器人的基本结构。

(3) 能够运用计算机编程，合理控制机器人的运动。

(4) 能进行简单创意实验设计。

2. 实验设备和工具

(1) 慧鱼工业机器人组合包一套。

(2) 慧鱼专用电源一套。

(3) 计算机一台。

(4) 接口电路板一块。

(5) 电线若干。

3. 实验原理

三自由度机器人能够实现搬运工件的作用。三自由度机器人由腰部、大臂以及夹钳组成。腰部能够实现左右旋转运动，大臂能够实现上下的俯仰运动，夹钳则能够实现夹取物体。

该三自由度机器人总共涉及 6 个行程开关以及 3 个电动机，其中 M1 驱动腰部旋转，M2 驱动大臂俯仰，M3 驱动夹钳的开闭。I1 用于限定夹钳的开闭位置，I2 用于对腰部旋转进行计数，I3 限定了大臂仰起后的极限位置，I4 用于对夹钳的驱动轴旋转的次数进行计数，I5 对大臂伸出的蜗杆旋转次数进行统计，I6 限制腰部旋转的极限位置。

4. 实验内容与步骤

(1) 按照装配图组装出机器人。

(2) 按照连线图将机器人各部分的电缆与接口板各端口连好。

(3) 编程并下载(或调用范例程序)，用计算机中的程序对机器人进行控制操作。

① 对各个部分进行硬件检测记录如表 6.3.2 所示。

表 6.3.2 硬件检测表(二)

M1	
M2	
M3	
I1	
I2	
I3	
I4	
I5	
I6	

全部测试通过后再进行以下实验内容。

② 调试出控制程序，下载，进行连续操作。

(4) 对程序进行改编,使机器人实现更多的功能。

① 实现夹取与仿制的换位。

② 改变大臂运动轨迹。

5. 实验任务

按 Fischer technik 模型提供的设计图,选定或创意设计一种可控制工业机器人:

(1) 按使用手册要求,组建机械运动系统。

(2) 建立机械运动过程流程图及设定相关控制参数。

(3) 按要求对该机械运动系统进行控制、调试及运行。

6. 思考题

(1) 单个测试腰部可旋转,但整体测试时腰部却不按程序规定运行,可能是什么原因?

(2) 大臂可以俯仰,但程序并不向下运行,会是什么原因?

(3) 夹钳不能开闭,会是什么原因?

(4) 如何实现运动轨迹投射到平面后为非矩形?

6.3.6 机构与机械传动方案创新设计实验

1. 实验目的和要求

(1) 学生在熟悉慧鱼模型零件,熟练掌握利用慧鱼模型,构建典型传动机构,熟悉 ROBO Pro 软件的模块编程方法,实现运动控制方法的基础上,按设计命题要求完成设计任务。

(2) 结合在慧鱼基础训练中积累的经验,灵活运用已学过的相关专业知识,自主设计本实验题目的软件程序和硬件结构,独立调试并撰写设计说明书。以小组为单位,可自愿组队,每小组以 3~5 人为宜。

(3) 本实验要求设计内容体现一定的综合创新思路,本实验目的着重培养学生的创新能力和在较大型实践活动中的合作设计能力。

2. 实验设备和工具

(1) 慧鱼模型组合包若干套。

(2) 慧鱼专用电源两套。

(3) 计算机一台。

(4) ROBO 接口电路板和扩展接口电路板各一块。

(5) 其他用品与工具若干。

3. 实验内容

(1) 题目:依据需要可自行设计题目。

(2) 设计内容要求：设计要求采用电动机驱动，能完成如下功能的机器人。

① 多功能任务系统。具有利用各类传感器进行不同工况识别及探测物体的功能。

② 具有高智能化、活动空间大等特点。

③ 机构至少应有3个以上独立运动单元。

(3) 创新设计说明书。

① 智能机器人创新设计：创新设计简介如表6.3.3所示。

表6.3.3 创新设计简介表

创新题目：		
组长：	班级	
设计小组全体成员		
姓名	专业	班级
设计内容简要介绍：		

② 正文撰写提纲如下。

a. 设计方案、工作原理、功能及特点说明；

b. 控制电路简图；

c. 控制程序流程图；

d. 附图及其他附件。

(4) 对该机械运动系统进行组装、电气连接、软件编程、控制调试及运行。

4. 实验步骤

(1) 根据日常生活、课程学习、工程实践等的知识积累，提出有一定应用背景(可以是日常生活或工程实际)的设计目标(设计目标必须有新意，经教师审核后再进行下面工作)。

(2) 根据设计目标制定设计任务，通过功能分析确定工作原理和工艺动作过程。

(3) 分解工艺动作过程为若干独立运动，确定实现各独立运动的执行构件和动力源与控制方式。

(4) 构思实现动力源与执行构件之间运动、动力传递与变换的机构和机械传动方案，确定运动协调关系，绘制机构与机械传动路线图和运动循环图，编制控制程序软件。

(5) 进行机构与机械传动的运动学设计，确定运动参数，进行软件调试。

(6) 利用 Fischer 创意模型的基本模块和基本单元搭接出实物装置，下载软件并进行联机调试，完成运动效果的综合评价。

(7) 整理上述设计与计算过程，形成设计说明书，并装订成册。

注意：根据设计目标的不同，上述步骤可能略有差异，可以自行调整。

5. 实验任务

自己设计一种机械运动系统，要求：

(1) 具备独立的动力源。

(2) 选择一种适合于该动力源使用的传动装置，凸轮、齿轮、蜗轮、带传动等。

(3) 选择适用于该设计使用的机械执行系统，机构至少应有 3 个独立运动单元。

(4) 编制机构运动流程图，设定控制参数。

(5) 完成自动控制。

6. 思考题

(1) 在慧鱼结构作品中的各类动力源的适用场合是什么？

(2) 如何运用机构运动简图表示慧鱼产品的凸轮、齿轮、蜗轮、带传动等传动装置组件的机械执行系统？绘制一份至少 3 个独立运动单元的机构运动示意图。

(3) 设定机构运动流程图的控制参数时，需要考虑哪些方面的问题？各参数间有相互影响吗？举例说明。

(4) 自动控制与机械结构的关系是什么？你在慧鱼作品中的关于机械、电子、软件控制的完美结合的体会是什么？

参考文献

冯辛安. 1999. 机械制造装备设计. 北京：机械工业出版社

黄鹤汀. 2001. 机械制造装备. 北京：机械工业出版社

张春林. 2005. 机械创新设计. 北京：机械工业出版社